有机电致发光器件及器件界面特性

徐登辉　著

北京邮电大学出版社
www. buptpress. com

内容简介

本书针对有机电致发光器件相关的科学与技术问题进行了讨论，对器件的工作机理、结构设计等技术问题进行了描述，重点讨论了器件界面特性对器件性能的影响，同时介绍了相关前沿的研究现状。

本书可供发光学、有机光电器件等领域的研究人员、高年级本科生和研究生参考阅读，也可供有源 OLED 技术人员使用。

图书在版编目(CIP)数据

有机电致发光器件及器件界面特性/徐登辉著. --北京：北京邮电大学出版社，2013.9

ISBN 978-7-5635-3614-6

Ⅰ.①有… Ⅱ.①徐… Ⅲ.①电致发光－发光器件－研究 Ⅳ.①TN383

中国版本图书馆 CIP 数据核字(2013)第 176135 号

书　　　名：有机电致发光器件及器件界面特性
著作责任者：徐登辉 著
责 任 编 辑：刘 颖
出 版 发 行：北京邮电大学出版社
社　　　址：北京市海淀区西土城路 10 号(邮编：100876)
发　行　部：电话：010-62282185 传真：010-62283578
E-mail：publish@bupt.edu.cn
经　　　销：各地新华书店
印　　　刷：北京源海印刷有限责任公司
开　　　本：720 mm×1 000 mm 1/16
印　　　张：11.75
字　　　数：209 千字
版　　　次：2013 年 9 月第 1 版 2013 年 9 月第 1 次印刷

ISBN 978-7-5635-3614-6　　　　定　价：29.00 元

· 如有印装质量问题，请与北京邮电大学出版社发行部联系 ·

前　言

长期以来，有机材料一直被认为是绝缘材料，1976年Heeger、MacDiarmid和Shirakawa合成了第一个导电高分子材料——聚乙炔，并开辟了导电高分子这一新的研究领域。此后，大量的有机小分子和聚合物被成功合成，人们开始认识到有机材料在光、电及磁性等领域具有巨大的应用潜力。目前，有机分子材料和相关的器件已经开始产业化，其中以有机电致发光器件（OLED）为代表，其不仅在数码相机、手机屏上得到应用，而且不断有新的大屏幕有源有机电致发光器件（AMOLED）出现，同时，基于有机电致发光器件的固态照明产品也开始投入市场。有机电致发光器件具有超薄、轻、制备工艺简单、生产成本低、器件效率高以及可以制备成柔性器件等优点，国内也已经开始了广泛的研究，预计不久AMOLED就会在国内实现量产。

本书系统介绍了有机材料的基本特点，及其在有机电致发光器件中的应用，重点介绍了有机电致发光器件研究中的界面特性，同时介绍了最近开始的液态有机电致发光器件的研究。本书是作者根据所从事的对有机电致发光器件的研究经验和体会，结合在本领域的研究进展情况，加以整理和编写而成的，目的是为了把有机电致发光器件领域的研究现状、研究进展和应用前景介绍给读者。

本书共分7章。第1章简要介绍有机电致发光器件的研究现状及发展历程。第2章介绍了有机材料的概念、性质及发展历史，有机电致发光器件的结构、制备过程及性能表征参数。第3章介绍了染料掺杂在提高有机电致发光器件发光性能中的应用。第4章介绍了有机电致发光的红绿蓝三基色材料特点，简要介绍了各类材料的发展过程，讨论了红光染料DCJTB在器件界面上的发光性能。第5章介绍了黄光染料

Rubrene 在器件界面上的发光特性及具体应用。第 6 章介绍了器件的电极结构、器件界面特性及电极的修饰及处理方法;器件 ITO 阳极表面处理与电荷注入之间的关系;PMMA 作为界面修饰材料对器件性能的影响。第 7 章结合作者研究介绍了一种新型发光层为液态的有机电致发光器件及相关的国内外研究进展,该类器件对于制备柔性发光器件及其他应用提供了更多可能。

列入本书中的部分研究工作得到国家自然科学基金项目(项目号:61007021),北京市优秀人才培养项目(项目编号:2011D005003000012)的支持。本书的顺利出版得到北京工商大学学术专著出版基金(项目号:ZZCB2010—20)的资助,特此感谢!

由于作者知识面和专业水平有限,书中不妥和错误之处在所难免,恳请相关专家和广大读者不吝批评指正。

徐登辉

2013 年 7 月 13 日

目录

第1章 绪论

1.1 引言

在过去的十多年里，计算机技术及网络的空前繁荣，移动通信及电子商务的蓬勃发展，所有这些都预示着一个以信息产业为核心的信息时代的来临，其显著特点是信息的数字化和网络化。信息化对信息显示技术的要求越来越高，迫切的社会和技术需求同时也促进了信息显示技术的蓬勃发展。有关资料表明，人类所获取信息的70%以上来自于人的视觉。因此，作为人与信息交互媒介之一的信息显示装置的地位就显得至关重要了，这不仅关系到人类获取信息的数量及质量，而且与人类的健康密切相关。

阴极射线管(Cathode Ray Tube，CRT)、液晶显示(Liquid Crystal Display，LCD)、等离子体(PDP)显示、电致发光显示(Electroluminescent Display)等技术都在不断地被改进和完善以适应社会的发展和市场需求。

CRT技术的发明在很大程度上改变了人们的生活，CRT显示技术在家用电视、计算机等方面得到了广泛的应用。但是，由于CRT显像管本身具有体积大、电压高、功耗大以及难以制备出大面积显示器等缺点，使之不能满足信息时代对显示器越来越高的要求。

目前，液晶显示技术是最成熟的平板显示技术之一，它在计算机显示器及手机显示屏等领域都有广泛的应用。虽然有源液晶显示器(TFT-LCD)经过多年的发展，较好地克服了显示视角过小的缺点，但是其与CRT技术相比仍有差距。液晶显示器的响应速度慢、对环境条件的要求较高(不能用于低温和震动环境等)，且难以制备大面积显示器件，这些都决定了它不能满足人们对显示技术更高的要求。

等离子体显示技术是近几年发展起来的另一种平板显示技术，虽然它已经实现了彩色化，但是其亮度低、功耗大、不能制备出高清晰度的显示器件，因此 PDP 显示器只有在大屏幕显示上有发展前途。

薄膜电致发光作为新型平板显示技术，具有全固体化、耐震、主动发光、高分辨率、宽视角、响应速度快以及对环境适应性强等优点而使其在众多平板显示技术中极具发展优势。无机薄膜电致发光的研究已经进行了几十年，单色的无机显示屏已有产品用于计算机终端显示口，全色显示屏也已有产品问世，无机薄膜电致发光显示器件的问题是其驱动电压偏高（大于 150 V）和难以获得蓝色发光。因而，突破蓝色发光是实现无机薄膜电致发光彩色化的关键。

有机电致发光是近几年得到快速发展并有巨大应用前景的新型平板显示技术。国内外许多著名的大公司和研究所都加入到有机电致发光的研究中。1997 年，日本先锋公司已经有单色有机电致发光显示器投入市场。目前有机电致发光已经实现了全彩色显示，小尺寸的彩色显示屏已经被应用在手机屏、数码相机及平板计算机上。

有机电致发光器件（OLED）的研究在短短二十余年的时间里就获得如此令人瞩目的进展，归因于它突出的技术和应用特点及其所蕴藏的巨大的市场应用前景。具体地看，其特点包括：

（1）采用有机物作为发光材料，材料选择范围宽，可实现从蓝光到红光的任何颜色的显示。

（2）驱动电压低，只需 3～10 V 的直流电压。

（3）发光亮度和发光效率高。

（4）全固化的主动发光，没有视角效应，可视角度大于 170°。

（5）响应速度快（$<1\ \mu s$），较高的图像刷新速率，在显示快速动态图像时效果好。

（6）生产工艺相对简单，成本低。

（7）超薄，重量轻。

（8）温度特性较好，发光性能不受温度影响，可在－40℃的低温下工作。

（9）可做在柔性衬底上，器件可弯曲，折叠。

正因为存在以上优点，有机电致发光成为近年来人们研究的热点。当前，有机电致发光器件本身也还存在着一些不足，例如寿命比较短，红光的色纯度不够等问题，但近几年此领域的科研进展表明，有机电致发光显示在不断地完善和发展，其必将可以取代液晶显示成为手提电脑、台式机显示屏的主流，并将给人们的生活和信息显示带来全新的理念。现在有机电致发光已经开始成功地出现在全彩色显示器的多方位应用市场上。

1.2 有机电致发光的研究历史及现状

电致发光(Electroluminescence，EL)是指在电场作用下，依靠电流和电场的激发使材料发光的现象，它是将电能直接转换为光能的一类发光现象。从发光材料角度可将电致发光分为无机电致发光和有机电致发光。

人类对无机电致发光现象的认识始于20世纪20年代，但当时并未引起人们的广泛注意，从60年代开始，无机电致发光的研究有了飞速发展。无机EL器件可分为以III-V族半导体为主的发光二极管(Light Emitting Diode，LED)和以II-VI族材料为主的无机薄膜EL器件(Thin Film Electroluminescent Panel，TFEL)两种类型。虽然无机EL器件经过了几十年的发展已经广泛应用在仪器仪表显示和光电器件中，但仍然有许多缺陷，如发光品种少，特别是蓝色材料稀少；效率仍比不上普通的白炽灯(普通的白炽灯的效率可达15 lm/W)；TFEL的驱动电压高等，这些都阻碍了无机EL器件在彩色平板显示器中的应用。

有机电致发光的研究开始于在20世纪五六十年代，1953年Bernanose[1,2]等人在蒽单晶片的两侧加400 V的直流电压时观察到了发光现象，这是关于有机EL的最早报道。Pope[3]，W. Helfrich[4]等先后在蒽单晶上加电压并观察到了发光现象，人们便开始了对有机电致发光现象的研究。其研究工作如图1.1所示。图1.1(b)中实验所采用的电极是通过将导电银胶粘贴于蒽单晶表面形成，而图1.1(c)中实验则是将蒽单晶上下表面分别涂抹高浓度的蒽/纳的四氢呋喃溶液从而形成蒽的负离子和高浓度蒽/三氯化铝的硝基甲烷溶液形成蒽的正离子，然后再与正负电极接触获得。在施加很高电压时，正负电荷通过银电极或者通过蒽的正负离子导入单晶，从而形成激子并产生辐射跃迁。

但由于当时制备高质量的有机物单晶较为困难，且有机单晶层不容易做得很薄(当时厚度大于1 μm)，再加上器件电极接触不佳，从而导致电子注入效率较低，因此早期的有机EL器件的驱动电压很高，一般都超过100 V。所以，有机EL的研究进展还是十分缓慢。后来，经改进制膜工艺，制成薄膜厚度小于1 μm的薄膜，将驱动电压降到 30 V 以内，但最大效率也只有 0.05%左右[5-7]。这些早期的有机电致发光器件研究没有取得进一步的突破，但这些工作为后续发展奠定了坚实的理论和实验基础。

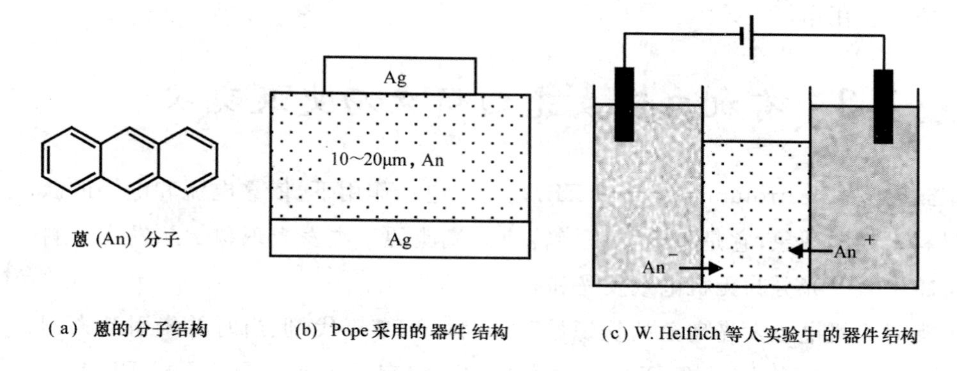

(a) 蒽的分子结构　(b) Pope采用的器件结构　(c) W. Helfrich等人实验中的器件结构

图 1.1　蒽单晶的电致发光

直至 1987 年美国柯达公司的 C. W. Tang 和 Van Slyke[8] 采用真空蒸发沉积有机分子薄膜，把有机薄膜的厚度减薄到 0.1 μm 以下，同时采用 Mg:Ag 合金作阴极，In_2O_3:SnO(Indium Tin Oxide, ITO)作阳极，并引入芳香二胺(Diamine)作空穴传输层(Hole Transporting Layer, HTL)，以 8-羟基喹啉铝(tris-(8-hydroxy-quinolinato) aluminum, Alq_3)为电子传输层(Electron Transporting Layer, ETL)兼发光层(Emissive layer, EML)组成双层结构的有机 EL 器件。该器件在电压低于 10 V 时，发出明亮的绿光，其亮度超过 1 000 cd/m^2，外量子效率达 1%，流明效率达到 1.5 lm/W。该工作引入的双层器件结构，一方面解决了正负电极功函数与有机材料的匹配，既平衡了载流子的注入，又提高了材料的选择性；另一方面双层结构使正负电荷由电极注入界面向有机层内部迁移，使发光层远离电极，可有效防止电极对发光的猝灭，从而使器件性能有了质的提高。1989 年 C. W. Tang[9] 等人又报道用掺杂的方法获得不同颜色的发光，使用的是掺杂染料 DCM1 和 DCM2。此种方法不仅提高了发光效率，而且改变了发光颜色，使器件从 Alq_3 绿色本征发光变为黄色发光，通过掺杂香豆素 C540 得到了蓝-绿光，从而为制备多色显示的有机器件提供了一条有效途径。

1988 年日本九州大学的 Adachi 等人[10] 以聚乙烯咔唑为发光层，改进了器件的结构，获得了高亮度和长寿命的蓝光器件，这进一步推动了有机电致发光器件的研究。在随后的几年里，有机 EL 器件在发光亮度、发光效率和工作寿命等方面都取得了突破性进展[11-13]。1998年，FÖrrest等人[14]采用基质掺杂的办法有效地利用了三重态发光，打破了单重态发光的量子效率1/4的瓶颈，使器件的发光效率有很大的提高。在红色磷光染料PtOEP掺杂基质Alq_3体系中，发现从Alq_3到PtOEP的能量传递效率达到90%，得到器件的外量子效率达4%。接着，他们用CBP:$Ir(ppy)_3$掺杂体系获得8%和31 lm/W的量子效率和功率效率[15]。2001年，他们利用DCM:$Ir(ppy)_3$:CBP体系并结合多层结构器件的优点，又获得外量子效率为9%的高效率器件[16]。日本的M. Ikai等人[17]在三线态发光基础上利用阻挡层方法限制激子扩散，制得磷光掺杂有机电致发光器件的外量子效率达到19.2%（72 lm/W，73 cd/A，0.55 mA/cm^2，401.3 cd/m^2，3.52 V），该器件即使在电流密度为10～20 mA/cm^2的条件下，量子效率仍在15%以上（6 000～12 000 cd/m^2）。

在人们对小分子电致发光器件的研究不断深入的同时，1990年，英国剑桥大学的Burroughes等人[18]首次实现了以共轭高聚物聚对苯撑乙烯（PPV）为发光层，ITO为阳极，金属Al为阴极的单层有机聚合物电致发光器件（PLED），该器件在驱动电压为14 V时，获得了黄绿色的发光，发光的量子效率约0.05%。但是，PPV具有不可溶解性，加工性受到限制，并且利用Al作阴极，它的量子效率也较低。此后，A. J. Heeger研究小组[19]采用具有可溶性PPV衍生物MEH-PPV制成了发橘黄色光的共扼聚合物电致发光器件。1992年，A. J. Heeger研究小组又研究出了柔性衬底上的聚合物LED，这种塑料LED可以卷曲和折叠而不影响发光[20]。同时，低功函数的电极Ca的使用，使得单层聚合物电致发光器件的量子效率也获得很大提高[19,21]。为了提高聚合物量子效率，人们通常也采用共聚物发光材料或多层异质结结构等方法[22,23]。

目前OLED的研究发展以美国柯达公司拥有多项关键材料技术专利，并已授权多家公司，如先锋电器、三洋电器、TDK、徕宝、东元激光等公司采用此项技术。韩国三星公司和LG公司在OLED的产业化方面走在世界的前列。对于OLED的研究，柯达公司的主要贡献可概括如下：

（1）引进双层器件结构；

（2）发明优良发光材料Alq_3，并首次引入空穴传输层；

（3）采用超薄膜技术；

（4）使用功函数低且稳定的Mg:Ag合金作阴极。

这几项突破性的工作，不但展现了有机电致发光器件的突出优点和巨大应用前景，而且揭示了提高有机发光器件性能的关键所在，即正负载流子的平衡注入和有效复合，由此指明了有机电致发光器件发展及应该努力的方向，被认为是对有机电致发光里程碑似的贡献。此后，对有机电致发光器件的研究得以在全世界范围内迅速而深入地开展起来。

随着新材料的不断使用，器件工艺和结构的不断完善，有机电致发光器件的发光效率和寿命现在已经逐步达到了实用化的水平。现在绿光有机小分子器件的发光效率达到了 40 lm/W，最大发光亮度也已达到 140 000 cd/m^2[24,25]。另外，蓝光、黄光、红光小分子有机发光器件的效率分别达到 4.5 lm/W，13 lm/W，2.2 lm/W。稳定性差曾是有机发光器件面临的重要问题，但近年来该问题已基本得到解决。目前，绿光、黄光器件的半寿命已分别超过 8×10^4 h 和 3×10^4 h。

同时，聚合物（高分子）电致发光器件（PLED）也得到了飞速的发展[19,20,22,23]，与有机小分子材料相比，聚合物材料有其自身的优势：如良好的成膜性及加工性（可旋转涂敷成膜），具有更好的粘附性和机械强度，易于制成柔性显示器件等。但聚合物材料也有其自身难以克服的缺点，如难以提纯，有的聚合物可溶性差等。随着人们对聚合物材料和器件研究的不断深入，聚合物电致发光器件也得到了较快的发展。1996 年 4 月在美国旧金山召开的 MRS 大会上，美国 Uniax 公司报道的聚合物发光器件在 100 cd/m^2 时，器件的半寿命达到 10 000 h。1999 年，荷兰飞利浦公司利用 CDT 公司的技术建成了一条生产线，生产 80×87 像素、发光面积为 8 cm^2，在 100 cd/m^2 下半寿命为 15 000 h 的单色聚合物发光显示屏[26]。

经过近 30 年的发展，有机小分子和聚合物电致发光器件的亮度、发光效率、稳定性都得到巨大的提高和改善，有机电致发光器件（OLED）正从实验室研究走向产业化应用阶段。继 1997 年日本的先锋电器公司开发出第一个商品化的有机电致发光器件产品后，又开发出有源矩阵驱动可显示视频图像的彩色有机电致发光器件，这种高清晰显示器的显示图像可以和传统的 CRT 显示器相媲美。2000 年摩托罗拉公司推出第一款带有有机电致发光显示屏的手机。2002 年 4 月，美国 UDC 公司推出了无源驱动的手机显示屏。2002 年 10 月 SK 宣布已出产 15 英寸的显示器，其性能与商品化的 TFT-LCD 相媲美。韩国的三星电子在 IMID2005 国际数据展览会议上，推出一款 40 英寸的 OLED 显示屏，其可以支持 WXGA 1 280×800 的超高分辨率，同时具有 600 cd/m^2 的亮度，对比度达到了 5 000∶1，画面显示效果令人惊叹。2006 年我国台湾奇美公司的 OLED 面板是当时世界上首款超薄 AMOLED 面板产品。2007 年的 CES 展览会上，日本索尼公司展示了 11 英寸和 27 英寸厚度分别为 3 mm 和 10 mm 的有机电致发光平板电视，并于年底推出第一款商用 OLED 电视产品。2008 年中国台湾奇美在日本 FPD 国际展览会上展示了一款厚度仅为 1 mm 的 25 英寸 OLED 面板。2012 年 1 月在美国拉斯维加斯举办的国际消费电子展(CES2012)上,LG 和三星公司都展示了 55 英寸的 OLED 电视。其中 LG 的 AMOLED 电视的厚度仅为 4 mm,其采用白光加彩色滤光片的形式实现全彩色显示,并得到了 1 920×1 080 全高清分辨率;三星公司展示的这款 AMOLED 电视厚度为 5 mm,其 RGB 像素纵向排列,具有极佳的显示效果。

除了在显示方面的应用,有机电致发光器件在照明领域也有很大的发展空间,目前有潜力进入照明市场并且备受关注的白光固态照明器件有两种,分别是无机发光器件(无机 LED)和有机电致发光器件。若无机白光 LED 的发光效率大于44 lm/W,寿命大于 9 000 h,则可满足照明的要求[27]。无机白光 LED 面临的挑战是降低成本、足够高的蓝绿光效率并探索高效长寿命发光材料。白光有机电致发光器件(WOLED)具有高效率、自发光及反应速度快等优点,相对无机白光 LED 其优势在于发光材料的选择范围宽,并且材料的纯度要求(99.95%)要比无机 LED(99.999 9%)要低。此外由于 OLED 可以采用真空镀膜、旋涂和喷墨打印等方法沉积薄膜,大面积制作工艺简单,成本较低。为了满足照明的要求,器件的发光效率、使用寿命、显色系数及发光色坐标的稳定性等都是需要考虑的因素,其中器件的发光效率和使用寿命尤其重要。有研究报告指出,如 WOLED 要实现商品化,其效率要大于 50 lm/W,显色系数大于 80,器件在初始亮度 1 000~3 000 cd/m^2 工作时,其色坐标在 10 000 h 以上没有太大变化。2008 年 J. Kido 等人[28]报道的 WOLED 在 100 cd/m^2 时,发光效率达到了 53 lm/W,这是目前报道的效率最高的 WOLED 器件之一。但其显色系数只有 68,色坐标随工作电流的增加会有一定的漂移。因此 WOLED 在实现产业化之前仍需要解决寿命、显色系数及色坐标稳定性 3 个问题。2008 年 8 月成立的 Lumiotec 公司是致力于有机电致发光照明的公司,2012 年 7 月,该公司推出平均显示系数超过 93 的 OLED 白光照明面板,在对红色的物品或皮肤进行照明时,解决人工光源一直难以呈现接近使用自然光的效果。

1.3 LED 和 OLED 的区别与联系

1.3.1 有关发光的几个概念

发光是物体内部以某种方式将能量转化为光辐射的过程,自然界中很多物体都有发光的性能。就固体发光材料而言,可分为有机材料和无机材料两大类。然而,并不是一切光辐射都是发光,发光只是光辐射中的一部分,是专指一种特殊的光发射现象,它与热辐射有根本的区别。温度在绝对零度以上的任何物体都有热辐射。不过温度不够高时辐射的波长大多在红外区,人眼看不见。物体的温度达到 500℃以上时,辐射的可见部分就够强了,例如烧红了的铁,电灯泡中的灯丝,等等。发光则是叠加在热辐射之上的一种光发射。发光材料能够发出明亮的光(例如,日光灯内荧光粉的发光),而它的温度却比室温高不了多少。因此发光有时也被称为"冷光"。热辐射是一种平衡辐射。它基本上只与温度有关而与物质的种类无关。发光则是一种非平衡辐射,反映着发光物质的特征。

由近代物理可知,光的吸收和发射是原子(分子或离子)体系在不同能量状态间跃迁的结果,这一过程可分为 3 种。在没有外界作用的情况下,处在基态的原子数目总是占绝大多数。当原子受到能量为 $h\upsilon=E_2-E_1$ 的光子照射时,处在低能级 E_1 上的原子会吸收能量而跃迁到高能级 E_2,这个过程称为吸收。处于激发态 E_2 的原子会跃迁到低能态 E_1,从而放出相应的能量,这个过程称为自发发射。处于激发态 E_2 的原子在外来光子的作用下会跃迁到低能态 E_1,并放出一个光子,它与外来光子频率相同、位相相同、偏振方向相同,这被称为受激发射。通常讨论的发光现象,一般是指自发反射现象,原子处于激发态有一定的时间,称为激发态的平均寿命。但是发光又有别于其他的非平衡辐射,如反射、散射等。根据俄罗斯学派的观点,发光有一个比较长的延续时间(Duration),这就是在激发即外界作用停止后发光不是马上消失而是逐渐变弱,这个过程也称为余辉(Afterglow)。这个延续时间长的可达几十小时,短的也有 10^{-10} s 左右,总之都比反射、散射的持续时间长很多。一般认为,反射和散射的持续时间和光的振动周期差不多,约为 10^{-14} s。不过,10^{-10} s 这个数量的确定在当时可以说是有点任意性,是根据当时技术测量上的极限。随着技术的发展,现在能够测量的时间,已经突破一个飞秒(1 fs$=10^{-15}$ s)。而测到的发光弛豫时间短到皮秒(1 ps $=10^{-12}$ s)的例子已不在少数[29]。

根据激发方式的不同,发光可以分成不同的种类,光致发光(PhotoLuminescence, PL)和电致发光(ElectroLuminescence, EL)是最常见的两类。光致发光是用光激发而产生的发光,其最广泛的应用就是作为光源。紫外线和红外线虽然不是可见光,这里仍把它们称为光,光致发光指使用紫外直至红外这一宽广光频范围内的各种波长来激发而产生的发光。光致发光可以用来研究物质的结构和它接受光能量后内部发生的各种变化过程,包括固体中的杂质和缺陷以及它们的结构、能

量状态的变化等。电致发光是将电能直接转化为光能的一类发光现象。发光二极管(LED)发射就是半导体的电致发光,它利用电流通过 PN 结而发光。基于有机材料而制备的电致发光器件(OLED)的发光属于电流注入型电致发光器件,其工作电压小于 10 V。

此外,还有阴极射线发光(Cathodoluminescence)、生物发光(Bioluminescence)、摩擦发光(Triboluminescence)、声致发光(Sonoluminescence)等。

1.3.2　LED 和 OLED 的工作原理

1. LED 的工作原理

LED 通常是指基于无机半导体材料的电致发光器件,它是一种 PN 结型器件,它们所用的材料基本上都是 III-V 族化合物。根据半导体的原理可以知道,当 PN 结不加电压时,P 型中的空穴会向 N 型层扩散,而 N 型中的电子向 P 型层扩散,直至结的两侧由于空间电荷层产生的内建电场足以阻止这两种载流子继续扩散。这时导带和价带以及费米能级将有如图 1.2 所示的情况,V_D 为内建电场形成的势垒,其大小一般零点几到一个 eV(如 0.4 eV)。

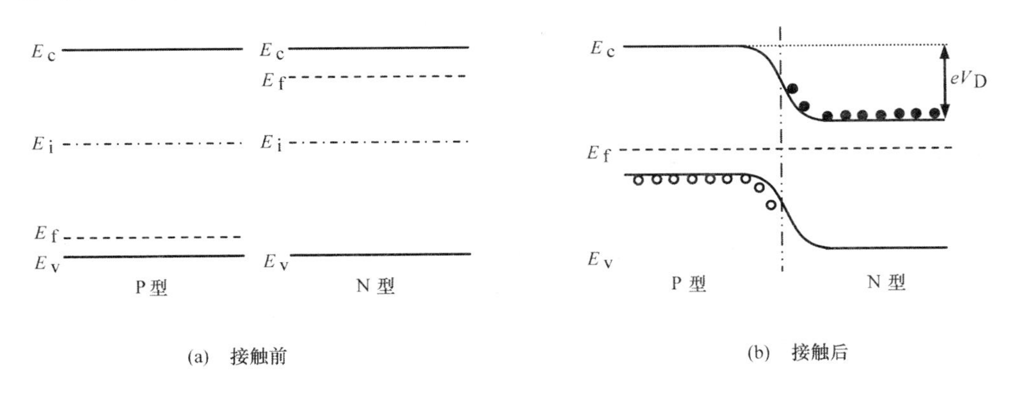

图 1.2　平衡 PN 结的能级

加上正向电压(P 型为正极)V 后,势垒降低,电子流向 P 型层,空穴流向 N 型层,电子和空穴复合而发光。两种载流子运动情况分别如图 1.3 所示。这里 $(\Delta N)_P$ 代表在 P 型层一边导带中因加了电压而增加的电子数,$(\Delta P)_N$ 代表 N 型层中新增的空穴数。这些新增加的"少数"载流子(电子或空穴)可能和对应的多数载流子(空穴或电子)复合,发射光子。应该指出,两层新注入的载流子数目并不一定相等,因为它们的电阻率不同。而由于实际的需要,通常是希望某一特定的层发光，例如让 P 型层发光。这时，就要把 P 型层做得尽量薄，或者让 N 型层的能隙宽于 P 型层的能隙，以让 P 型层的发光损失尽量少地射出。

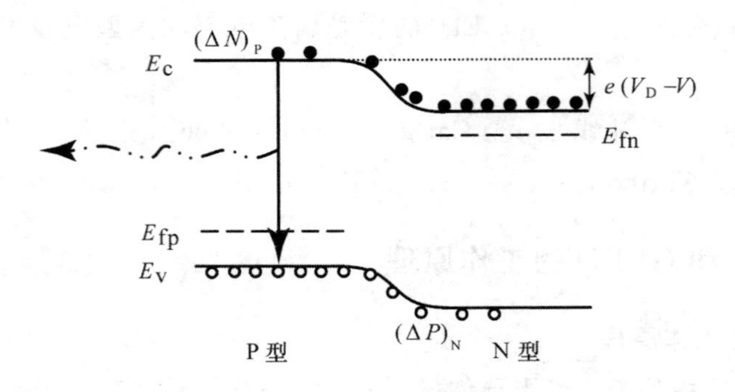

图 1.3　加正向电压后 PN 结的能级图

2. OLED 的工作原理

有机电致发光器件(OLED)的发光过程主要包括载流子的注入、激子的形成、激子的运动和激子辐射复合发光等过程。一般认为有机薄膜电致发光器件属于注入式发光器件，电子和空穴分别从电极注入有机发光层中，电子和空穴在外电场的作用下发生移动，并形成激子，激子在发光层中发生辐射复合而发光。具体地说可分为下面 3 个过程。

(1) 载流子注入

在有机电致发光器件中，由于有机分子的能级与阴极和阳极的能级不匹配，存在能级差，而形成界面势垒。因此电子和空穴的注入要克服界面势垒才能进入发光层。通过调节有机分子和电极间的势垒高度可以调节载流子的注入，从而改变有机电致发光器件的发光特性。研究载流子注入机理对有机 EL 器件结构的优化设计是十分必要的，特别是对于降低器件的起亮电压、提高器件的发光效率有着非常重要的意义。由于有机电致发光器件的特殊性和复杂性，目前有关载流子注入的理论很多，还没有建立起一套比较成熟的理论。从目前的文献上报道的载流子注入机理研究上看，大致可以分为以下 3 种：热电子发射注入、隧穿注入和空间电荷限制注入。

(2) 载流子传输

载流子传输即注入的电子和空穴在电场的作用下分别向阳极和阴极传输，载流子传输性能的好坏取决于有机材料的载流子迁移率。因此，人们常选用具有较高载流子迁移率的材料作为载流子传输层，载流子传输层对器件结构的优化设计

十分重要，在器件结构中，它处于电极与发光层之间，所以在材料的选择上，既要考虑到其载流子输运性能，又要考虑到能带匹配等方面的因素。因此，作为载流子的传输材料除了具有良好的成膜性和稳定性外，还必须具有：(a)良好的载流子传输性，即材料的载流子迁移率要相对大一些，目前典型的有机的载流子迁移率大小在 $10^{-3} \sim 10^{-6} cm^2/V \cdot s$ 之间；(b)材料要有良好的化学稳定性，不与发光层材料形成激基复合物；(c)材料的最高占据轨道(Highest Occupied Molecular Orbital，HOMO)及最低未占据轨道(Lowest Unoccupied Molecular Orbital，LUMO)能级要与电极功函数及发光层材料的 HOMO 和 LUMO 相匹配，要有利于一种载流子从电极注入而阻挡另一种载流子从发光层流出。

(3) 激子的形成，迁移和辐射复合发光

有机分子可以通过多种形式吸收能量而使分子受到激发处于激发态，处于激发态的分子又可以通过多种形式释放能量回到基态。从能带理论观点看，发光来自于激子的辐射复合。电子和空穴由于库仑力相互作用而形成激子，其中包括单线态激子和三线态激子，而形成的三线态激子数目是单线态激子的 3 倍(这是因为单线态是单重简并的态，三重态是三重简并的态)。单线态 S，电子自旋相反，三线态 T，电子自旋平行，三线态的能量要比单线态的能量低一些。单线态激子的辐射跃迁产生荧光，三线态激子的辐射跃迁产生磷光。

3. LED 和 OLED 的区别

无机 LED 实际上是半导体器件，发光来自电子和空穴直接辐射复合。因为在半导体能带中在外部载流子未注入之前就已经存在被杂质能级束缚的固有载流子。而 OLED 的发光必须经由激子的形成和辐射衰减过程，尽管无机半导体的电子和空穴结合也形成激子，但由于它们结合能比较小，常温下不能稳定地存在，而有机材料的分子激发状态就是激子态[30]。从制作工艺复杂程度看，无机 LED 的单晶生长工艺要比 OLED 的制备过程复杂得多，尽管高效长寿命 OLED 制作工艺本身有其特殊技巧。

参考文献

[1] BERNANOSE A B，COMTE M，VOUAUX P. Sur un nouveau mode D'émissionlumineuse chez certainscomposésoganiques[J]J. Chem. Physique，1953，50(1)：64-68 (in French).

[2] BERNANOSE A B, VOUAUX P. Électroluminescenceorganique: Étude du mode d'émission [J] J. Chem. Physique 1953, 50(3): 261-263.

[3] POPE M, KALLMANN H, MAGNANTE P. Bright electroluminescence in organic crystals [J]. J. Chem. Phys, 1963, 38(8): 2042-2043.

[4] HELFRICH W, SCHNEIDER W G. Recombination radiation in anthracene crystals [J]. Phys. Rev. Let., 1965, 14(7): 229-231.

[5] VITYUK N V, MIKHO V V. Electroluminescence of anthracence excited by shaped -voltage pulse[J]. Sov. Phys. Semicond. 1973, 6(8): 1479-1483.

[6] ROBERTS G G, MCGINNITY M, VINCET P S, BARLOW W A, Electroluminescence photoluminescence and electroabsorption of a lightly substituted anthracenelangumuir film [J]. Solid State Commun., 1979, 32(5): 683-685.

[7] VINCET P S, BARLOW W A, HANN R A. et al. Electronical conduction and low voltage blue electroluminescence in vacuum-deposited organic films [J]. Thin Solid Films, 1982, 94(1-2): 171-183.

[8] TANG C W, VAN SLYKE S A. Organic electroluminescent diodes [J]. Appl. Phys. Let., 1987, 51(12):913-915.

[9] TANG C W, VAN SLYKE S A, Chen C H. Electroluminescence of doped organic thin films [J]. J. Appl. Phys., 1989, 65(9): 3610-3616.

[10] ADACHI C, TOKITO S. TSUTSUI T, et al. Electroluminescence in Organic Films with Three-Layer Structure [J], Jpn. J. Appl. Phys., 1988, 27: L269-L271.

[11] ADACHI C, TSUTSUI T, SAITO S. Organic electroluminescent device having a hole conductor as an emitting layer [J]. Appl. Phys. Lett., 1989, 55(15): 1489-1491.

[12] ADACHI C, TSUTSUI T, SAITO S. Confinement of charge carriers and molecular excitons within 5-nm-thick emitter layer in organic elec-

troluminescent devices with a double heterostructure [J]. Appl. Phys. Lett., 1990, 57(6): 531-533.

[13] SO F F, FORREST S R, SHI Y Q, STEIER W H. Quasi-epitaxial growth of organic multiple quantum well structures by organic molecular beam deposition [J]. Appl. Phys. Lett., 1990, 56; 674-676.

[14] BALDO M A, O' BRIEN D F, YOU Y, et al. Highly efficient phosphorescent emission from organic electroluminescent devices [J]. Nature 1998, 395: 151-154.

[15] BALDO M A, LAMANSKY S, BURROWS P E, et al. Very high-efficiency green organic light-emitting devices based on electrophosphorescence [J], Appl. Phys. Lett., 1999, 75 (1): 4-6.

[16] D'ANDRADE B W, BALDO M A, ADACHI C, et al. High-efficiency yellow double-doped organic light-emitting devices based on phosphor-sensitized fluorescence [J]. Appl. Phy. Lett., 2001, 79 (7): 1045-1047.

[17] IKAI M, TOKITO S, SAKAMOTO Y, et al. Highly efficient phosphorescence from organic light-emitting devices with an exciton-block layer [J]. Appl. Phy. Lett., 2001, 79(2): 156-158.

[18] BURROUGHES J H, BRADDLEY D D C, BROWN A R et al. Light-emiting diodes based on conjugated polymers [J]. Nature, 1990, 347(6293): 539-541.

[19] BRAUN D, HEEGER A J. Visible light emission from semiconducting polymer diodes [J], Appl. Phy. Lett., 1991, 58 (18): 1982-1984.

[20] GUSTAFSSON G, CAO Y, TREACY G M, et al. Flexible light-emitting diodes made from soluble conducting polymers [J]. Nature, 1992, 357: 477-479.

[21] LIEDENBAUM C, CROONEN Y, VAN DE WEIJER P, et al. Low voltage operation of large area polymer LEDs [J]. Synth. Met. 1997, 91(1-3): 109-111.

[22] BURN P L, HOLMES A B, KRAFT A, et al. Chemical tuning of

electroluminescent copolymers to improve emission efficiencies and allow patterning [J]. Nature, 1992, 356 (6364): 47-49.

[23] GREENHAM N C, MORATTI S C, BRADLEY D D C, et al. Efficient light-emitting diodes based on polymers with high electron affinities [J]. Nature, 1993, 365: 628-630.

[24] ADACHI C, BALDO M A, FORREST S R, et al. High-efficiency organic electrophosphorescent devices with tris(2-phenylpyridine)iridium doped into electron-transporting materials [J]. Appl. Phy. Lett., 2000, 77 (6): 904-906.

[25] KIDO J, IIZUMI Y. Fabrication of highly efficient organic electroluminescent devices [J]. Appl. Phy. Lett., 1998, 73 (19): 2721-2723.

[26] DIXON R. Organic LEDs Come of Age, Compound Semiconductor, 1999, 5: 43-48.

[27] D'ANDRADE B W, FORREST S R. White organic light-emitting devices for. solid-state lighting, [J] Advanced Materials, 2004, 16: 1585-1595.

[28] SU S J, GONMORI E, SASABE H, et al. Highly efficient organic blue- and whitelight-emittingdevices having a carrier andexciton-confining structure for deduced efficiency roll-off [J]. Advanced Materials, 2008, 20: 4189-4194.

[29] 许少鸿. 固体发光[M]. 北京：清华大学出版社，2011.

[30] 李文连. 有机 EL 和 LED 与无机 EL 和 LED 发光机制的异同[J]. 液晶与显示，2001，16：33-37.

第2章 有机材料的性质及在OLED中的应用

本章主要回顾有机材料、有机电子材料的发展历程，介绍有机电子材料的特性及在有机电致发光器件中的应用。讨论有机材料的光物理过程，简要介绍有机半导体材料的特点，及有机材料的激发态过程，并讨论有机电致发光器件的相关性能评价。

2.1 有机材料的发展历史

有机材料或有机物一般是指含碳原子的化合物，但是含碳原子的化合物不全是有机材料，如二氧化碳、碳酸盐等属于无机材料。人们对有机物的认识经历了一个相当长的过程。早期人们认为有机物只能从动植物等有机体中产生，而且都与生命活动有关，其与无机矿物中得到的物质不同，被认为是有机的以区别于无机物质。该名词由瑞典化学家 J. J. Berzelius 于 1806 年首次提出。1828 年，F. Wöhler 在实验室里从无机化合物中合成了尿素这一有机物，从而使有机物的含义发生了根本性变化。由于有机物种都含有碳和氢两种元素，故有机物是指碳氢化合物和它们的衍生物(derivative)。这里重点讨论在有机电子学领域广泛应用的有机材料，特别是有机半导体材料。

1920 年德国科学家 H. Staudinger 提出了高分子的长链结构，由此形成了高分子的概念，把有机材料清晰地区分为小分子和高分子。H. Staudinger 也因此项工作获得了诺贝尔化学奖。1960 年前后，美国的 Martin Pope 对一些模型化合物分子，如蒽等化合物的激发态性质作了系统的研究。由 Pope 和 Swenberg 合作撰写的专著《有机晶体和高聚物中的电子过程》[1]，迄今仍是有机电子学研究领域中的基础教材。1974 年，日本早稻田大学的土田英俊教授撰写的《功能高分子》一书是高分子材料走向应用的一个里程碑，如离子交换树脂、光刻胶、医用高分子材料、高分子催化剂等。一直以来人们认为，与金属材料不同，有机材料是不导电的，如可以作为绝缘层包裹在导线外面制作电缆。1977 年，A. J. Heeger、A. G. MacDiarmid 和 H. Shirakawa 合成了导电高分子聚乙炔[2]。这一成果揭示了有机材料经过适当的掺杂可以大大提高导电性能。而高分子材料要实现导电，必须在碳原子之间存在交替的单双键(即 π 共轭)结构。掺杂导电的本质是材料分子中的电子或空穴可以在材料内部移动，从而产生导电性。由于这 3 位科学家的杰出贡献，他们共同获得了 2000 年的诺贝尔化学奖。

有机材料中分子与分子之间主要是通过范德华力、分子间偶极作用等分子间作用力相结合。根据结构复杂程度的不同，有机材料一般可分为小分子(small molecule)、聚合物(polymer)及生物分子(biomolecular)。小分子一般相对分子量小于 1 000，聚合物分子量一般在 10 000 以上。在相对分子量介于小分子和聚合物之间，有一种被称为大分子(macromolecules)的有机化合物，如相对分子质量较大的齐聚物(也称寡聚物，oligomer)和树状物(dendrimer)。生物分子的结构非常复杂，是与生命体相关联的有机物。

2.2 有机半导体材料的结构

无机半导体材料的结构特征是原子的排列具有周期性，即长程有序性。晶格中原子间存在着强的共价键或离子键，因此通过原子轨道重叠的交换作用形成导带和价带，外层电子可以在整个晶体中自由运动，在无机材料间很容易发生电荷输运。可是，在有机半导体材料中不存在长程有序性，分子间的结合主要是靠分子间范德华力的作用，因此键合相当弱，同时有机分子轨道重叠和分子间电荷交换也比较弱。分子内电子的局域特性较强，因而有机半导体材料的这种结构对电荷的输运是不利的。在研究有机材料的电致发光时，不仅要考虑材料的发光特性，还要考虑材料的电输运特性。为了深入了解有机半导体材料的电输运及发光性质，就必须了解有机半导体材料的分子结构特征。

2.2.1 σ 电子 /π 电子 /n 电子

当两个原子束缚在一起形成分子时，分立的原子轨道就会相互作用而形成分

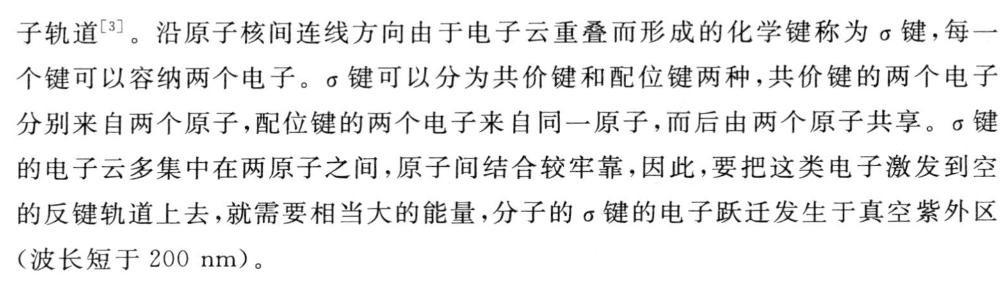

子轨道[3]。沿原子核间连线方向由于电子云重叠而形成的化学键称为σ键，每一个键可以容纳两个电子。σ键可以分为共价键和配位键两种，共价键的两个电子分别来自两个原子，配位键的两个电子来自同一原子，而后由两个原子共享。σ键的电子云多集中在两原子之间，原子间结合较牢靠，因此，要把这类电子激发到空的反键轨道上去，就需要相当大的能量，分子的σ键的电子跃迁发生于真空紫外区（波长短于 200 nm）。

当两个原子的P轨道从垂直于成键原子的核间连线方向接近，发生电子云重叠而成键，这样形成的共价键称为π键。σ键的电子被紧紧地定域在成键的两个原子之间，π键的电子则相反，它可以在分子中自由移动，并且常常分布于若干原子之间。如果分子为共轭的π键体系，则π电子分布于组成分子的各个原子上，这种π电子称为离域π电子，π轨道称为离域轨道。由于π电子的电子云不集中在成键的两原子之间，所以它们的键合远不如σ键牢固，它们的吸收光谱出现在比σ键所产生的波长更长的光谱区。单个π键电子跃迁产生的吸收光谱位于真空紫外区或近紫外光区，对有共轭π键的分子，视共轭度大小而定，共轭度小的其π电子跃迁所产生的吸收光谱位于紫外光区，共轭度大的位于可见光区或近红外光区。

有些元素的原子，其外层电子数多于4（例如 N，O 和 S)，它们在化合物中往往有未参与成键的价电子，称为n电子。n电子的能量比σ电子和π电子的都高，一般来讲，分子中的n电子对不参与成键，但当它们遇到合适的接收体时，其电子可能转入接收体的空轨道上而形成配位共价键，共价键是否形成，对解释具有n电子的荧光体的吸收光谱、发射光谱和荧光光谱强度的变化很重要。

2.2.2　最低未占据轨道（LUMO）/最高占据轨道（HOMO）

物质的分子，除了组成分子化学键的那些能量低的分子轨道外，每个分子还具有一系列能量较高的分子轨道。在一般的情况下，能量较高的轨道是空的，如果给分子以足够的能量，那么能量较低的电子可能被激发到能量较高的那些空的轨道上去，这些能量较高的轨道称为反键轨道。有机物分子中的价电子排列在能量不同的轨道上，这些轨道能量高低顺序为σ轨道＜π轨道＜n轨道＜π^*轨道＜σ^*轨道（如图 2. 1 所示）。

有机分子的电学及光学特性主要由材料的π电子系统来决定，在基态π电子形成一系列能级，进而形成一能带，其中具有最高能量的π电子能级被称为最高占据轨道(Highest Occupied Molecular Orbital,HOMO)。在激发态,π电子形成π^*电子反键轨道。最低能量的π^*电子反键轨道成为最低未占据轨道(Lowest Unoccupied Molecular Orbital,LUMO)。

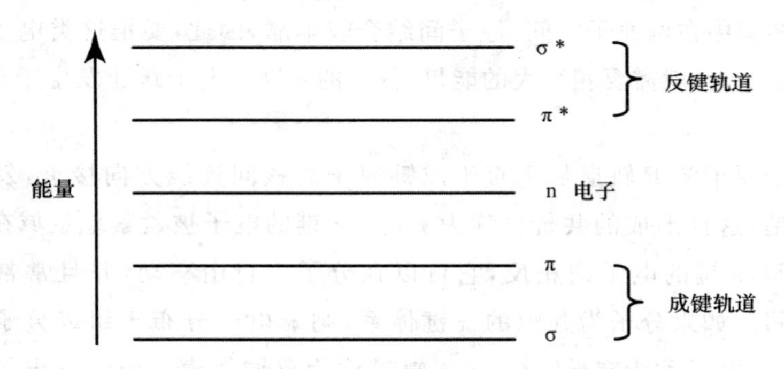

图 2.1 有机分子的能级示意图

在实验测量中发现,HOMO和LUMO能级都是连续分布的,在HOMO能级的顶部(靠近真空能级)对应有机分子的离化能(Ionization Potential, IP),而LUMO能级的底边(远离真空能级)则对应材料的电子亲和势(Electron Affinity, EA)。有机电致发光材料的电子亲和势和离化能决定了电子和空穴的注入效率。有机小分子的HOMO能级可以通过紫外光电子能谱来测量(Ultraviolet Photoelectron Spectroscopy, UPS)[4,5]。UPS不能给出LUMO能级和EA的值,则需要用其他的方法。对聚合物材料,由于不能真空蒸镀,要确定材料的能级则需要用电化学的循环伏安法测量(Cyclic Voltammetry, CV)。循环伏安法给出的氧化和还原电势是材料在溶液状态下的值不等于材料真实的离化能(IP)和亲和势(EA),这是因为,在溶液状态下材料分子的电子结构会受周围溶剂分子极性的影响。同时,在溶液中分子构象自由度的变化使分子中的电子比处于凝聚态状态时更容易发生移动[6]。

2.3 有机半导体材料的性质

2.3.1 分子内激发及衰变过程

有机分子可以通过多种形式吸收能量而处于激发态,处于激发态的有机分子又可以通过多种形式释放出能量回到基态。其中激子跃迁是激发态分子释放能量返回基态的最主要过程。激子又分为单线态激子和三线态激子。当形成激子的电子-空穴对的自旋方向相反，跃迁是允许的，称为单线态激子。当形成激子的电子-空穴对的自旋方向相同，跃迁是禁戒的，称为三线态激子。

图2.2表示了有机分子在光吸收和光激发下的各种跃迁过程。当光激发或电注入后，电子获得足够的能量从基态跃迁到某个激发单线态，经过振动能级弛豫到最低激发单线态(S_1)，最后由 S_1 态回到基态 S_0，此时跃迁产生荧光发射。通常，基态只有单线态，只有激发态才有单线态和三线态之分。单线态激子可以通过系间窜越等方式成为三线态激子。激子并不能全部以发光的形式复合，总有一部分激子通过无辐射衰减，发光的量子效率取决于激子辐射复合的几率与激子产生的几率之比。

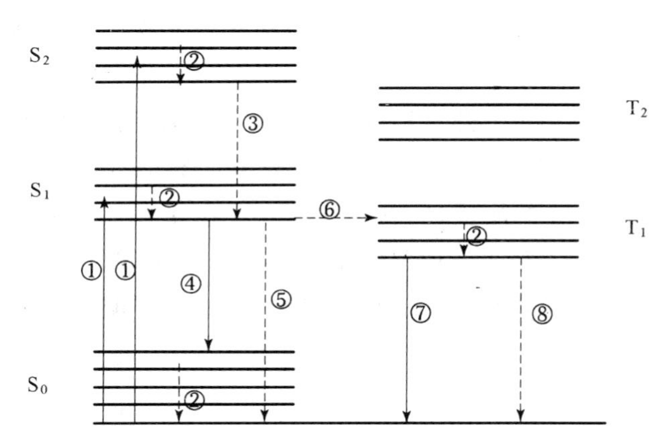

①激发过程；②振动能级的褪激发；③内转换；④荧光；⑤无辐射跃迁；
⑥系间窜越；⑦磷光；⑧无辐射跃迁；S单线态；T三线态

图2.2 有机分子发光能级示意图

对于荧光材料，在光激发下，激发态电子自旋状态与其基态相比，改变的几率很小，所以可以认为，光激发时所形成的激子均为单线态激子。在电致发光时，由于电子和空穴是从电极注入的，其自旋方向是随机的，若考虑到单线态激子和三线态激子的形成截面相等，则形成单线态激子的几率为总激子数的1/4。如果再考虑到三线态激子相互作用转变为单线态激子，电致发光效率的理论值就是光致发光效率的25％多一点。

当有机分子由孤立分子形成晶体或者非晶态固体时，即形成聚集态，由于周围分子对分子轨道的影响产生许多轨道能级。通过测量材料的吸收光谱可以发现，与溶液吸收光谱比较，晶体的吸收峰明显红移，这是由于在溶液中溶质分子的浓度较低，可以看做单分子吸收过程，而晶体中则由于存在很强的分子间作用力，表现出的是分子聚集态吸收过程。我们把这种效应称为溶剂效应。

在有机分子形成激发态时，还有可能形成基激二聚物(excimer)和基激缔合物(exciplex)。基激二聚物指的是，吸收光谱来自单个分子，但是分子在激发态时会与另一个相同分子结构的基态分子形成二聚物，因此发射光谱表现为二聚体发光，这种分子构型也称为共振二聚体。在有些晶体中，分子是成对堆积的，相邻分子平面之间的距离很小，其分子排列已经为物理二聚体的形式。在基态时，互为二聚体的分子结合力很小，吸收为单体的特征，当其中一个分子处于单线态激发态时，由于共振作用，该激发态分子与另一基态分子之间的结合力增强，使它们的构象发生变化，直到达到最大的共振稳定性，这个过程伴随非辐射放热过程，形成了基激二聚物的能量最低状态。基激二聚物可以通过衰减至基态分子，产生基激二聚物的发射光谱，而基态分子再通过放热过程将两者之间的距离增大，使分子达到最稳定的状态。图 2.3 为晶体中基激二聚物产生及发光示意图，图中光吸收发生在 r_{M} 平衡位置，此时单体吸收 E_{M} 的能量，形成激发态 S_1。由于 S_1 态激子与基态分子的相互作用，使体系的能量最低平衡位置缩小到 r_{Ex}，该激发态的能量也变为 E_{Ex}[7]。R、R'、R''分别为基态、分子激发态、基激二聚物激发态的势能曲线，B 为基激二聚物的结合能。

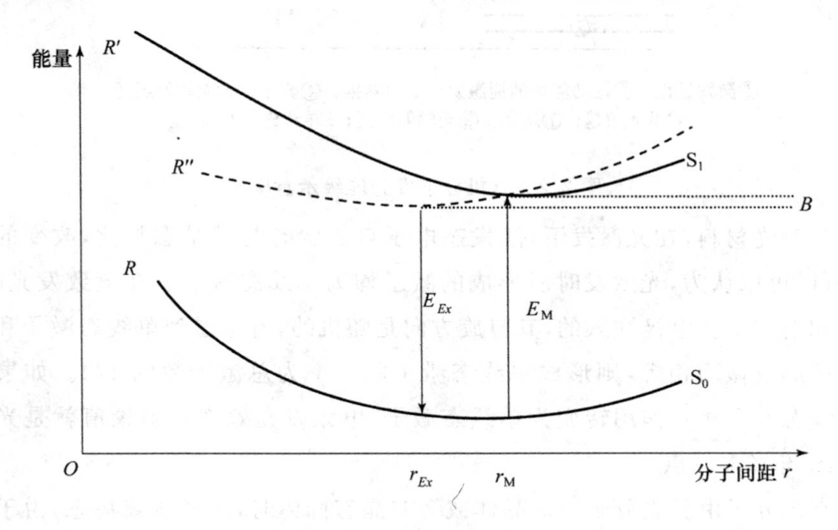

图 2.3　晶体中基激二聚物产生及发光示意图

与基激二聚物类似，如果一个激发态分子附近存在一个 HOMO 能级较高的异质基态分子，则该激发态分子有可能与该异质基态分子相互作用，使受激电子得到稳定，形成基激缔合物，如图 2.4 所示。S_0、S_1 代表一种物质的基态和激发态，S_0'、S_1'代表另外一种物质的基态和激发态。激发态 S_1 与基态 S_0'相互作用形成基激缔合物，由于基激缔合物的形成，形成了新的能级 Ex，该能级比分子激发态能级低。由于此缔合物不存在基态，即在两个分子都是基态时，没有相互作用，这导致基激缔合物的发光是较宽且没有振动精细结构和相对分子红移的光谱。

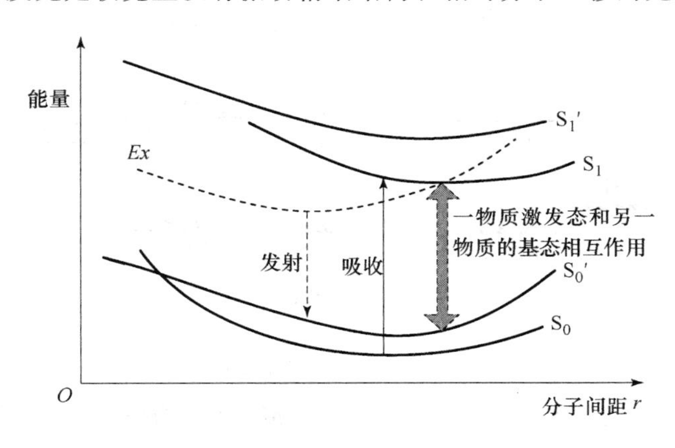

图 2.4　晶体中基激复合物产生及发光示意图

2.3.2　激子的产生及分类

激子是固体中电子系统的一种元激发态，即材料中以库仑力相互束缚的电子空穴对，其中电子处于较高能级，空穴处于较低能级。激子的产生主要有光致激发和电致激发两种形式。以 Frenkel 激子说明激子的产生过程，当激发光的光子能量大于分子的光隙时，一个光子可以被一个分子吸收，使这个分子处于激发态，分子中的一个电子由 HOMO 跃迁到 LUMO 或更高的能级，从而在分子内形成存在束缚的电子空穴对，即激子，如图 2.5(a)所示。由于自旋守恒的限制，光致激发通常只产生单线态激子。如图 2.5(b)所示，电致激发是指电子和空穴分别从阴极和阳极注入有机分子中形成阳离子极化子和阴离子极化子。阳离子极化子和阴离子极化子在电场的作用下，在有机分子中输运，当两类极化子在输运的过程中，阳离子极化子可以俘获邻近分子中的电子，阴离子极化子可以俘获邻近分子中的空穴，在分子内形成相互束缚的电子空穴对。在电致激发产生激子的过程中，由于有机材料的电子和空穴的迁移率不同，通常是电子(或空穴)先被注入分子的 LUMO 能级或更高能级(HOMO 能级或更低能级)，与另外输运过来的空穴(或电子)复合形成激子。

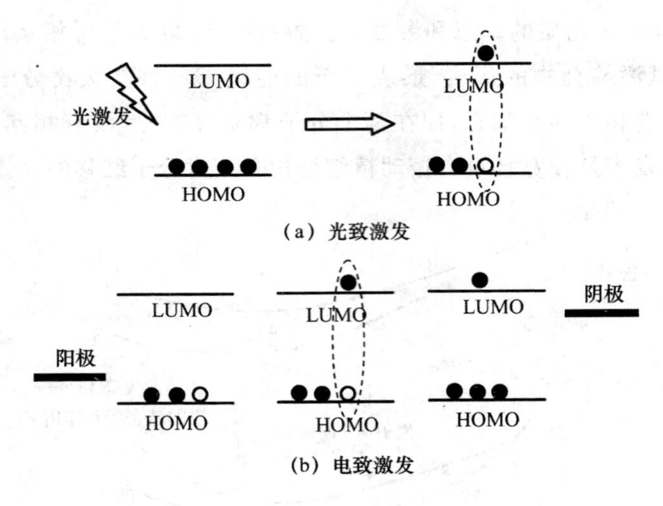

图 2.5 激子产生示意图

根据激子中电子空穴对之间的距离不同，激子可以被分为 3 类：Frenkel 激子、Wannier 激子和电荷转移(Charge Transfer，CT)激子。Frenkel 激子通常位于有机分子内，当有机分子受到激发后，能量最高的电子跃迁到 LUMO 或更高的能级，分子由基态变为激发态分子，同时形成了形成 Frenkel 激子。Wannier 激子之间的距离很大，束缚力较弱，也称为 Wannier-Mott 激子，在有机材料中很少存在。另一类激子我们称为电荷转移激子，即相互束缚的电子和空穴分布在两个相邻的分子之间。激子中电子空穴之间的距离称为激子半径，这 3 类激子的半径有很大差别。Frenkel 激子的半径最小，基本在一个晶格常数内，约 0.5 nm，对有机分子而言，其电子和空穴分布在同一分子上。由于电子空穴的距离较近，其激子中电子空穴的束缚能也较大，为 0.3～1.0 eV。Wannier 激子的半径比 Frenkel 激子大一个数量级，为 4～10 nm，其激子的束缚能也远小于 Frenkel 激子，约 0.01 eV。电荷转移激子的半径介于 Frenkel 激子和 Wannier 激子之间，电荷转移激子在电致激发的有机体系中往往以中性的极化子存在，其半径为相邻分子的 1～2 倍。电荷转移激子首先由 Pope 等人提出[8,9]。

2.3.3　能量转移

能量转移可发生在分子间和分子内，对分子间能量传递来说，它既可以发生在不同的分子间，也可以发生在相同的分子间。而分子内能量转移则是指同一分子中的两个或几个发色团间的能量转移。同样，这些发色团既可以是相同的也可以是不同的。

能量转移分为两大类：辐射转移和无辐射转移。

辐射能量转移是一个两步过程，可以简单表示为

$$D^* \rightarrow D + h\upsilon \tag{2.1}$$

$$h\upsilon + A \rightarrow A^* \tag{2.2}$$

即第一步为激发的给体 D^* 发射一个光子（$h\upsilon$），第二步是受体 A 吸收光子处于激发态 A^*。辐射能量转移的另一个特点是它不涉及给体-受体间的直接相互作用。由于这种转移的几率随给体-受体距离的变化较其他转移机理（如无辐射转移）的变化慢，因而在稀溶液中它可能占主导地位。一般来说，属于这种转移的给体-受体间距为 5～10 nm。

辐射型能量转移的几率与激发态给体 D^* 发射的量子产率、受体 A 的浓度和吸收系数以及 D^* 的发射光谱与 A 的吸收光谱的重叠程度有关。此外，通过辐射机理发生的能量转移，给体发射寿命不变，而且与介质的黏度无关。

相对作为两步过程的辐射型能量转移来说，无辐射能量传递过程是一个一步过程。可以表示为

$$D^* + A \rightarrow D + A^* \tag{2.3}$$

无辐射能量传递过程必须遵循体系总能量守恒定律，这就要求 $D^* \rightarrow D$ 和 $A \rightarrow A^*$ 的能量相同。其次，自旋守恒与否是能量转移速率的重要决定因素，根据 Wigner-Witmer 自旋守恒定则，在反应体系中，体系的总自旋必须守恒。但由于选择定则与能量守恒定律的不同在于：推导过程中采用了一系列近似。因而选择定则只是在这些近似成立的条件下才遵循，即它本身是不严格的。拿自旋守恒来说，它是以自旋多重度对状态分类成立为前提的。但严格来说，自旋角动量及其分量在非线性分子中不是运动常量。因此这种分类本身就是一种近似。自旋-轨道耦合的存在，使体系所有的电子状态均不是纯自旋态，因而违背自旋守恒定则的能量转移仍有可能发生，只是几率大小不同。再进一步说，由于能量传递过程效率决定于转移速率与给体分子内去活的速率之比，因此受体自旋的守恒比给体的更重要。

无辐射能量转移是受不同机理支配的。我们从一个简单的两电子体系出发，在给体与受体间相互作用很弱的条件下，体系的总的哈密顿量为

$$H=H_0+V \tag{2.4}$$

式中，H_0 为静态未扰动的 Hamilitonian，并有

$$\left.\begin{aligned} H_0\Psi_I=E_I\Psi_I \\ H_0\Psi_F=E_F\Psi_F \end{aligned}\right\} \tag{2.5}$$

式中，Ψ_I，Ψ_F 分别为体系的始态和终态波函数。因电子是费米子波函数，应该是反对称的，由此得出方程的解为

$$\left.\begin{aligned} \Psi_I &= \frac{1}{\sqrt{2}}[\Psi_D^*(1)\Psi_A(2)-\Psi_D^*(2)\Psi_A(1)] \\ \Psi_F &= \frac{1}{\sqrt{2}}[\Psi_D(1)\Psi_A^*(2)-\Psi_D(2)\Psi_A^*(1)] \end{aligned}\right\} \tag{2.6}$$

式中，Ψ_D，Ψ_D^* 分别为体系的始态和终态波函数，Ψ_A，Ψ_A^* 分别为受体分子基态和激发态的波函数。对应的能量为

$$\left.\begin{aligned} E_I=E_D^*+E_A \\ E_F=E_D+E_A^* \end{aligned}\right\} \tag{2.7}$$

式中，E_I 满足：$H_0\Psi_i=E_i\Psi_i(i=D,D^*,A,A^*)$，式(2.4)中的 V 代表给体(D)-受体(A)间的相互作用能，并有

$$V=\frac{e^2}{\varepsilon R_{12}} \tag{2.8}$$

式中，R_{12}，ε 分别为两个电子间的距离和介质的介电常数。正是由于这种相互作用导致体系与 Born-Oppenheimer 近似的偏离和无辐射跃迁的产生。

根据量子力学的微扰理论，跃迁几率与跃迁矩阵元的平方成正比，跃迁矩阵元可表示为

$$V_{ET}=\langle\Psi_I|V|\Psi_F\rangle \tag{2.9}$$

把式(2.6)代入式(2.9)可以得到

$$V_{ET}=V_{ET}^c+V_{ET}^e \tag{2.10}$$

式中，

$$V_{ET}^c=\langle\Psi_D^*(1)\Psi_A(2)|V|\Psi_D(1)\Psi_A^*(2)\rangle \tag{2.11}$$

即库仑相互作用能。

$$V_{ET}^e=\langle\Psi_D^*(1)\Psi_A(2)|V|\Psi_D(2)\Psi_A^*(1)\rangle \tag{2.12}$$

即交换相互作用能。

两种相互作用构成了两种不同的无辐射能量传递机理，通常为库仑机理和交换机理。

1. 库仑转移机理（FÖrster 理论）

由式（2.11）可知库仑作用代表由电荷分布 $Q_I^c = |e|\Psi_D^*(1)\Psi_D(1)$ 和 $Q_F^c = |e|\Psi_A^*(2)\Psi_A(2)$ 间的静电相互作用。波函数 Ψ 包含空间（ϕ）和自旋（S）两部分：

$$\Psi = \phi S \tag{2.13}$$

将式（2.13）代入式（2.11），并考虑算符 V 不作用于自旋部分 S，则有

$$V_{ET}^c = \langle \phi_D^*(1)\phi_A(2)|V|\phi_D(1)\phi_A^*(2)\rangle\langle S_D^*(1)|S_D(1)\rangle\langle S_A(2)|S_A^*(2)\rangle \tag{2.14}$$

由于自旋函数的正交性，只有当 $S_D^* = S_D$ 且 $S_A = S_A^*$ 时跃迁矩阵元才不为零。最常见的就是所谓的单态-单态能量转移：

$$D^*(S_1) + A(S_0) \rightarrow D(S_0) + A^*(S_1) \tag{2.15}$$

而在三重态-三重态能量转移中：

$$D^*(T_1) + A(S_0) \rightarrow D(S_0) + A^*(T_1) \tag{2.16}$$

波函数还可以表示为电子波函数与核振动波函数的乘积：

$$\Psi = \varphi\chi \tag{2.17}$$

为计算跃迁矩阵元 V_{ET}^c，通常将 V 展成关于 D 与 A 间距离向量 R 的泰勒基数：

$$\begin{aligned} V(R) = {} & (e^2/\varepsilon R^3)\{R_D \cdot R_A - 3(R_D \cdot R)(R_A \cdot R)/R^2\} + (3e^2/2\varepsilon R^4)\cdot \\ & \left\{\sum_{i=1}^{3}(R_i/R)R_{D_i}^2 \cdot R_{A_i}(-3 + 5R_i^2/R^2) + 10(XYZ/R^3)\cdot \right. \\ & (X_D Y_D Z_A + X_A Z_A Y_D + Y_A Z_A X_D) + \sum_{i\neq j}^{3}\sum^{3}[(R_j/R) - 5R_i^2 R_j/R^3]\cdot \\ & \left.[-R_{A_i}^2 R_{D_j} - 2R_{A_i}R_{A_j}r_{D_i}]\right\} + \cdots \end{aligned} \tag{2.18}$$

式中，第一项为偶极-偶极相互作用，第二项为偶极-四极相互作用，一般 R 不很小时偶极-偶极占主导地位。将式（2.17）、式（2.18）代入式（2.11），只考虑偶极-偶极相互作用，并在电偶极近似成立的条件下，可以得到

$$V_{ET}^c = \frac{1}{\varepsilon R^3}\left[M_D M_A - \frac{3}{R^2}(R \cdot M_D)(R \cdot M_A)\right]\prod_j \langle \chi_{\mathrm{I}}^j | \chi_{\mathrm{F}}^j \rangle \tag{2.19}$$

$\langle \chi_{\mathrm{I}}^{j} | \chi_{\mathrm{F}}^{j} \rangle$为 Frank-Condon 因子，$M_D$，$M_A$ 分别是 D-D^*，A-A^* 的跃迁偶极距：

$$\left.\begin{aligned} M_D &= \sqrt{2}\langle \varphi_D | eR_D | \varphi_D^* \rangle \\ M_A &= \sqrt{2}\langle \varphi_A | eR_A | \varphi_A^* \rangle \end{aligned}\right\} \tag{2.20}$$

根据费米黄金定则，电子能量转移的速率常数为

$$k_{ET} = \frac{2\pi}{\hbar}\sum_{I}\sum_{F} P_I (V_{ET})^2 \delta(E_I - E_F) \tag{2.21}$$

将式(2.19)代入式(2.21)可以得到偶极-偶极电子能量转移速率：

$$k_{ET}^{d-d} = \frac{2\pi}{\hbar}\left[\frac{M_D \cdot M_A}{\varepsilon R^3}\Gamma(\theta_D,\theta_A)\right]^2 \cdot$$

$$\sum_{v'}\sum_{v''} P_{Iv'} \left\{ \prod_{j} \left| \langle \chi_{Iv'_j} | \chi_{Fv''_j} \rangle \right| \right\}^2 \delta(E_{Iv'} - E_{Fv''}) \tag{2.22}$$

式中，ν 是振动量子数，$\Gamma(\theta_D,\theta_A)$是取向因子，

$$\Gamma = 2\cos\theta_D\cos\theta_A - \sin\theta_D\sin\theta_A\cos(\varphi_D - \varphi_A) \tag{2.23}$$

$P_{Iv'}$是振动弛豫速率比能量转移速率快得多时状态的 Boltzmann 分布，在各相同性的凝聚介质中，取向因子对所有的方向取平均。再利用 A 的吸收系数表达式：

$$\varepsilon_A(\omega) = \frac{4\pi^2\omega}{3\alpha''\hbar C}\sum_{v'}\sum_{v''} P_{Iv''}^{A} \left| \langle \chi_{Fv''}^{A} | M_A | \chi_{Iv'}^{A} \rangle \right|^2 \delta(\omega_{Fv'',Iv'}^{A} - \omega) \tag{2.24}$$

D 的归一化发射光谱分布为

$$\overline{F_D}(\omega) = \frac{4\pi^3\alpha'\tau_D}{3C^2}\sum_{v'}\sum_{v''} P_{Iv''}^{D} \left| \langle \chi_{Fv''}^{D} | M_D | \chi_{Iv'}^{D} \rangle \right|^2 \delta(\omega - \omega_{Fv'',Iv'}^{D}) \tag{2.25}$$

式中，α'，α''表示介质的分散特性，利用 δ 函数的积分表达式：

$$\delta(\omega_{Fv'',Iv'}^{A}) = \frac{1}{2\pi}\int_{-\infty}^{+\infty} \exp(it\omega_{Fv'',Iv'})\,\mathrm{d}t \tag{2.26}$$

对 t 积分后最终得到偶极-偶极诱导的电子能量转移速率常数：

$$k_{ET}^{d-d} = \frac{9\,000\ln 10\,\Gamma^2\phi_D}{128\pi^5 n^4 N_A \tau_D R^6}\int_0^{\infty} \frac{\overline{F_D}(\bar{\upsilon})\varepsilon_A(\bar{\upsilon})\,\mathrm{d}\bar{\upsilon}}{\bar{\upsilon}^4} \tag{2.27}$$

这就是 FÖrster 公式，式中随机取向 $\Gamma^2 = 2/3$，ϕ_D 是给体的荧光量子产率，τ_D 为给体的寿命，$\overline{F_D}(\bar{\upsilon})$为归一化的荧光给体荧光光谱，$\bar{\upsilon} = \omega/2\pi c$ 以 cm^{-1} 为单位，受体的吸收光谱用克消光系数 $\varepsilon_A(\bar{\upsilon})$来表示，单位是 L/mol · cm，$N$ 是 Avogandro 常数，式(2.27)也可用 FÖrster 临界转移半径 R_0 来表示：

$$k_{ET}^{d-d}=\frac{1}{\tau_D}\left(\frac{R_0}{R}\right)^6 \tag{2.28}$$

$$R_0^6=\frac{9\ 000\ln 10\Gamma^2\varphi_D J_{d-d}}{128\pi^5 n^4 N_A} \tag{2.29}$$

$$J_{d-d}=\int_0^\infty \frac{\overline{F_D}(\bar{\upsilon})\varepsilon_A(\bar{\upsilon})\mathrm{d}\bar{\upsilon}}{\bar{\upsilon}^4} \tag{2.30}$$

式(2.30)为光谱的重叠积分，R_0 的含义是，当给体与受体相距 R_0 时，电子能量转移速率与给体的自发去活速率相等。由式(2.27)还可得到式(2.19)中 F-C 因子已用实验可测量的量表示。一般来说，FÖrster 临界转移的半径范围是 1～10 nm。

能量转移的 FÖrster 公式是在刚性溶液条件下导出的，所谓刚性溶液就是指分子间距及它们的取向在激发态寿命期内都不改变的溶液。它们可以是结晶型和非结晶型的。在刚性溶液中，经过随机取向平均和对 R 的随机分布平均后得到的归一化的荧光信号 $P(t)$ 呈现非指数型衰减，表达式为

$$P(t)=\exp(-t/\tau_D)\exp\left\{-\frac{4}{3}\pi^{3/2}[A]R_0^3(t/\tau_D)^{1/2}\right\} \tag{2.31}$$

该式对分析激发脉冲后的分子间电子能量转移数据特别有用。荧光衰减的非指数型是由于实际激发脉冲不可能是严格的 δ 函数，因而相对于给定的给体，受体分布是不均匀的，距离和取向更有利的受体将首先获得能量。另外，给体数目的减少，不仅是由于能量转移还有自发辐射，因而造成了实际观测到的荧光衰减曲线是非指数型的。

2. 交换转移机理(Dexter 理论)

由式(2.12)可见，交换相互作用可视为电子云 $Q_I^e=|e|\Psi_D^*(1)\Psi_A^*(1)$ 和 $Q_F^e=|e|\Psi_D^*(2)\Psi_A^*(2)$ 间的电子排斥作用。当我们将波函数 Ψ 分解为空间和自旋两部分式(2.13)，并注意 V 只作用于空间部分时，类似于式(2.14)得到

$$V_{ET}^e=\langle\phi_D^*(1)\phi_A(2)|V|\phi_D(2)\phi_A^*(1)\rangle\langle S_D^*(1)|S_A^*(1)\rangle\langle S_A(1)|S_A(2)\rangle \tag{2.32}$$

同样根据自旋函数的正交性可知，当且仅当 $S_A^*=S_D^*$，$S_A=S_D$ 时，V_{ET}^e 才不为零。但并不要求 $S=S^*$，因而与库仑作用不同。交换作用不但对单态-单态能量转移有贡献〔式(2.15)〕，而且在三重态-三重态能量转移中式(2.16)其重要作用(此时可忽略库仑作用的贡献)。

将式(2.8)、式(2.17)代入式(2.12)，可得到交换作用矩阵元：

$$V_{ET}^{e}=\left\langle \varphi_{D}^{*}(1)\varphi_{A}(2)\left|\frac{e^{w}}{\varepsilon R_{12}}\right|\varphi_{D}(2)\varphi_{A}^{*}(1)\right\rangle \prod_{j}\langle \chi_{I}^{j}\ \ \chi_{F}^{j}\rangle \tag{2.33}$$

将式(2.33)代入式(2.21)得到交换相互作用能量传递速率的表达式：

$$k_{ET}^{e}=\frac{2\pi Z^{2}}{\hbar}\sum_{v'}\sum_{v''}P_{Iv'}\left|\langle \chi_{Iv_j'}^{e}\mid \chi_{Fv_j''}\rangle\right|^{2}\delta(E_{I}-E_{F}) \tag{2.34}$$

$$Z=\left\langle \varphi_{D}^{*}(1)\varphi_{A}(2)\left|\frac{e^{w}}{\varepsilon R_{12}}\right|\varphi_{D}(2)\varphi_{A}^{*}(1)\right\rangle \tag{2.35}$$

Dexter 利用类氢原子轨道，对 Z 作近似计算，得到的交换相互作用引起的电子能量转移速率的表达式，即 Dexter 公式：

$$k_{ET}^{e}=\frac{2\pi}{\hbar}KJ_{ex}\exp(-2R/L) \tag{2.36}$$

式中，L 是体系始态和终态分子轨道范德华半径的平均值，K 是一个与特定轨道相互作用有关的参数。J_{ex} 是给体荧光光谱和受体吸收光谱间的重叠积分：

$$J_{ex}=\int_{0}^{\infty}\overline{F_{D}}(\bar{v})\varepsilon_{A}(\bar{v})\mathrm{d}\bar{v} \tag{2.37}$$

$$\int_{0}^{\infty}\overline{F_{D}}(\bar{v})\mathrm{d}\bar{v}=1 \tag{2.38}$$

$$\int_{0}^{\infty}\varepsilon_{A}(\bar{v})\mathrm{d}\bar{v}=1 \tag{2.39}$$

由式(2.36)可知，交换机理引起的能量转移是一种短程现象，因为交换项随给体-受体间距成指数衰减。交换转移的本质是电子云重叠，而电子云密度随核与电子间距成指数衰减。

为对式(2.36)作随机分布的平均，Inokuti 等将式(2.36)写成：

$$k_{ET}^{e}=\frac{1}{\tau_{D}}\exp[\gamma(1-R/R_{0})] \tag{2.40}$$

$$\gamma=2R_{0}/L \tag{2.41}$$

$$R_{0}=7.346[A_{0}]^{-1/3}\cdot A \tag{2.42}$$

R_0 类似于式(2.28)定义为 A-D 间的临界距离。在此距离，通过交换相互作用的电子能量转移速率等于给体 D 的荧光衰减速率。经过对 R 平均后得到的荧光信号表达式：

$$P(t)=\exp\left[-t/\tau_{D}-\frac{\Omega g(z)}{\gamma^{3}}\right] \tag{2.43}$$

$$z=\frac{t}{\tau_{D}}\exp\gamma \tag{2.44}$$

$$g(z)=-z\int_0^1 \exp(-zy)\ln(y)^3 \mathrm{d}y \tag{2.45}$$

在实际计算中，$z\leqslant 10$ 时，可用下式计算：

$$g(z)=6z\sum_{m=0}^{\infty}\frac{(-z)^m}{m!(m+1)^4} \tag{2.46}$$

当 $z>10$ 时，可用下列表达式计算：

$$g(z)=(\ln z)^3+1.731(\ln z)^2+5.934\ln z+5.444 \tag{2.47}$$

3. 库仑机理与交换机理的对比

由上述两种理论的推导过程可知，FÖrster 理论和 Dexter 理论都是在假定给体与受体间相互作用极弱的条件下，用时间相关的微扰理论导出的。但交换相互作用是在考虑了电子的不可区分性以及电子作为一种费米子，波函数具有反对称性而产生的，因此它不像库仑作用那样可以从经典理论导出，而必须在量子力学理论的框架中才能产生。

从数学公式上看，决定跃迁几率的跃迁矩阵元的数学表达式——式(2.11)、式(2.12)对库仑作用和交换作用是不同的，而这种表达形式上的不同，正深刻包含着不同的物理机理。库仑作用是一种通过空间的电磁场型的作用，因而它是非接触型的诱导作用，它的作用距离较长，而交换作用则是通过电子云的重叠的作用，因而它是一种接触型的碰撞作用，它的作用距离较短。这些本质上的不同，进一步引申出偶极-偶极近似下，FÖrster 理论预示的转移速率与距离的 6 次方成反比，与给体的量子产率、给体和受体的辐射振子强度、及给体发射光谱和受体吸收光谱的重叠积分有关。而 Dexter 理论则预示转移速率与距离成指数衰减关系，并与给体发射光谱和受体吸收光谱的重叠积分有关，但与给体和受体的辐射振子强度无关。理论上，库仑作用不引起自旋发生翻转的能量转移，而交换作用则允许发生自旋翻转的能量转移。

4. FÖrster 理论与 Dexter 理论的推广

FÖrster 理论与 Dexter 理论都是在刚性溶液条件下导出的，对于非刚性溶液，分子在激发态寿命期间不能假设为稳定的，因此必须考虑分子扩散运动对能量转移的影响。影响有两种：一是产生额外波函数相位失配，使谱线宽度增加；二是改变给体与受体的空间相对位置。跟随一个 δ 脉冲激发，单位体积内被激发的给体分子数目$[D^*]$表示为

$$\mathrm{d}[D^*]/\mathrm{d}t=-[D^*]/\tau_D-[D^*]\cdot[A]W(t) \tag{2.48}$$

式中，$[A]$是单位体积中的受体分子数，τ_D 是无受体时的给体的平均寿命，$W(t)$依

据给体和受体分子扩散对能量转移动力学的影响程度而取不同的形式：

$$W(t) \approx 4\pi D[r_{AD} + r_{AD}^2/(\pi D t)^{1/2}], \quad 对\ r_F/r_{AD} < 1 \tag{2.49}$$

$$W(t) \approx 4\pi D[r_F + r^{*2}/(\pi D t)^{1/2}], \quad 对\ r_F/r_{AD} > 1 \tag{2.50}$$

r_{AD}是能量转移立即发生的碰撞半径，r_F 是有效捕获半径，$D=D_D+D_A$ 是给体和受体的扩散常数之和。给体荧光衰减函数近似为

$$P_D(t) = \exp\left[-t/\tau_D - 4\pi D r_F(A)t - \frac{4}{3}\pi^{3/2}[A]R_0^3(t/\tau_D)^{1/2}\right], \quad 对\ r_F/r_{AD}>1 \tag{2.51}$$

$$P_D(t) = \exp[-t/\tau_D - 4\pi D r_{AD}(A)t - 8r_{AD}^2[A](\pi D t)^{1/2}], \quad 对\ r_F/r_{AD}<1 \tag{2.52}$$

当给体和受体沉浸在高黏度溶剂中，扩散长度比临界转移距离短得多，即 $r_F \gg r_{AD}$，则式(2.51)简化为

$$P_D(t) = \exp\left[-t/\tau_D - \frac{4}{3}\pi^{3/2}[A]R_0^3(t/\tau_D)^{1/2}\right] \tag{2.53}$$

式(2.53)与式(2.31)完全等同。

2.4 有机电致发光器件的结构及制备

2.4.1 有机电致发光器件的结构

有机电致发光器件采用夹层式结构，即将有机层夹在两侧的电极之间。空穴和电子分别从阳极和阴极注入。有机电致发光从最初的单层器件发展到今天，出现了各种复杂的器件结构，发光性能也有了质的飞跃。根据组成器件的有机层数目及其组成方式，有机电致发光器件结构可以概括为以下几种。

(1) 单层器件

单层有机薄膜被夹在 ITO 阳极和金属阴极之间，形成的就是最为简单的单层有机电致发光器件(如图 2.6(a)所示)。单层器件的载流子注入很不平衡，而且容易使发光区域靠近迁移率小的载流子的注入电极一侧，如为金属电极则容易导致发光猝灭，降低器件效率。

(2) 双层器件

1987 年 C. W. Tang 等人[10]引入空穴传输层，制作了双层结构器件 ITO/

TPD/Alq_3/Mg:Ag,此器件在很大程度上解决了电子和空穴注入不平衡问题,改善了器件的电流-电压(I-V)特性,极大地提高了器件的发光效率。图 2.6 (b)和(c)是两种双层器件结构图。

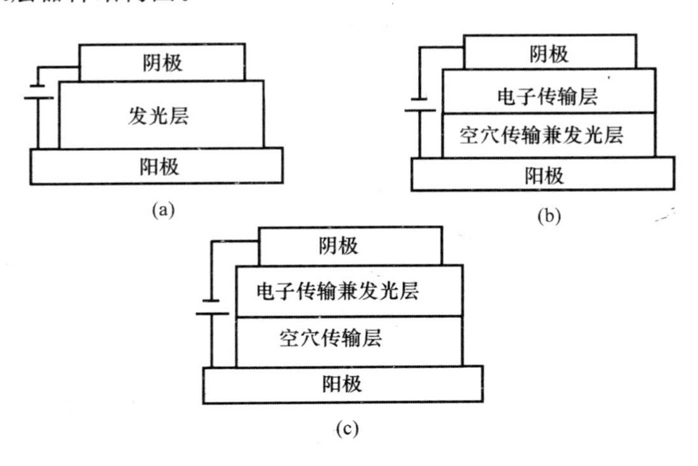

图 2.6　单层及双层器件的结构示意图

(3) 三层及多层器件

C. Adachi 等人[11]首次提出了三层器件,这种器件结构的优点是使三层功能层各司其职,对材料选择和器件结构性能优化十分有利,图 2.7(a)是目前 OLED 中最常用的一种器件结构。在实际器件设计中,为优化及平衡器件的各项性能,引入了多种不同作用功能层,如电子/空穴阻挡层、电子/空穴注入层等。各功能层由于其自身不同的能级结构,在器件中可以灵活使用并制作多层器件(如图 2.7(b)所示),这不仅丰富了器件结构,而且大大提高器件发光性能。

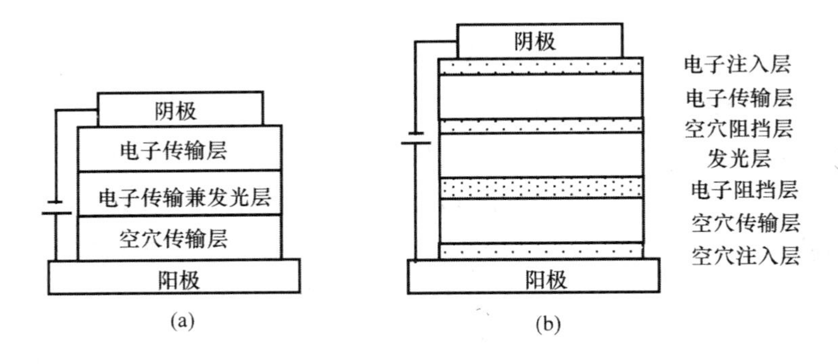

图 2.7　三层及多层器件的结构示意图

(4) 叠串式结构器件

为了全色显示的需要,FÖrrest 等人[12]提出将三基色元件沿厚度方向垂直堆叠,每个器件有各自的电极控制,这样就构成一彩色显示装置。用这种方法制成的平板显示器可获得优于传统技术的分辨率。

人们利用这种思想,经多个发光元件垂直堆叠,中间加一电极连接层,而只用两端电极进行驱动的叠串式结构器件(Tandem OLEDs),这种结构能够极其有效地提高器件的电流效率,使器件能在较小的电流下达到非常高的亮度,这给实现高效率长寿命的发光器件提供了一便捷的途径[13-15]。

2.4.2 有机电致发光器件的制备

在制备有机电致发光器件时首先要选用合适的发光材料,一种好的电致发光材料应该具备较高的发光效率、较好的成膜性和稳定性,同时还应该具有较好的半导体特性。图 2.8 是一个完整的有机 EL 器件的制备工艺流程,主要包括 ITO 透明导电薄膜、有机分子功能薄膜、金属阴极和封装保护膜的处理及制备技术。有机电致发光器件的制备过程关系到器件性能的优劣,不同的发光材料有不同的器件制备工艺,但不论哪种材料都要选择合适的制备工艺以形成均匀、致密、无针孔的薄膜。在这里,我们以有机小分子和聚合物为例,简单说明一下器件的制备方法和工艺流程。

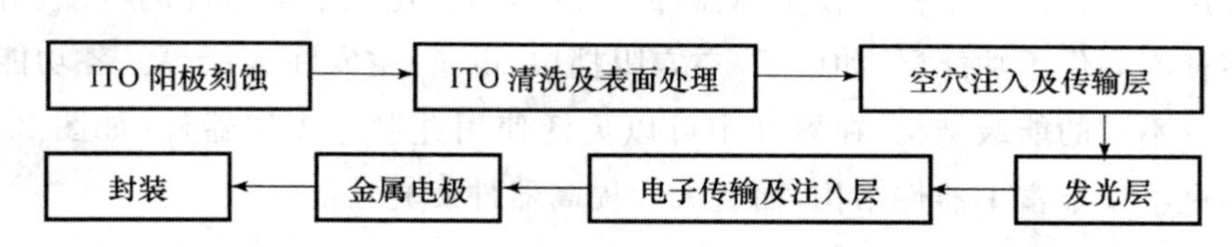

图 2.8 有机电致发光器件的制备工艺流程

(1) 小分子材料发光器件的制备

小分子材料发光器件一般采用真空热蒸发的方式制备。有机 EL 器件一般是用 ITO 导电玻璃作为衬底,首先要把 ITO 玻璃刻蚀成不同的图案,然后进行清洗,包括用酒精、丙酮等有机溶剂反复清洗,然后用去离子水进行超声清洗。经过超声处理以后把片子从水中取出用氮气吹干,并把它放入紫外烘烤箱中进行臭氧处理或进行阳等离子体处理以提高 ITO 阳极的功函数,然后把衬底放入真空镀膜腔中并对腔抽真空,当真空度达到 1×10^{-4} Pa 时开始蒸镀有机薄膜,最后在有机层的上面蒸镀金属电极作为阴极。

在材料的蒸镀过程中，当材料从蒸发源中被加热蒸发出来以后，有机材料分子或金属原子将以一定的初速度脱离材料表面向外飞散，如果在飞散过程中碰上气体分子，这些被蒸发出来的分子将可能被散射，如果碰到气体分子的几率很低，则一部分热蒸发出来的分子将从材料表面匀速直线运动到样品表面，并沉积下来形成一层薄膜。薄膜厚度分布与束源和样品的相对位置及发散角有关。通常有机小分子在 ITO 玻璃基片上是均匀层状生长的，形成无定形薄膜；也有岛状生长的；也有类似于传统的分子束外延生长的准分子束外延生长的有序薄膜。在薄膜沉积过程中，控制薄膜厚度均匀和蒸发速率恒定是非常重要的。通常有机分子的蒸发速率在 0.01～0.05 nm/s 为宜。如果沉积速率太快，沉积上去的分子来不及通过热振动弛豫能量即被后来沉积上去的分子覆盖，这样容易导致分子排列的缺陷，易使薄膜产生针孔。因此需要设计好束源的形状、尺寸及与样品的距离。

在蒸镀过程中用膜厚速率监控仪来实时监控有机层的厚度和蒸发速率，我们一般采用 6 MHz 的石英晶体振荡器来进行厚度的监测。

(2) 高分子(聚合物)材料发光器件的制备

由于聚合物材料在加热时容易分解，且聚合物分子量较大，这类发光材料适合用旋涂及喷墨打印等方式制备发光层。比较常用的聚合物发光材料有：聚对苯撑乙烯(PPV)及其衍生物、聚乙烯咔唑(PVK)、聚 3-烷基噻吩(Poly(3-alkylthiophene))等。实验室普遍采用旋涂的方法制备聚合物发光层。旋涂成膜工艺是最早的一种薄膜制备工艺，在半导体工业和光存储领域有着广泛的应用。旋涂时将一小滴的液体放在基片的中央，高速旋转基片，离心力就会驱使大部分液体到基片的边缘，最后将大部分的材料甩出基片，留下一层薄膜覆盖在基片上。其薄膜的厚度和相关性质往往由材料的性质和旋转参量决定。旋涂工艺可分为 3 个步骤：配料、高速旋转、挥发溶剂成膜。薄膜制备时，首先将聚合物溶于有机溶剂中，然后将溶液旋涂在 ITO 玻璃表面或其他发光功能层上制得发光层。当把溶液旋涂在其他发光功能层上时要注意溶剂的选择，使两种材料不能够同时溶于某种溶剂从而使薄膜的形貌不平。

与旋涂相比，喷墨打印技术可大大提高材料的使用效率，且能制成各种图案，实现全彩色打印，并且这种技术更适合发展大尺寸显示器。1998 年美国 UCLA 的 Yang Yang 教授首先提出喷墨打印方式是实现制造全彩色高分子发光器件的可行性方法，并首次以此方法制备出 PLED 器件[16]。

2.5 有机电致发光器件的性能表征

2.5.1 有机电致发光器件的光谱

发光光谱就是指发光能量按波长、频率或波数的分布，通常用光能量的相对值按波长的分布来表示。器件的发光光谱分为光致发光光谱和电致发光光谱。电致发光光谱是表征电致发光性能的一个重要工具。光谱可以在一定程度上反映物质的微观结构。

材料的发光光谱可以提供其原子或分子的性质、结构及激发态信息。因此发光光谱一直是研究材料性质及与各种光电器件相关现象的实验技术。发光过程是激发态将吸收的能量以光子的形式释放的退激发过程。发射光谱的峰值反映了材料的禁带宽度，发射光谱的强度与激发光强有关，反映了材料的荧光效率，而发射光谱的宽度则反映了材料的能态分布。

2.5.2 有机电致发光器件的电流-电压特性

在有机电致发光器件中，电流密度随电压的变化反映了器件内部的电学性质，测量器件的电流一电压特性是研究器件电学性质的重要手段。对于一个有机电致发光器件，至少要涉及一种有机半导体材料和两个接触结（有机物/阴（阳）极）；对多层器件，还要涉及多种有机材料和多个有机异质结。有机电致发光器件的电流-电压特性是由这些异质结和有机材料体材料的性质共同决定的。和无机半导体材料相比，有机半导体材料的载流子迁移率都比较低，体材料的性质对器件的电流-电压特性的影响更明显。深入了解有机电致发光器件的电流-电压特性对研究器件的工作原理、改善器件的发光效率、甚至对提高器件的稳定性都有很大的意义。目前，有机电致发光器件的电流-电压特性得到了广泛深入的研究，由于有机电致发光器件结构及材料的复杂性，得到的结果也不尽相同。通常采用下面几种模型来研究有机与金属界面处的载流子注入及载流子传输机制。

(1) Fowler-Nordheim 隧穿注入模型

I. D. Parker 等人[17]为了研究器件 ITO/MEH-PPV/Ca 在两个电极界面处的载流子注入特性，分别采用 Ca/MEH-PPV/Ca 和 ITO/MEH-PPV/Au 两种单载流子器件研究 Ca/MEH-PPV 和 ITO/MEH-PPV 界面处电子和空穴两种载流子

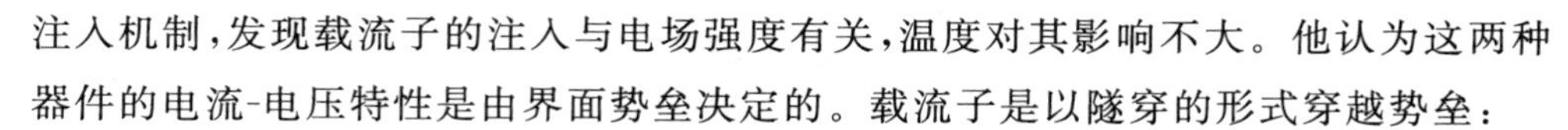

注入机制，发现载流子的注入与电场强度有关，温度对其影响不大。他认为这两种器件的电流-电压特性是由界面势垒决定的。载流子是以隧穿的形式穿越势垒：

$$I \propto F^2(V)\exp(-\kappa/F(V)) \tag{2.54}$$

$$\kappa=\frac{8\pi\sqrt{2m^*}}{3qh}\varphi^{3/2} \tag{2.55}$$

式中，I 是电流强度，F 为势垒处的电场强度，F 是电压 V 的函数。κ 是一个与势垒形状有关的参数，它是由式(2.55)决定的。φ 是界面处的势垒高度，m^* 为载流子的有效质量，h 为普朗克常数。实验发现该器件的电流-电压特性在高电场下与此模型很相符，即 $\ln(J/F^2)$ 与 $1/F$ 之间呈线性关系，而在低电场下则有误差，他认为这是热电子发射对电流的贡献。利用这种模型分别计算了在 Ca/MEH-PPV 和 ITO/MEH-PPV 两个界面处电子和空穴的注入势垒，分别为 0.1 eV 和 0.2 eV。

(2) 热电子发射注入模型(Thermionic Emission Model)

M. Matsumura 等人[18]详细研究了 Alq_3/Mg 和 Alq_3/Al 界面处的电子注入机制，发现在 Alq_3/Mg 和 Alq_3/Al 界面处的电子注入遵循 Thermionic Emission Model(下式)。并采用该模型计算了 Alq_3/Mg 和 Alq_3/Al 界面处的电子注入势垒，分别为 0.58 eV 和 0.9 eV。

$$J_{RS}=A^* T^2\exp\left(-\frac{\varphi-\beta\sqrt{F}}{kT}\right) \tag{2.56}$$

$$A^*=4\pi qm^*/h^3=120\left(\frac{m^*}{m}\right)(Acm^{-2}K^{-2}) \tag{2.57}$$

$$\beta=\sqrt{q^3/4\pi\varepsilon\varepsilon_0} \tag{2.58}$$

式中，A^* 为理查德逊常数，φ 是接触势垒高度(一般低于 1 eV)，T 为温度，k 是玻耳兹曼常数，F 是电场强度。

(3) 空间电荷限制电流 (Space-charge Limited Current)

它是一种无陷阱的空间电荷限制过程，是指以一种净的正电荷或负电荷填充的空间。在与半导体和绝缘体有关的许多情况下都会出现空间电荷，也就是说，从阴极注入电子的能力与材料输运电子的能力不同就会形成负的空间电荷，从而形成一个降低电子从阴极发射速率的电场。电流不受电子注入的阴极所控制，但受半导体或绝缘体的体控制。对有机电致发光器件来讲，由于有机材料的载流子迁移率比较低，易形成空间电荷限制电导。在界面势垒比较小的情况下，如果不考虑体材料的陷阱限制效应，器件的电流-电压特性可以用空间电荷限制电流来描述。

$$J=\frac{9}{8}\mu\varepsilon_r\varepsilon_0 V^2/d^3 \tag{2.59}$$

式中，ε_0 为真空介电常数，ε_r 为有机材料的介电常数，μ 为材料中载流子的迁移率，V 为器件两端的电压，d 为器件的厚度。对以聚合物如 PPV 或小分子(如 Alq_3)为发光材料的有机电致发光器件，在界面势垒比较小的情况下，用此模型可以较好地解释器件的电流-电压特性。

(4) 陷阱限制电流(Trap-limited Transport)

普林斯顿大学的 P. E. Bunows 和 S. R. FÖrrest 等人[19]研究了器件 ITO/TPD/Alq_3/Mg:Ag 的电流-电压特性。他们则认为这种器件的电流-电压特性是由注入 Alq_3 层中的电子的 Trap-limited Transport 来决定的〔见式(2.60)〕。在较大电压下，位于 Femi 能级下面的陷阱影响电子的输运，电子与由 TPD 层扩散到 Alq_3 层中的空穴复合发光。由于电极与有机层的界面势垒比较小，电流主要是由有机层的体材料性质决定的，另外由于 Alq_3 的电子迁移率远远小于 TPD 的空穴迁移率。所以 Alq_3 层中的电子电流决定了器件的电流性质。器件的电流-电压特性可以表示为 $J\propto V^{m+1}$，热发射和隧穿模型都不能很好地解释。他们认为这种器件的电流-电压特性是由 Alq_3 层中高浓度的陷阱分布决定的。在低电压下，当 Alq_3 层较薄($d<30$ nm)时，所有的剩余载流子都被表面或界面的深陷阱捕获，器件表现出理想的空间电荷限制特性〔见式(2.59)〕，而当 Alq_3 层较厚($d>30$ nm)时，没有足够多的表面态来捕获所有的自由载流子，这时器件在低电压下为欧姆传导，即 $J\propto V$。当正向电压进一步增加，随着注入电子浓度增加，电子费米能级向 LUMO 能级移动，费米能级之下的陷阱逐渐被填充，空的陷阱逐渐减少，从而电子的等效迁移率变大。这时陷阱的浓度和分布决定了器件的电流，电流呈指数上升，即陷阱限制模型：

$$J\propto V^{m+1}/d^{2m+1} \tag{2.60}$$

式中，J 为电流强度，V 为器件两端的电压，m 为一整数。当电压进一步增加，达到一定的注入水平，陷阱被完全填满，此时陷阱不再影响电子的传输，器件再次表现为理想的空间电荷限制(SCL)传输。

上述 4 种情况是在研究有机电致发光器件载流子注入和传输特性时常用的几种模型。而且其中的一种模型往往不能很好地描述器件在整个电压范围内器件的电流-电压特性，有时一种器件涉及几种机制。另外，跳跃传输机制常用来解释自由载流子密度和载流子迁移率极低的半导体材料，即载流子在各个独立的分子之

间跳跃，所以有机电致发光器件中载流子注入和传输是一个极其复杂的过程，对于不同的电极接触，不同的有机材料，不同的器件结构都会得到不同的结果。

2.5.3 有机电致发光器件的亮度-电压特性

对于显示器件来说，亮度是衡量显示器件性能优劣的重要指标。亮度-电压的关系曲线表现的是有机电致发光器件的光电性质。由于器件所发射的光是由流入器件的电子空穴对形成激子，而激子退激发发出辐射从而形成的，因此器件的发光亮度与流过器件的电流直接相关。此外可以用亮度-电压曲线来定义器件的起亮电压（Turn on Voltage），亦称阈值电压（Threshold Voltage），即在亮度-电压曲线上，器件的发光亮度为 1 cd/m^2 时相应的电压。有机电致发光的亮度可以用亮度计来测量，除用亮度计外，发射光谱的积分面积也可以给出器件的相对亮度。

2.5.4 有机电致发光器件的效率

发光效率是发光器件的一个重要物理参数，它反映器件把电能量转换为光能量的能力。发光效率通常有下面几种表示方法。

（1）量子效率（Quantum Efficiency）

量子效率又分为内量子效率 η_{int} 和外量子效率 η_{ext}，它们分别指产生在器件内部的光子数 N_{int} 和能够从器件发射出来的光子数 N_{ext} 与注入载流子数 N_c 之比。

$$\eta_{int} = \frac{N_{int}}{N_c} \tag{2.61}$$

$$\eta_{ext} = \frac{N_{ext}}{N_c} \tag{2.62}$$

两种量子效率之间的关系近似为[20,21]

$$\eta_{ext} = \eta_{int}\left(1-\sqrt{1-\frac{1}{n^2}}\right) \approx \eta_{int}\,\frac{1}{2n^2} \tag{2.63}$$

式中，n 为发光材料的折射率，一般在 1.5～2.0 之间，（Alq_3：$n=1.75$；TPD：$n=1.90$）[22]，也就是说内量子效率一般为外量子效率的 4～8 倍。可见器件发光的绝大部分未能透出，这是由于制备器件的材料、基底与周围介质的折射率有较大差别，而在光出射时，大部分被全反射回去并不断被有机材料吸收，有部分光经器件边缘透出。可见提高器件发光的外耦合对提高器件的发光效率和延长器件寿命具有重要意义。通常，器件的效率由外量子效率来表征，而内量子效率对发光理论的研究具有重要价值。

外量子效率的计算可根据器件的发光光谱、亮度及流过器件的电流来计算。设器件发光光谱相对强度为 $f(\lambda)$（器件辐射通量按波长的分布 $\Phi_e(\lambda)=Cf(\lambda)$，亮度为 B，流过器件的电流为 SJ（J 为电流密度），则器件的发射光通量为

$$\Phi_v = K_m C \int V(\lambda) f(\lambda) \mathrm{d}\lambda \tag{2.64}$$

式中，$V(\lambda)$ 为光谱的视见函数（Visual Function），它是由人眼在昼间对光的视感强弱所决定的与光的波长有关的系数。在紫外和红外区 $V(\lambda)=0$，对波长为 555 nm的光 $V(\lambda)=1$，$K_m=680$ lm/W，为波长 555 nm 处的光功当量，即 1 W 的光功率相当于 680 lm 的光通量（人眼在这个波长处对光的感觉最灵敏，偏离这个波长往短波或长波时，人眼的视见函数逐渐变弱）。

对于一个电致发光器件，在满足余弦辐射体条件时，若测得发光亮度（用亮度计可直接得到），则可以很方便地计算器件所发出的光通量：

$$\Phi_v = \iint B(\theta,\varphi)\cos(\theta)\mathrm{d}S\mathrm{d}\Omega = B\iint \cos(\theta)\mathrm{d}S\mathrm{d}\Omega = \pi SB \tag{2.65}$$

式中，S 为发光面积。

根据式(2.64)和式(2.65)可得到

$$C = \frac{\pi SB}{K_m \int V(\lambda) f(\lambda) \mathrm{d}\lambda} \tag{2.66}$$

器件的外量子效率可写为

$$\eta_{\mathrm{xt}} = \frac{\int Cf(\lambda)\mathrm{d}\lambda \,/hv}{SJ/e} = \frac{\pi eB\int \lambda f(\lambda)\mathrm{d}\lambda}{K_m hcJ\int V(\lambda) f(\lambda)\mathrm{d}\lambda} \tag{2.67}$$

式中，e 为单位电荷，h 为普朗克常数，c 为光速，$\upsilon = c/\lambda$ 为光子频率。

(2) 电流效率(Current Efficiency)

器件的电流效率定义为器件的亮度与电流密度之比：

$$\eta_A = \frac{B}{J} \tag{2.68}$$

电流效率的单位为 cd/A，电流效率与器件的量子效率成正比。

(3) 流明效率

流明效率指器件发出的光通量与器件工作时所消耗的电功率之比：

$$\eta_l = \frac{\Phi_v}{P_i} = \frac{\pi SB}{JSV} = \frac{\pi B}{JV} \tag{2.69}$$

(4) 功率效率(Power Efficiency)

当要考虑器件的能量转化效率时，其还可用功率效率来描述。功率效率是指器件向外部发射的光功率 P_{rxt} 与器件工作时所消耗的电功率 P_i 之比：

$$\eta_P = \frac{P_{ext}}{P_i} \tag{2.70}$$

由式(2.66)、式(2.69)、式(2.70)可得到功率效率与流明效率之间的关系：

$$\eta_l = \eta_P \frac{\int V(\lambda) f(\lambda) \mathrm{d}\lambda}{\int f(\lambda) \mathrm{d}\lambda} \tag{2.71}$$

参考文献

[1] POPE M, SWENBERG C E. Electronic Process in Organic Crystals and Polymers [M]. 1st ed. Oxford University Press, 1999.

[2] SHIRAKAWA H, LOUIS E J, MACDIARMID A G, et al. Synthesis of electrically condutingorganic polymers: Halogen derivatives of polyacetylene(CH)2 [J]. J. Chem. Soc. Chem. Commun., 1977, (16): 578-580.

[3] ATKINS P W, FRIEDMAN R S. Molecular Quantum Mechanics [M]. 3rded. Oxford, Oxford University Press, 1997.

[4] SCHMIDT A, ANDERSON M L, ARMSTRONG N R. Electronic states of vapor deposited electron and hole transport agents and luminescent materials for light-emitting diodes [J]. Journal of Applied Physics, 1995, 78 (9): 5619-5625.

[5] ANDERSON J D, MCDONALD E M, LEE P A, et al. Electrochemistry and electrogeneratedchemiluminescence processes of the coponents of Aluminum Quinolate/Triarylamine, adn related organic light-emitting diodes [J]. Journal of the American Chemical Society, 1998, 120 (37): 9646-9655.

[6] CONWELL E M. Definition of exciton binding energy for conducting polymers [J]. Synth. Met. 1996, 83: 101-102.

[7] 黄维，密保秀，高志强．有机电子学[M]，北京：科学出版社，2011.

[8] POPE M，BURGOS J，GIACHINO J. Charge-Transfer Exciton State and Energy Levels in Tetracene Crystal [J]. J. Chem. Phys. 1965，43 (9)：3367-3371.

[9] POPE M，BURGOS J，WOTHERSPOON N，Singlet exciton-trapped carrier interaction in anthraceneOriginal Research Article [J]. Chem. Phys. Lett. 1971，12(1)：140-143.

[10] TANG C W，VAN SLYKE S A. Organic electroluminescent diodes [J]. Appl. Phys. Let.，1987，51(12)：913-915.

[11] ADACHI C，TOKITO S，TSUTSUI T，et al. Electroluminescence in Organic Films with Three-Layer Structure [J]. Jpn. J. Appl. Phys.，1988，27：L269-L271.

[12] SHEN Z，BURROWS P E，BULOVIC V，FORREST S R，THOMPSONM E，Three-Color，Tunable，Organic Light-Emitting Devices [J]. Science，1997，276：2009-2110.

[13] LIAO L S，KLUBEK K P，TANG C W，High-efficiency tandem organic light-emitting diodes [J]. Appl. Phy. Lett.，2004，84 (2)：167-169.

[14] CHEN C W，LU Y J，WU C C，WU E H，CHU C W，YANG Y，Effective connecting architecture for tandem organic light-emitting devices [J]. Appl. Phy. Lett.，2005，87：241121(1-3).

[15] CHANG C C，CHEN J F，HWANG S W，CHEN C H，Highly efficient white organic electroluminescent devices based on tandem architecture [J]. Appl. Phy. Lett.，2005，87：253501(1-3).

[16] YANG Y，CHANG S C，LIU J，Organic/polymeric electroluminescent devices processed by hybrid ink-jet printing[J]. J. Mater. Sci. Mater. Electron.，2000，11(2)：89-96.

[17] PARKER I D，Carrier tunneling and device characteristics in polymer light-emitting diodes [J]. J. Appl. Phys.，1994，75：1656-1666.

[18] MATSUMURA M，AKAI T，MASAYUKI M，KIMURA T，Height of the energy barrier existing between cathodes and hydroxyquinoline

aluminum complex of organic electroluminescence devices [J]. J. Appl. Phys. 1996, 79: 264-268.

[19] BURROWS P E, FORREST S R, Electroluminescence from trap-limited current transport in vacuum deposited organic light emitting devices [J]. Appl. Phys. Lett., 1994, 64: 2285-2287.

[20] GARBUZOV D Z, FORREST S R, TSEKOUN A G, et al. Organic films deposited on Si p-n junctions: Accurate measurements of fluorescence internal efficiency, and application to luminescent antireflection coatings [J]. J. Appl. Phys., 1996, 80(8): 4644-4648.

[21] GU G, GARBUZOV D Z, BURROWS P E, et al. High-external-quantum efficiency organic light-emitting devices [J]. Opt. Lett., 1997, 22(6): 396-398.

[22] SO S K, CHOI W K, LEUNG L M, et al. Interference effects in bilayer organic light-emitting diodes [J]. Appl. Phys. Let., 1999, 74(14): 1939-1941.

第3章 DCJTB的发光性能研究

3.1 引　言

3.1.1 溶剂效应对发光的影响

一般化合物的单重态激发寿命 τ 约 10^{-9} s，而许多有机溶剂分子在室温下的介电取向弛豫时间 τ_R 在 $10^{-12} \sim 10^{-10}$ s 内，即在室温下，溶剂分子的取向弛豫时间小于单重态激发态分子的平均寿命。在这种情况下，溶质分子和溶剂介质分子间新的平衡将在溶质分子被激发后，且先于荧光发射而重新建立起来。由于新的平衡的建立，会有部分激发态的能量被传递给溶剂，这样荧光发射的峰值波长就会红移，这就是溶致变色现象。此外不同极性的有机溶剂，其分子和溶质分子之间的作用也不同，导致荧光发射的峰值波长红移的程度也不同。图 3.1 为发光化合物分子在溶剂中电子能级构型与激发态寿命和溶剂分子取向弛豫时间 τ_R 的关系[1]。从图中可以看出，溶剂分子与发光分子之间的相互作用，导致基态与激发态的能级下降。由于激发态寿命 τ 与溶剂分子的取向弛豫时间 τ_R 存在差异，这样导致分子激发态的寿命 τ 和取向弛豫时间 τ_R 存在 3 种关系[2]。当 $\tau \ll \tau_R$ 即发光分子的寿命很短时，溶剂分子对发光分子的影响不存在，就不会发生溶致变色现象。当体系 $\tau \gg \tau_R$ 即发光分子的寿命很长时，溶剂分子的取向弛豫起主要作用，导致能级的变化，出现溶致变色效应。如基态溶质分子在溶液中与溶剂分子相互作用后的能级位置较激发态与溶剂分子作用的能级降得更低时，则可以观察到光谱的蓝移现象。反之，则可使光谱发生红移。Lippert[3] 指出当溶质分子位置处的偶极矩变大，即溶剂和溶质之间的相互作用很强时，能级就降得更低。如果用 μ_g 和 μ_e 分别表示溶质分子的基态偶极矩和激发态偶极矩，当 $\mu_e > \mu_g$ 为红移时，$\mu_e < \mu_g$ 则为蓝移。当分子激发态的寿命 τ 和取向弛豫时间 τ_R 处于同一数量级时，此时荧光峰的位置应处于 $\tau \ll \tau_R$ 和 $\tau \gg \tau_R$ 两种极限状况之间。

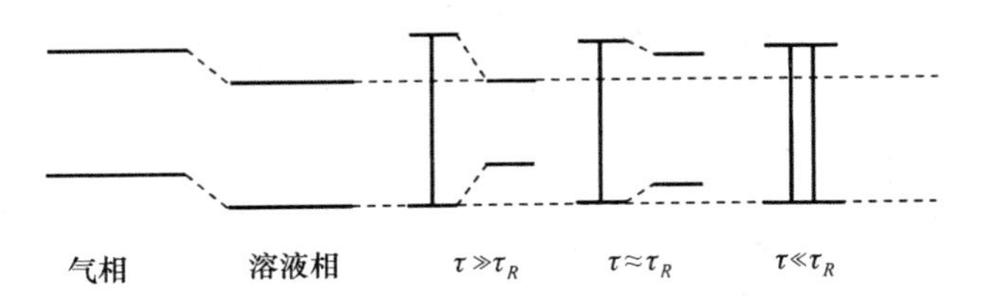

图 3.1 发光化合物分子在溶剂中激发态寿命 τ 和溶剂分子取向弛豫时间 τ_R 的关系

3.1.2 染料掺杂的 OLED 及其能量传递过程

为了提高器件的亮度和发光效率，Kodak 公司首先把染料掺杂在主体材料中制作了电致发光器件，并申请了专利。现在，人们已经合成了许多染料并把它们用于有机电致发光器件的制备，如 DCM[4]，Rubrene[5]，Perylene[6] 和 DCJTB[7] 等。其材料的掺杂和发光机制如图 3.2 所示，首先是在给体(Donor)分子形成激子，并激子能量可通过能量传递使掺杂物激发而发光。

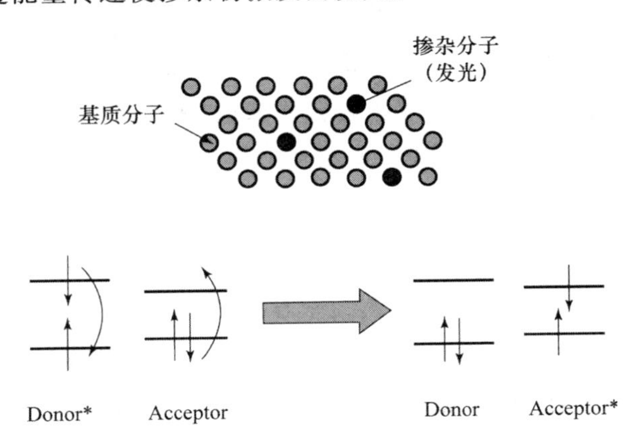

图 3.2 染料掺杂和发光过程

一典型的掺杂器件的结构如图 3.3 所示，α-NPD 为空穴传输层，Alq_3 为基质材料和电子传输层材料，染料(如 DCM2 或 PtOEP)为客体，分散于主体材料中，通过合适的掺杂浓度可以实现不同颜色的发光。

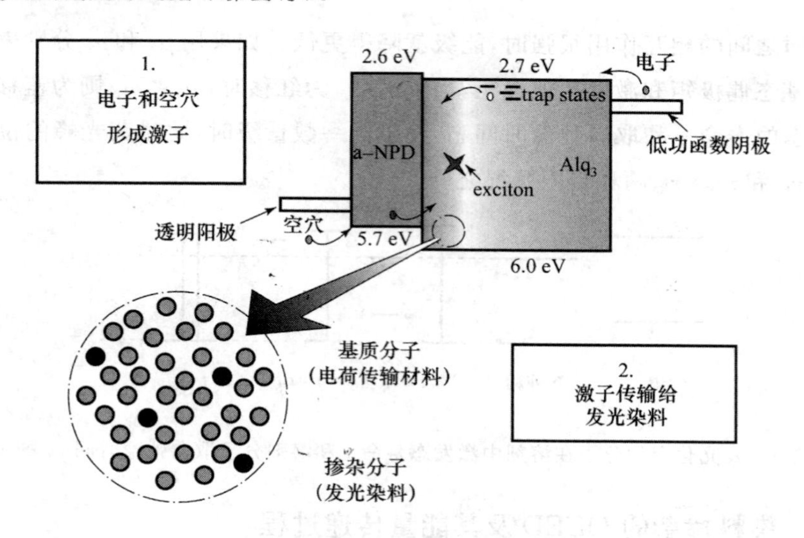

图 3.3　掺杂器件的能级结构图

在掺杂体系中其能量转移机制也有不同的形式:辐射转移,FÖrster 能量转移和 Dexter 能量转移机制。辐射能量转移机制较直观,即激发的给体分子在发生辐射衰变时,其能量被受体分子吸收,并得到激发。因此,此过程是一个发光再吸收的过程。FÖrster 能量转移机制则是通过偶极-偶极相互作用而完成的,被激发的给体分子通过与受体分子之间的共振耦合,将能量传递给处于基态的受体分子,使受体分子受到激发。这里要求给体的能级比受体的能级要高,并且给体与受体之间的跃迁是允许的。对于 FÖrster 能量转移来说,单重态到单重态的转移是最典型的能量转移过程,当然也存在从单重态到三重态的能量转移。见下两式分别表示这两种能量转移过程:

$$^1D^* + ^1A \rightarrow ^1D + ^1A^*$$

$$^1D^* + ^3A(T_n) \rightarrow ^1D + ^3A^*(T_m)$$

需要注意的是在上式描述的单重态与三重态之间的能量转移过程,能量受体的起始与最终状态间的跃迁,并非从单重态 S_0 向三重激发态 T_1^* 跃迁,而是从三重激发态 T_n^* 向更高的激发态 T_m^* 的跃迁。因此,该过程并不存在自旋禁阻。FÖrster 能量转移机制一般的作用距离约 10 nm,由此 FÖrster 能量转移机制也被称为长程能量转移。Dexter 能量转移机制则是通过给体和受体之间的电子交换完成的,按照自旋守恒定则,只有能量交换前后自旋守恒的过程才是允许的。因此,可以发生 Dexter 能量传递的体系,仅限于单重态和单重态间以及三重态与三重态之间。这

种电子交换机制要求能量给体和受体之间的波函数有重叠。由于电子交换要求分子间的距离必须十分靠近,一般在 1 nm 以内,因此它也被称为近程能量转移。图 3.4 为 FÖrster 能量转移机制和 Dexter 能量转移机制的对比图。从图中可以看到两种机制的过程及作用长度的不同。

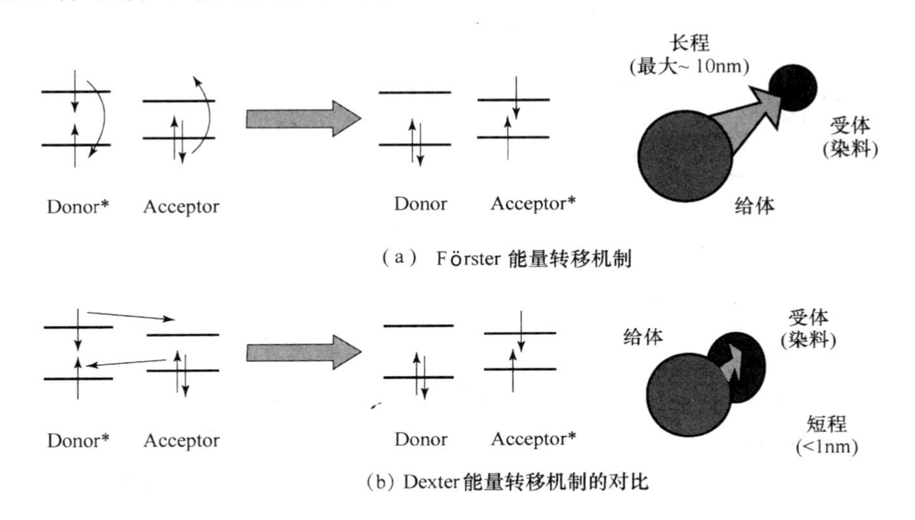

图 3.4 FÖrster 能量转移机制和 Dexter 能量转移机制的对比

在有机电致发光中,还存在一类能量转移机制,即载流子为杂质陷阱所直接捕获的能量转移机制。当光直接激发有机分子形成激子时,有机分子的 HOMO 中的电子被激发到 LUMO 上,而形成了 Frenkel 激子,该激子形成时,电子和空穴是偕生的,并位于同一分子内部,有较高的束缚能(约 1 eV)。而在电致发光中,载流子是通过电极注入有机层中,注入的电子和空穴不是出于同一个分子内,而是在不同分子中。当注入的电子和空穴在有机层中迁移,在某处相遇复合,就形成 Wannier 激子,然后通过进一步扩散形成 Frenkel 激子而辐射发光。在电致发光中,一部分注入的载流子经过一系列过程,形成 Frenkel 激子后,其能量有可能通过 FÖrster 能量转移机制引起掺杂染料分子的激发;有些载流子可能被有机材料中的陷阱捕获,实现激发。在有机电致发光器件中通过陷阱直接俘获载流子而实现分子的激发是一种常见的形式。其过程对比如图 3.5 所示。

在 OLED 中,电子空穴形成激子时,单重态和三重态激子根据统计原则,其比例为 1∶3,即单重态激子的生成比例为 25%,三重态激子的形成比例为 75%[8]。而三重态激子由于跃迁禁阻,不能对发光有贡献。因此,为了提高器件的发光效

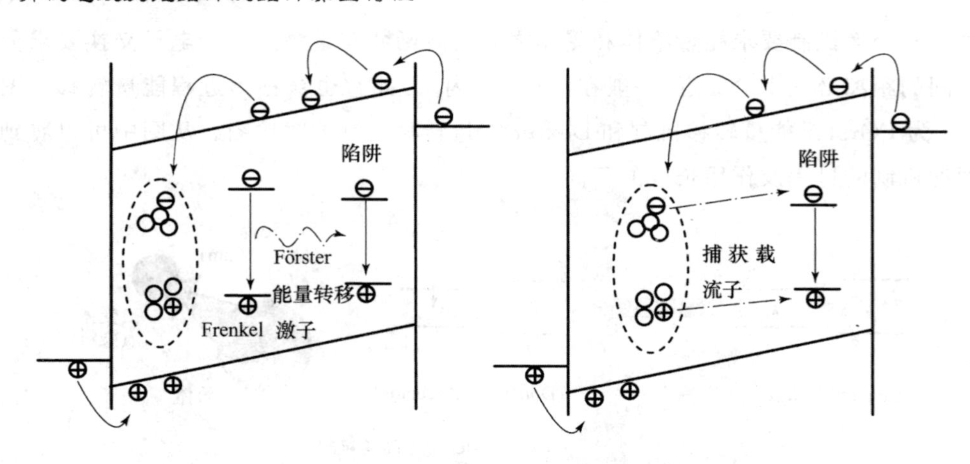

图 3.5　有机电致发光中两种激发形式

率,人们希望充分利用三重态激子的能量。由于重金属原子可以促进自旋轨道耦合,增强系间窜越的概率,可以将禁阻部分转变为允许的跃迁,从而提高器件的发光效率。为此人们开发了许多种金属配合物,重金属元素 Ir、Pt 和 Os 等。这些材料的发现,对于提高器件的发光效率意义重大。PtOEP 是较早发现的磷光红光材料,其可以被掺杂在 Alq_3 中制备红光电致发光器件。Baldo 等人[8]通过研究 PtOEP和 DCM2 两种掺杂材料的对比,得到了器件中单重态激子和三重态激子的形成特点,其器件结构和主要结果如图 3.6 所示。

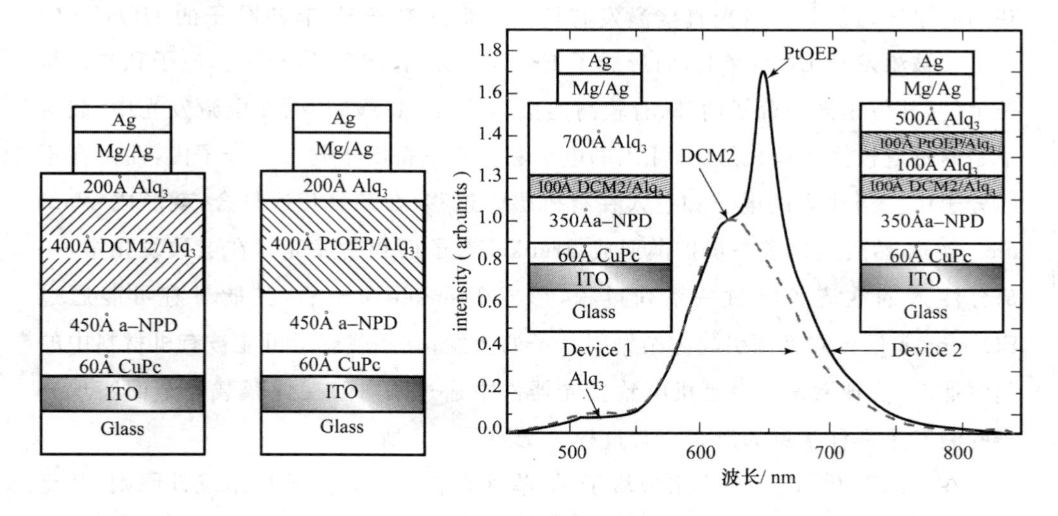

图 3.6　器件结构图(单重态和三重态)即同时掺杂时的光谱图

通过实验对比了 DCM2 和 PtOEP 掺杂的器件中荧光和磷光发射的比例，确定了在 Alq_3 中电子和空穴分别注入时，所形成的单重态激子的比例为(22±3)%。在常温下磷光发光材料的种类要远少于荧光材料，为了进一步提高器件的效率，需要尽可能减少无辐射衰减，并把三重态激子的能量也充分利用。M. Baldo 等人[9]采用磷光材料作为敏化剂使激发三重态的能量经过无辐射能量传递给荧光染料，大大提高了器件的性能，器件的内量子效率接近 100%。器件采用 CBP 为主体材料，DCM2 和 $Ir(ppy)_3$ 分别作为荧光掺杂染料和敏化材料。当仅把 DCM2 以 1% 的比例掺杂在 CBP 中，制备的器件量子效率和把 CBP、DCM2 和 $Ir(ppy)_3$ 以 CBP：10%$Ir(ppy)_3$：1%DCM2 的比例掺杂时的器件效率对比如图 3.7(a)所示，从图中可以看到此方法制备的荧光器件的量子效率近翻了两番。图 3.7(b)为加入敏化剂 $Ir(ppy)_3$ 后，器件在发光时可能的能量传递过程。可以看出，主体材料 CBP 在电激发下，可以形成单重态激子和三重态激子，它们可以分别将能量转移给作为敏化剂的铱配合物 $Ir(ppy)_3$ 的单重态或三重态，形成不同的配合物激子。$Ir(ppy)_3$ 的单重态激子又可以经过系间窜跃过程转为三重态激子。

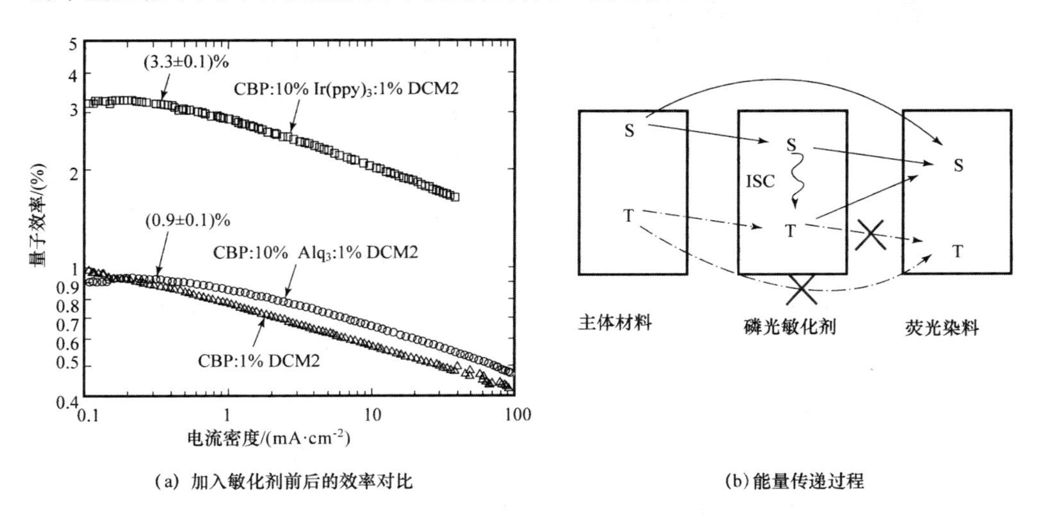

(a) 加入敏化剂前后的效率对比

(b) 能量传递过程

图 3.7 加入敏化剂前后的效率对比及能量传递过程

图 3.8 是不同结构器件的瞬态发光衰减曲线，一个器件是在主体材料 CBP 中掺杂 $Ir(ppy)_3$ 和 DCM2 体系(红光器件)，另外一个是仅有 $Ir(ppy)_3$ 掺杂的体系(绿光器件)。图中可以发现两条线的形状基本相同，而 DCM2 的瞬态发光寿命是 1ns。这样通过图 3.8 就可以非常明显地看到 DCM2 的发光是由 $Ir(ppy)_3$ 的激发

决定的。在经过大约 100 ns 的电脉冲激发后，能量从 $Ir(ppy)_3$ 的三重态传递给 DCM2 的单重态。

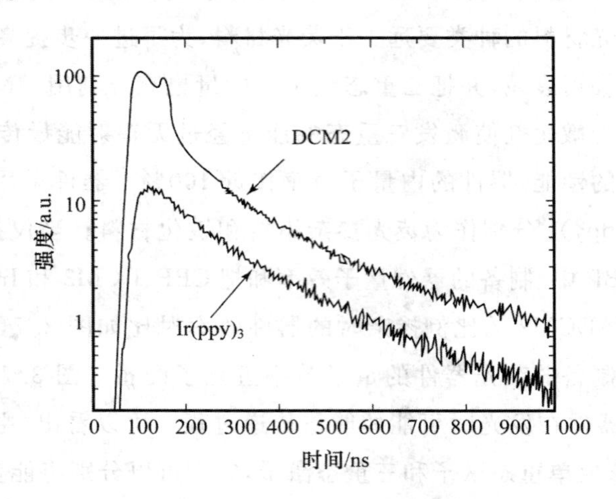

图 3.8　不同结构器件的瞬态发光曲线

大多数的染料在较高浓度掺杂时都有一定程度的浓度猝灭，所以染料的掺杂一般限制在很低的浓度[10,11]。人们在制备红光器件时，常将 DCM 和 DCJ 等掺杂到 Alq_3 中，由于 DCM 和 DCJ 染料分子在高浓度时存在相互作用，生成二聚体或多聚体而产生浓度猝灭，使器件的效率降低，于是人们不断地进行化学修饰，引用空间位阻，隔离染料和染料之间的相互作用，以改变其性能特点。DCJT 与 DCJ 相比，在久洛尼定环的 C-1 和 C-7 位置引入了 4 个甲基，增加了空间位阻，减少了染料之间的相互作用，可以在一定程度上避免浓度猝灭。但是，由于染料掺杂浓度变化而引起的器件光谱和发光性能的变化还是不能完全消除，因此，研究器件性能与掺杂浓度间的关系很有必要，V. Bulovic 等人[12]利用不同浓度的 DCM2 掺杂到 Alq_3 中得到了明亮的从红光到黄光的器件，研究了不同浓度掺杂下器件光谱的变化，认为这是由于材料受到周围分子的极化场的影响。

DCJTB 是目前在有机电致发光器件中应用最广泛的红光染料，在本章我们通过研究 DCJTB 在不同溶剂下的光谱变化，分析了光谱的峰值随不同极化强度溶液的变化，同时讨论了以不同浓度 DCJTB 掺杂的电致发光器件的发光特性，特别是器件光谱随 DCJTB 掺杂浓度的变化。

3.2 DCJTB在溶液中的发光

3.2.1 样品制备及测试

将DCJTB以不同的浓度分别溶于苯(C_6H_6)、三氯甲烷($CHCl_3$)、乙醇(C_2H_5OH)和二甲亚砜(DMSO,$(CH_3)_2S:O$)中,经稀释得到不同浓度的溶液,取配好的溶液到比色皿中,并用Fluolog-3荧光光谱仪测得DCJTB在不同溶液下的发射光谱。以上测试均在室温大气下进行。

3.2.2 结果与讨论

把DCJTB溶于苯中首先配制成0.5 mg/ml的溶液,然后依次稀释并用荧光光谱仪监测溶液的光致发光光谱(激发波长为450 nm)。图3.9为不同浓度的DCJTB的苯溶液的光致发光光谱,从图中可以看到溶液浓度0.5 mg/ml时,发光峰值在580 nm,当把溶液逐步稀释,发光峰值蓝移,当溶液浓度小于0.03 mg/ml时,光谱峰值随溶液浓度几乎没有变化,其发光峰值基本稳定在565 nm。我们认为在较高浓度下(0.5 mg/ml),溶液发射光谱的红移来自溶液中材料分子聚集态的发光,当溶液较稀时则只有DCJTB单体的发光,因而光谱变化不大。

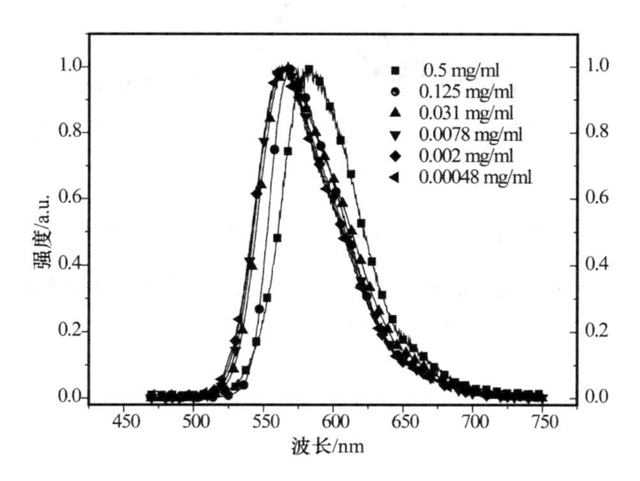

图3.9 DCJTB在不同浓度苯溶液中的光致发光光谱(激发波长450 nm)

我们还分别测试了 DCJTB 在氯仿、乙醇和二甲亚砜溶液中的光致发光光谱(激发光波长分别为 460,470 和 420 nm)。为了便于对比,我们分别取 DCJTB 在不同溶剂下且浓度小于 0.001 mg/ml 溶液的光谱进行对比。图 3.10 是 DCJTB 在 4 种溶剂中和薄膜状态下的光致发光光谱。由于 4 种溶液的浓度都是非常稀,因此可以认为溶液的发光都是来自单体的发光。由于 4 种不同的溶剂具有不同的极化强度,DCJTB 溶液发射光谱的峰值也随溶剂的不同而变化。在非极性的溶剂苯(C_6H_6)中,其介电常数 $\varepsilon = 2.27$,溶液的发光峰值 563 nm,而在二甲亚砜溶液中(DMSO,$(CH_3)_2S:O$),其介电常数 $\varepsilon = 46.7$,溶液的发光峰值 666 nm[13]。其在薄膜状态下的光致发光光谱峰值 660 nm。表 3.1 详细对比了溶液的极化强度和介电常数与 DCJTB 在不同溶剂中的发光峰值之间的关系。从表中可以清楚看到发光峰值随溶剂极化强度和介电常数的增大而红移。

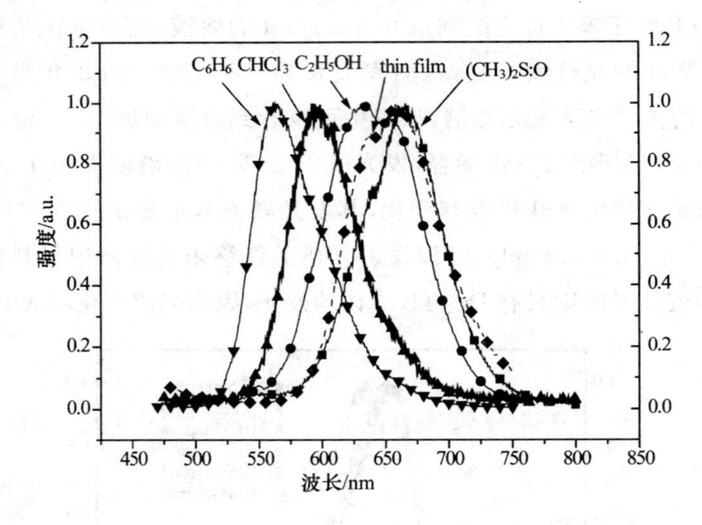

图 3.10 DCJTB 在 4 种溶剂中计薄膜状态下的光致发光光谱对比

表 3.1 不同溶剂的磁偶极距($\mu(D)$)、介电常数(ε)和溶液的光谱峰值(λ_{max})

溶剂(溶液)	$\mu(D)$	ε	λ_{max}/nm
苯(C_6H_6)	0	2.27	563
氯仿($CHCl_3$)	1.15	4.81	598
乙醇(C_2H_5OH)	1.69	24.3	632
二甲亚砜(DMSO)	3.9	46.7	666

3.3 DCJTB掺杂器件的性能

3.3.1 器件制备

制备器件时将ITO玻璃衬底用丙酮、乙醇、去离子水反复擦洗并超声，接着对ITO玻璃衬底进行紫外臭氧处理，时间控制在8 min。有机薄膜依次生长在ITO玻璃衬底上，器件的制备在多源有机分子气相沉积系统中进行。将所用材料分别放在不同的蒸发源(石英坩埚)中，每个蒸发源的温度可以单独控制。按设计的器件结构分别生长不同的有机材料，在生长的过程中系统的真空度维持在4×10^{-4} Pa左右。在蒸镀过程中控制NPB和Alq_3的蒸镀速率为0.1～0.2 nm/s，DCJTB和LiF的速率为0.02 nm/s，通过NPB和DCJTB不同的蒸镀速率来控制两者的掺杂比例。衬底放在真空室的上部，材料生长的厚度和生长速率由膜厚控制仪监测。我们制备器件的结构为：ITO/NPB/Alq_3:DCJTB/Alq_3/LiF/Al。

器件的电流和亮度分别由电流计和PR650亮度色度计测得，以上测试都是在室温大气下完成的。所使用材料的分子结构及器件结构如图3.11所示。

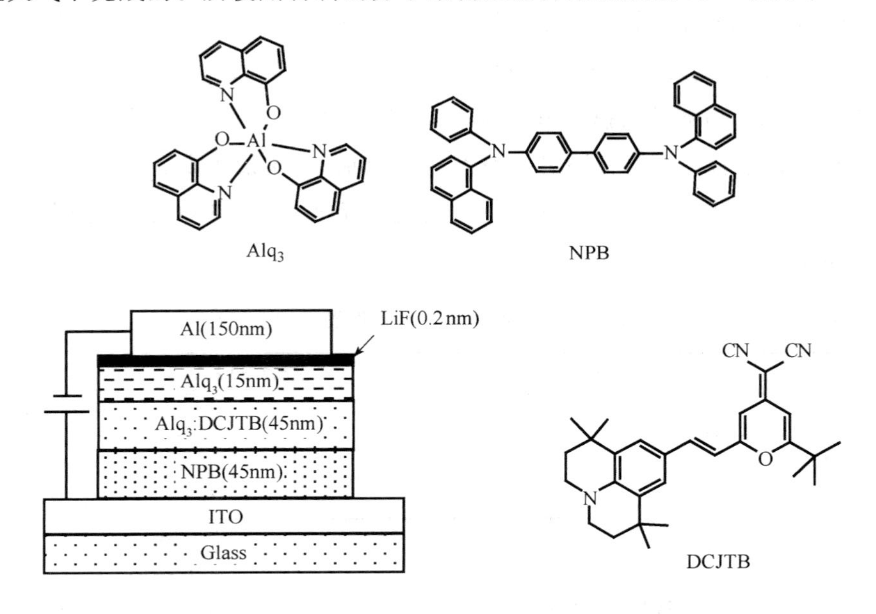

图3.11 所用材料的分子式及器件的结构

3.3.2 结果与讨论

我们改变 DCJTB 的掺杂浓度(质量比分别是 3%、1.5%和 0.8%),制作了结构为:ITO/NPB/Alq_3:DCJTB/Alq_3/LiF/Al 的器件。图 3.12 是器件的亮度-电压-电流密度曲线,从图中可以看到不同掺杂浓度的器件其亮度和电流变化很大。

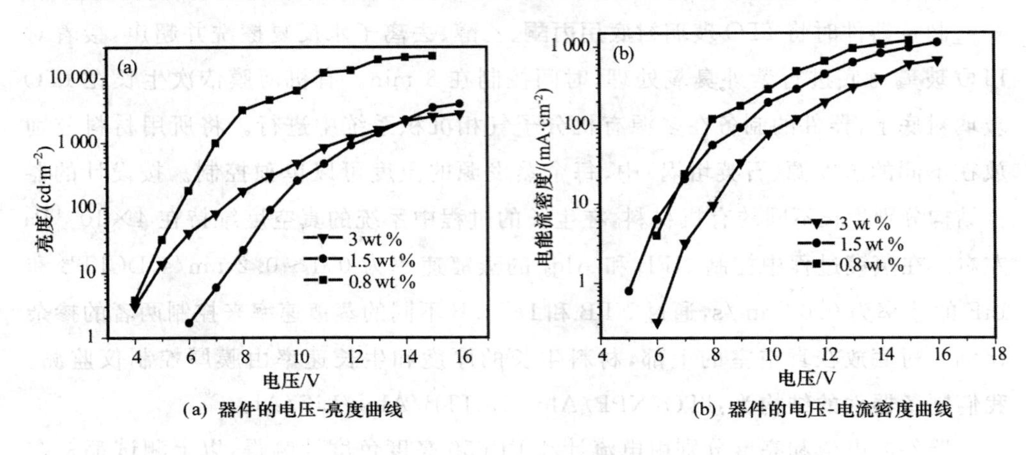

(a) 器件的电压-亮度曲线　　(b) 器件的电压-电流密度曲线

图 3.12　器件的电压-亮度曲线和电压-电流密度曲线

器件的主要发光性能列于表 3.2 中,从表中可以看到掺杂浓度 0.8wt%的器件在 15 V 时具有最大的发光亮度 21 700 cd/m²,器件的最大效率在 100 mA/cm² 达到 4.6 cd/A。当器件的掺杂浓度为 3wt%时器件的亮度较低,其最大亮度只有 2 750 cd/m²。器件的色坐标随掺杂浓度的变化很大,掺杂浓度为 0.8wt%的器件接近橙色发光,随掺杂浓度增大器件发光接近饱和红光,在 3wt%时器件的色坐标达到(0.643, 0.354)。

表 3.2　DCJTB 不同浓度时器件发光性能对比

Device	L_{max}/(cd·m^{-2})	L_{20}^{*}/(cd·m^{-2})	η_{max}/(cd·A^{-1})	CIE (x, y)
0.8%	21 700	183	4.6	(0.612, 0.384)
1.5%	4 393	91	2.53	(0.622, 0.364)
3%	2 750	80.8	0.6	(0.643, 0.354)

注:L_{20}^{*}代表器件在电流密度为 20 mA/cm² 时的亮度。

图 3.13 是 DCJTB 以 3 种不同浓度掺杂时器件的电致发光光谱,从图 3.13 可以看到随掺杂浓度的减小器件的电致发光光谱逐渐蓝移,且光谱有展宽的趋势。

当 DCJTB 的掺杂浓度为 3wt%时，发射光谱的峰值位于 630 nm，而当掺杂浓度减小到 0.8wt%时，峰值却位于 606 nm。电致发光光谱的半高全宽随染料掺杂浓度的减小，从 77 nm 增加到 120 nm。光谱的位置和宽度的变化会引起器件色坐标的变化。器件的色坐标从 3wt%时的红光区域(CIEx，y=(0.643，0.354))逐渐变化到 0.8wt%时的橙黄色发光(CIEx，y=(0.622，0.364))。我们还发现其他研究小组[14]在研究 DCJTB 掺杂浓度对器件发光光谱的影响时也看到了光谱峰值的移动，而没有发现在掺杂浓度变化时器件电致发光光谱明显的展宽现象。我们认为光谱的展宽的原因，一部分来自光谱中 Alq_3 的发光；长波处的展宽则可能来自激基复合物的发光。

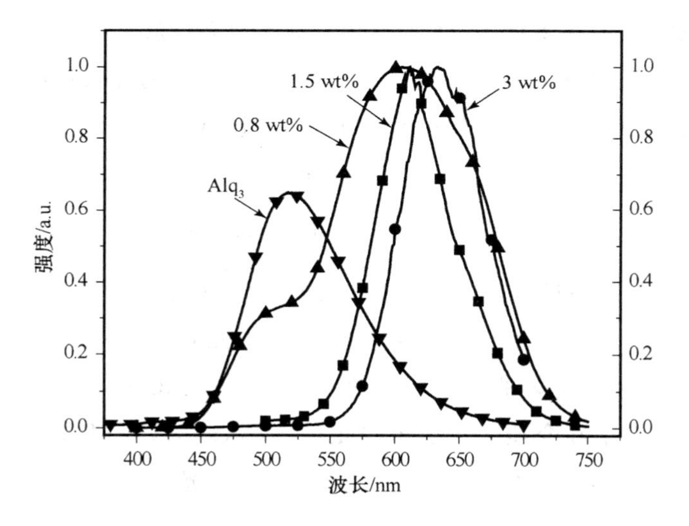

图 3.13　3 种不同浓度掺杂器件的电致发光光谱

从图 3.12 和图 3.13 的对比发现两者有相似之处，图 3.12 说明发光峰值随溶剂极化强度和介电常数的增大而红移且薄膜状态的 DCJTB 的发光光谱峰值与 DCJTB 在二甲亚砜溶液中的发光峰值接近。而在图 3.13 中发现器件发光峰值随 DCJTB 掺杂浓度的增加而红移。如文献[13]所述，DCJTB 相比 Alq_3 而言是一种高度极化的材料，磁偶极距和介电常数分别是 5.5 D 和 2.96。随 DCJTB 浓度增加，混合材料的磁偶极距和介电常数也会持续增加。从图 3.12 和图 3.13 的对比，可以认为当高度极化的 DCJTB 以不同的浓度掺杂到相对非极化 Alq_3 中时，DCJTB 分子间距随浓度增加会越来越小，DCJTB 分子间距的减小会增加局域极化场(Local Polarization Field)的强度。极化效应会引起材料发光的红移，就像其影响 DCM1,DCM2 等材料的发光一样[113,15],随浓度增加,DCJTB 的峰值会连续红移,直到形成一纯的 DCJTB 薄膜而止。DCJTB 薄膜的光致发光峰值与 DCJTB 在极性溶液(DMSO)中的峰值相近,也从另一方面说明 DCJTB 的峰值移动与分子周围极化场有关。

在实验中由于 DCJTB 分子在 Alq_3 中是随机分布的,在较大体积时,掺杂系统的平均磁偶极距应该为零。因偶极场的场强与偶极子间距成 $1/r^3$ 关系(r 为偶极子间距),可以认为一个发光的 DCJTB 分子会受到周围 DCJTB 分子偶极场的影响,它们的平均作用使 DCJTB 的发射光谱发生变化。

掺杂浓度增加会引起分子的聚集,即形成一些发光的猝灭中心,从而降低了辐射复合的几率。在掺杂器件中,DCJTB 的发光主要来自从 Alq_3 的 FÖrster 能量传递,FÖrster 能量传递机理是一种偶极-偶极相互作用,从而导致主体材料到掺杂客体发生单重态的能量转移。能量传递的几率可以写成如下表达式:

$$K_{\text{FET}} = \tau_d^{-1}(R_0/R)^6 \tag{3.1}$$

$$R_0^6 = \alpha\int_0^{\infty} F_d(\upsilon)\varepsilon_a(\upsilon)\upsilon^{-4}\,\mathrm{d}\upsilon \tag{3.2}$$

式中,τ_d 是主体材料在没有客体材料存在时的寿命,R 是主体材料和客体材料的间距,R_0 是 FÖrster 能量传递的临界半径,R_0 的含义是,当主体与客体相距为 R_0 时,电子能量转移速率与主体的自发去活速率相等。α 是由主体和客体的偶极距取向、主体的量子效率和介质的折射率决定的。$F_d(\nu)$ 为归一化的主体荧光光谱,$\nu=\omega/2\pi c$以 cm^{-1}为单位,客体的吸收光谱用克尔消光系数 $\varepsilon_a(\nu)$来表示,单位是 L/mol · cm。

从 Alq_3 到 DCJTB 的能量传递效率可以表示为

$$\eta = \frac{K_{\text{FET}}}{K_{\text{FET}} + \tau_d^{-1}} = \frac{1}{1+\left(\dfrac{R_0}{R}\right)^6} \tag{3.3}$$

式中,分子间距 R 可以写成

$$R = \left(N_G\frac{4\pi}{3}\right)^{-1/3} \tag{3.4}$$

N_G 是 DCJTB 的分子密度,从式(3.3)和式(3.4)可以得到效率的表达式:

$$\eta = \frac{1}{1+\left(R_0\left(N_G\dfrac{4\pi}{3}\right)^{\frac{1}{3}}\right)^6} \tag{3.5}$$

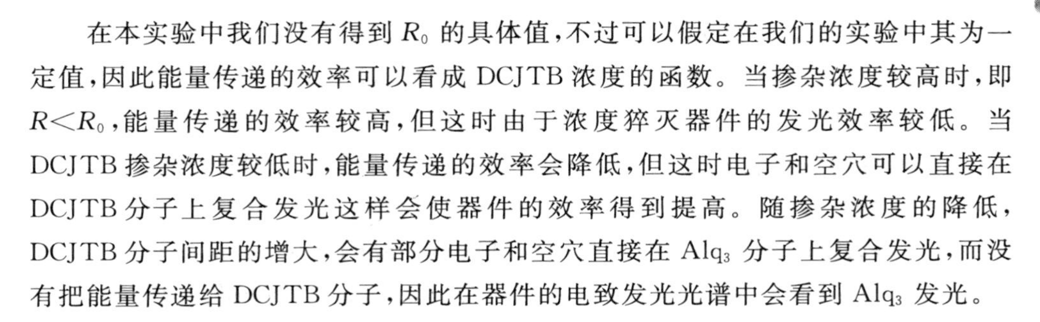

在本实验中我们没有得到 R_0 的具体值，不过可以假定在我们的实验中其为一定值，因此能量传递的效率可以看成 DCJTB 浓度的函数。当掺杂浓度较高时，即 $R<R_0$，能量传递的效率较高，但这时由于浓度猝灭器件的发光效率较低。当 DCJTB 掺杂浓度较低时，能量传递的效率会降低，但这时电子和空穴可以直接在 DCJTB 分子上复合发光这样会使器件的效率得到提高。随掺杂浓度的降低，DCJTB 分子间距的增大，会有部分电子和空穴直接在 Alq_3 分子上复合发光，而没有把能量传递给 DCJTB 分子，因此在器件的电致发光光谱中会看到 Alq_3 发光。

3.4 本章小结

研究了 DCJTB 在不同极性溶剂中的光谱的变化，发现溶液在极稀状态下发光主要是来自 DCJTB 分子的发光，且溶液的发光光谱随溶剂极性的不同而移动。分析认为光谱的变化是由于 DCJTB 分子周围的不同极性溶液的影响。以不同 DCJTB 质量比掺杂到 Alq_3 中制作了掺杂结构的器件 ITO/NPB/Alq_3：DCJTB/Alq_3/LiF/Al，发现器件发射光谱的峰值随掺杂浓度变化与 DCJTB 在不同溶液中的光谱的变化有相似的趋势，为此我们认为当不同浓度 DCJTB 掺杂时，DCJTB 分子受到周围极化场的影响不同，从而引起器件发射光谱的变化。

参考文献

[1] KAWSKI A. Die Solvathülle and ihrEinfluss auf die Fluorezenz [J]. Chimia，1974，28：715-723.

[2] 吴世康，汪鹏飞. 有机电子学概论[M]. 北京：化学工业出版社，2010.

[3] LIPPERT E. Spektroskopische Bestimmung des Dipolmomentes Aromatischer Verbindungen im ersten Angeregten Singuletzustand [J]. Z. Electrochem.，1957，61：962-975.

[4] TANG C W，VAN SLYKE S A，CHEN C H. Electroluminescence of doped organic thin films [J]. J. Appl. Phys.，1989，65 (9)：3610-3616.

[5] FUJII H，SANO T，NISHIO Y，et al. Improved stability of molecular organic EL devices [J]. Macromol. Symp.，1997，125：77-82.

[6] VANSLYKE S A，ROSTER N Y. Blue emitting internal junction or-

ganic electroluminescent device (I): US, 5151629 [P/OL]. 1992-9-29 [2013-7-18]. http://www. patentstorm. us/patents/5151629. html.

[7] CHEN C H, TANG C W, SHI J, et al. Recent Developments in Molecular Organic Electroluminescent Materials [J]. Macromol. Symp., 1997, 125: 49-58.

[8] BALDO M A, O'BRIEN D F, THOMPSON M E, et al. Excitonic singlet-triplet ratio in a semiconducting organic thin film[J]. Phys. Rev. B, 1999, 60: 14422-14428.

[9] BALDO M A, THOMPSON M E, FORREST S R. High-efficiency fluorescent organic light-emitting devices using a phosphorescent sensitizer [J]. Nature, 1999, 403: 750-753.

[10] BALDO M A, O'BRIEN D F, YOU Y, et al. Highly efficient phosphorescent emission from organic electroluminescent devices [J]. Nature 1998, 395: 151-154.

[11] CHEN C H, TANG C W, SHI J, et al. Recent developments in the synthesis of red dopants for Alq_3 hosted electroluminescence [J]. Thin Solid Films, 2000, 363: 327-331.

[12] BULOVIC V, SHOUSTIKOV A, BALDO M A, et al. Bright, saturated, red-to-yellow organic light-emitting devices based on polarization-induced spectral shifts [J]. Chem. Phys. Lett., 1998, 287: 455-460.

[13] KALINOWSKI J, STAMPOR W, DI MARCO P, et al. Electroabsorption study of excited states in hydrogen-bonding solids: epindolidione and linear trans-quinacridone [J]. Chem. Phys., 1994, 182: 341-352.

[14] ZHU W Q, ZHANG Z L, JIANG X Y, et al. Red Organic Light-Emitting Diodes Based on Energy Levels Matching of Dopant with the Host Materials [J]. Journal of Shanghai University (English Edition). 2003, 7: 191-195.

[15] MARTAIN M M, PLAZA P, MCYER Y H. Ultrafast intramolecular charge transfer in the merocyanine dye DCM [J]. Chem. Phys., 1995, 192: 367-377.

第4章 DCJTB超薄层发光性质研究

4.1 有机电致发光材料

有机电致发光器件中含有多种功能材料，主要包括高效发光材料、发光层主体材料和其他功能材料，如空穴传输材料、电子传输材料和界面修饰材料等。所有这些有机材料要想应用到OLED器件中，必须具有足够的热稳定性和电化学稳定性。因此，OLED功能材料的共同要求是良好的热稳定性和电化学稳定性。在此基础上发展高效率的发光材料及与这些发光材料相匹配的电子空穴传输材料、主体材料和界面修饰材料等。从材料热稳定性角度，在材料设计时主要考虑的因素有：(1)增加分子的空间立构化及刚性结构；(2)增大分子的有效共轭长度；(3)引入分子的不对称因素；(4)当同等光电性能的纯粹碳氢化合物和杂环化合物同时存在时，优先选择前者，由于纯粹碳氢化合物具有更好的热稳定性；(5)在磷光材料中同环金属配体配合物的稳定性优于异环金属配体配合物。从材料发光效率角度看，需要考虑激发态分子与周围介质之间的相互作用，如激发态分子与周围分子没有发生化学反应，则激发态能量会通过辐射衰减或非辐射衰减回到基态。

主客体掺杂发光(Host Guest Doped Emitter)体系的发明是促使OLED平板显示技术发展的关键之一，因为具有优越电子传输及发光特性的发光主体材料可以和各种高荧光效率的客体发光材料结合得到高效率有机电致发光器件及各种不同的颜色。

主客体发光系统的关键是用主、客体材料分子的设计及能级与界面的匹配程度，以将电子的输送、导电功能与其发光机制分开，并分别加以改善而使之最佳化，最终的目的是使OLED发光能够达到最好的发光效率。这使有机电致发光器件优化和材料性能优化相互分离又相互联系，同时还能发挥不同材料的优势。因为，通常有机材料分子的结构非常复杂，要使有机分子具有良好的导电性能，就必须把有机分子设计成扁平型的高共轭电子分布系统，让分子间有效并且有次序地堆栈，从而在一定的电场下发挥最佳的载子传输与迁移。但是，要使有机分子在固态下发光，最好是分子与分子间没有作用或不容易发生易堆栈，因为分子间的相互作用和堆栈会导致能量转换和材料分子在高浓度下的荧光猝灭。所以在设计高效率固态荧光分子时，有机化学家常将一些刚性的并具有高立体阻碍性的分子基团合成在分子结构中，目的是将分子与分子间的相互影响降到最低，以发挥最高的个体分子荧光效率。从有机分子的设计方面来看，这两种功能的实现对分子结构的要求刚好南辕北辙，反其道而行。OLED的主客体掺杂发光体系就是解决这个有机分子设计问题的有效方法，是小分子OLED的材料与器件结构设计主要不同于高分子的地方，也是让小分子OLED的面板技术能够在短时间内达到产业化的关键之一。OLED掺杂客体发光材料的另一个优点，是由电激发产生的激子可以转移到高荧光效率及稳定的掺杂物中发光，以提高器件工作的稳定度，同时减小器件的非辐射发光的能量损耗几率。目前这类掺杂方法和理论已成功地应用到高发光效率的磷光材料的开发中，并可使材料内部的EL发光效率达到近100%。

4.1.1 掺杂型红光材料

由于人类的眼睛对可见光的敏感度是非线性的，并随着光的波长而改变，人眼最敏感的波长是绿光555 nm。在短波长（蓝光）或长波长（红光）区域，眼睛的敏感度都会急剧下降，尤其是红光，这是饱和的红发光材料不易设计的主要原因之一。因为，多半有机红光掺杂客体材料发光光谱的半高全宽（FWHM）都很大（达100 nm），如果将红光材料的发光峰调到最饱和的640 nm位置，则有近1/3的红光发射在超过700 nm的近红外线区域，对显示面板的发光效率来说，这是一种能量的浪费。反之，如果红光材料的发光峰往短波长调，如620 nm，则会有一部分光落在人眼最敏感的绿光区，使整个红光看起来偏橘色而不够饱和。

以典型的DCM为例来说明DCJTB掺杂物的发展史及其化学结构的演进与改良。柯达公司最早在红光域中用的客体分子是一个很有名的激光色素，叫

DCM。它的发光(PL)效率是78%。它的发光光谱及电致发光效率与其掺杂浓度有密切的关系,在最理想的掺杂浓度下(大约为0.5%),EL的发光效率是2.3%,比没有掺杂的器件效率大1倍。但是,它呈现的红光偏黄,CIE色坐标仅为(0.56,0.44),如图4.1所示。在有机分子的设计中,既要使色素的发色团(Chromophore)向红色方向移动,又要考虑分子蒸镀的稳定性,最好的方法是形成环状刚性结构(Rigidization),最典型的例子就是julolidine的激光染料DCJ(又称DCM2)。当掺杂红光客体分子时,其发射光谱可红移至630 nm的红光区域,但是颜色随掺杂浓度的变化而改变,掺杂浓度越高,其颜色也越深,相应电致发光效率也降低。当掺杂浓度达到0.35%的时候,就达到最高的发光强度,但在这个浓度下的,主体材料Alq_3的绿光并没有完全消除。要达到真正的红色,要使DCJ的掺杂浓度达到3%,这时电致发光效率已经降低了一半。

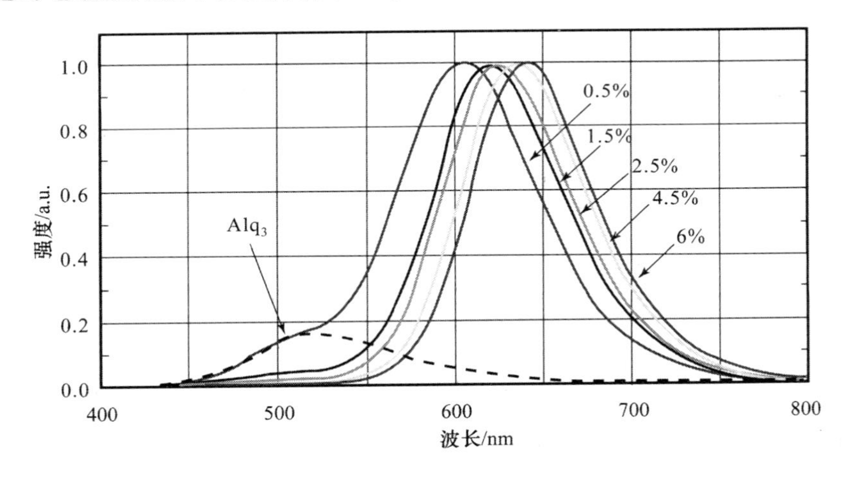

图4.1 DCM在不同掺杂浓度时的电致发光光谱

用分子设计的方法合成tetra(methyl)juloidine衍生物(DCJT)可以解决这个问题。其与DCJ的不同之处在于C-1及C-4的位置多了4个甲基。由于这些刚性的立体阻碍可以减少分子间的堆栈,从而降低高浓度掺杂下分子间的相互作用[1]。从而解决了DCJT掺入Alq_3所产生的浓度猝灭问题。在合成DCJT的过程中,pyran上的甲基会产生化学反应,生成几乎没有荧光的bis-DCJT,因此在大量制备时,没有办法得到纯的DCJT。为了避免甲基上有α-氢,进而合成了由异丁基取代的DCJTB,并且其稳定性比DCJT更好,如图4.2所示。

在应用于OLED的掺杂染料中,红光染料的发光效率是最低的,这也是全彩

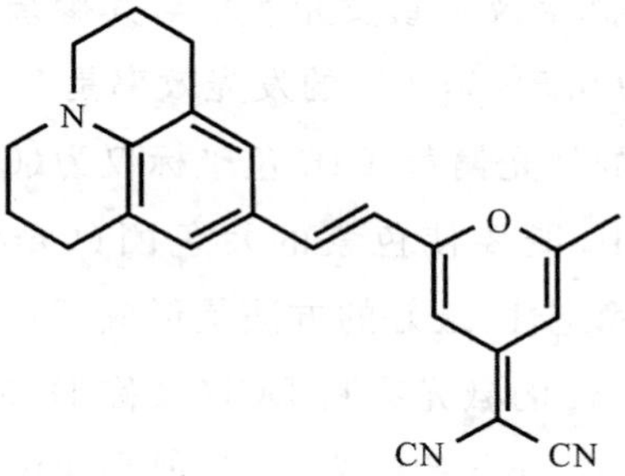

DCJ

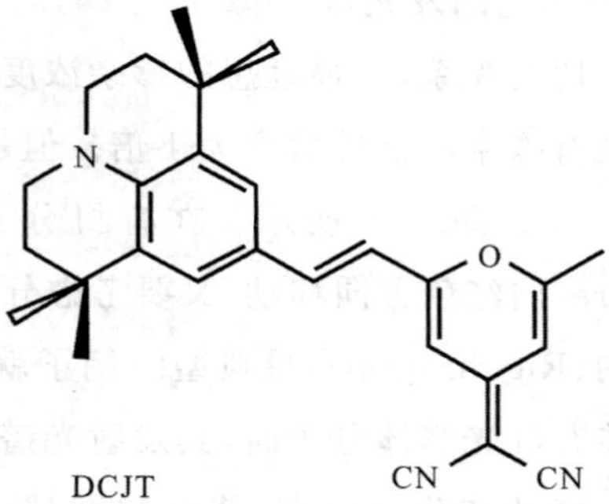

DCJT

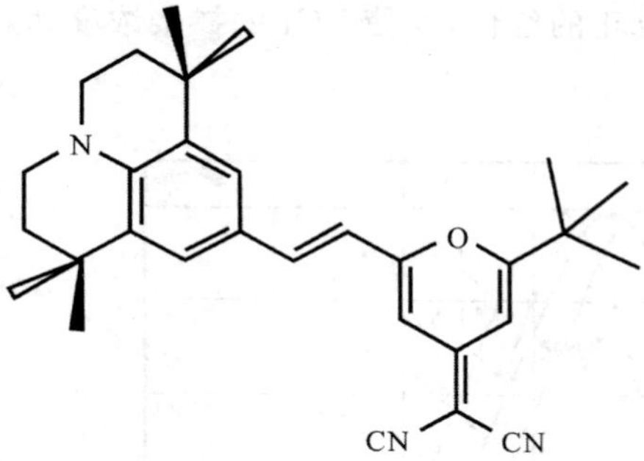

DCJTB

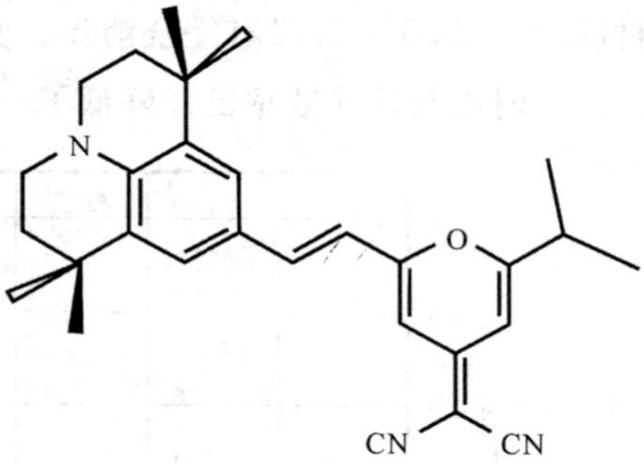

DCJTI

图 4.2　分子结构图

色显示器不易顺利量产的主要原因之一。在红光材料的研制中，业界制订了一个比较确切的目标，即材料的发光效率要高于 4 cd/A，色坐标 CIE 要接近(0.65, 065)，在固定电流驱动时起始亮度为 300 cd/m^2 时，器件寿命超过 10 000 h，而现在全彩色面板的要求更高。过去红光材料很少能达到以上的要求，少数接近这些条件的材料之一为业界熟悉的 DCJTB。研究中发现加入 Rubrene(简称 Rb)作为发光辅助掺杂物(Emitter Assist Dopant)，可以有效地将能量从 Alq_3 经 Rb 传递到 DCJ，且达到更高的发光效率(2.2cd/A)及饱和度。有报道称，若在器件发光层(Alq_3)中加入一层载流子捕捉材料(如 NPB)，可以更好地调节电荷的平衡，增加器件的稳定性。Sanyo 用此器件结构成功地将 DCJTB 的发光效率提高到 2.2 cd/A 以上，随后他们又发布了用 DCJTB 作为红光掺杂材料的器件，其电致发光效率达到了 2.8 cd/A 和 1.03 lm/W。Sanyo 采用的器件结构为 ITO/NPB(150 nm)/Alq_3 :2%DCJTB+6% NPB +5% Rb(37.5 nm)/Alq_3(37.5 nm)/LiF/Al(200 nm),

可产生饱和红光，峰值波长为 632 nm，且在 8.5 V 的驱动电压下，色坐标为(0.65，0.36)。由于掺杂在发光层中的 NPB 可以捕捉过剩的 Alq_3^+，所以这个红光器件非常稳定，在起始亮度为 600 cd/m^2 时，可连续工作 8 000 h。

Sanyo/Kodak 开发的三掺杂发光层器件，其发光效率达到 1.03 lm/W，但仍无法满足全彩器件的制作需要，且发光层的制备方式复杂，一旦应用在生产线上，其产品的良品率难以保证。另外，DCJTB 器件的发光效率随着电流密度的增大会大幅降低[2]，然而在器件的制备技术中没有办法可以解决由于注入的电荷导致的电流猝灭问题，这样会使器件驱动 IC 工程师在控制发光时由于电流效率的改变而变得困难重重，尤其是对于被动发光的器件(PMOLED)。

为克服 DCJTB 器件的发光效率电流猝灭，C. H. Chen 研究组组合了缩合多环式芳香族化合物及有机金属螯合物两种主发光体，创造出一种新型的 DCJTB 发光系统，称为双主体发光(Co-Hosted Emitter，CHE)系统。实验结果表明，此新型系统组成的发光器件能够有效地抑制因注入电荷导致的内部发光猝灭，并且工作电压低，效率提高。更为重要的是，器件的工作寿命得到显著延长。实验中发现，DCJTB 掺杂的红光 OLED 器件，极易受到微腔效应的影响，尤其是当器件中空穴传输层(NPB)厚度，如图 4.3 所示。DCJTB 掺杂的红光 OLED 器件常常因为器件中有机层厚度的不同导致器件的红光不够饱和。双主体发光器件的最佳结构为 ITO/CFx/NPB(120 nm)/Rb/Alq_3(6/4)：2%DCJTB/Alq_3(50 nm)/LiF(1 nm)/Al(200 nm)。掺杂 DCJTB 的双主体发光器件在效率、色饱和度及稳定性方面得到很大改善。文献报道有机发光的 CIE 色纯度与分子周围的极化度(polarity)有很大关系。Alq_3 是一个金属络合物，极化度较高，它的偶极与有机溶剂 1,2-dichloroethane(DCE，$\mu=1.2D$)很像，此外，Rb 的结构无任何带极性的取代基，这与一般非极性的有机溶剂〔如甲苯(toluene)〕很像，偶极矩很小($\mu=0.37D$)。由于溶剂所导致的极化效应(Solvent-Induced Effect)，DCJTB 在甲苯中发光偏黄，在 DCE 中发光偏红。在一定组合下，DCJTB 可以得到红光且高效的结果。Rb 可以补充器件中的空穴，从而降低-导致器件不稳定的 Alq_3 阳离子的产生，使器件更稳定。

2006 年，Yao 等人研发星状的 DCM 红光衍生物 TDCM、TIN 和 MBIN[3]，如图 4.4 所示。将 DCM 改良成星状结构可以大幅提升材料的热稳定性能(T_g=193～223℃)。制作成器件后 MBIN 的效果最佳，在 10 V 驱动电压下，效率为 6.14 cd/A，色坐标 CIE 为(0.66，0.33)。

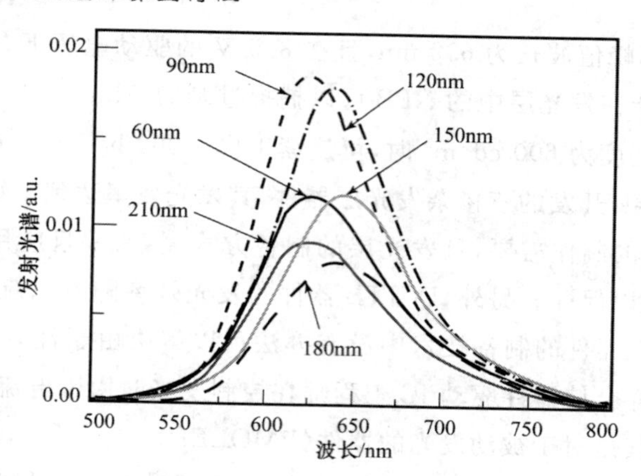

图 4.3 不同 NPB 厚度对器件发光光谱的影响

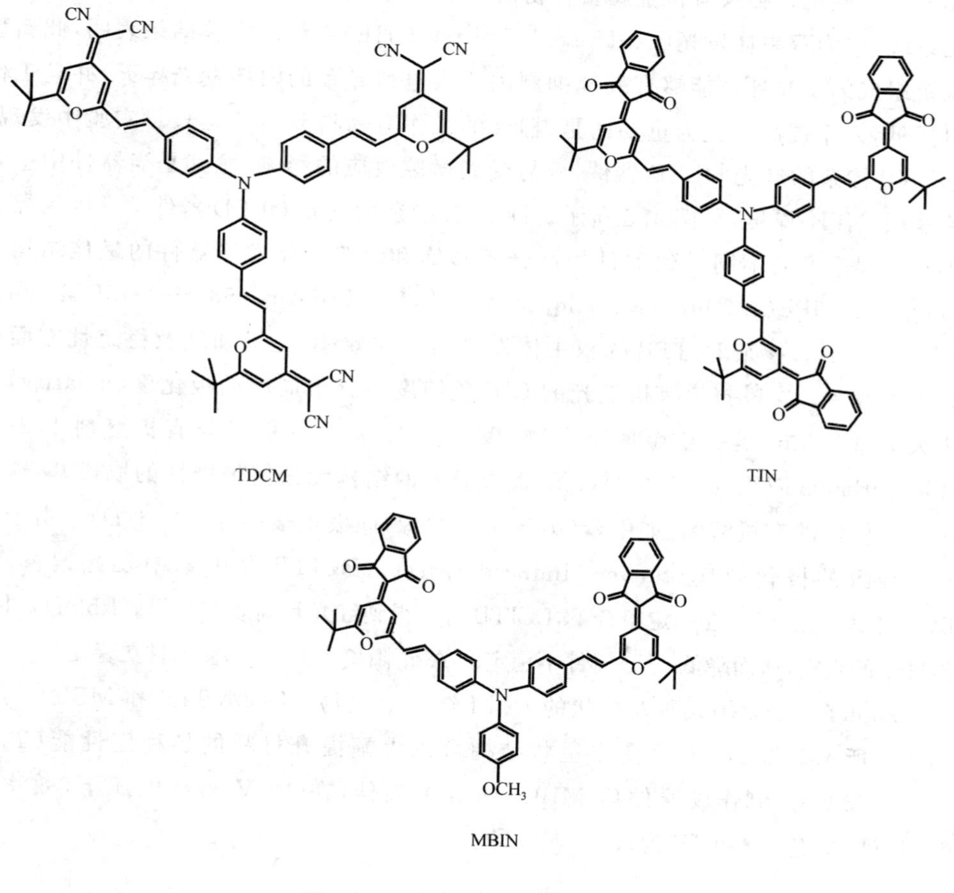

TDCM

TIN

MBIN

图 4.4 星状 DCM 红光衍生物

近年来基于磷光机制的红光电致发光材料也得到了较好的发展。最先用于OLED的磷光材料是PtOEP(2,3,7,8,12,13,17,18-octaethyl-21H,23H-porphine platinum(II)),即为红光材料,基于该材料的器件发射饱和红光,效率为10%[4]。但是,该器件的三线态-三线态(T-T)猝灭非常严重,导致电流效率下降很快。随后报道的红色磷光OLED材料是$Btp_2Ir(acac)$((bis(2-2′-benzo[4,5-a]thieny) pyridinato-N,C3′)iridium(acety-lacetonnate))。基于$Btp_2Ir(acac)$器件的效率得到很大提高,达到了7.5%,但是色纯度和寿命都不够理想[5]。2003年在*J. Am. Chem. Soc.*杂志上报道的$Ir(pig)_3$(Tris(1-phenyl-iso-quinolinato-C2,N)iridium(III))红色磷光材料使器件的效率达到10.3%[6],同时色纯度也达到(0.68,0.32)。2007年J. Huang等将辛烷取代的$Ir(pig)_3$掺杂到聚芴材料中,也得到很好的器件性能,色坐标为(0.67,0.32),外量子效率达到11%[7]。2006年德国的K. Leo小组在Appl. Phys. Lett.上报道的p-i-n结构的基于$Ir(pig)_3$的红光器件有更长的寿命,在初始亮度为500 cd/m^{2}的情况下,其寿命超过了10^6小时,效率也达到了12.4%[8]。2008年在Adv. Mater.上报道的$Ir(Bppa)_3$是另外一种有应用潜力的红色磷光发光材料[9],基于该材料的器件发光峰值位于625 nm,色坐标为(0.69,0.30),外量子效率达到8.3%。上述磷光材料结构如图4.5所示。

4.1.2 非掺杂型红光发光材料

为改善红光发光材料常见的掺杂导致的浓度猝灭,并避开柯达公司对掺杂发光体系的专利封锁,非掺杂型红光荧光材料和器件被相继开发出来,此类红光材料不需要发光客体材料,而是电子和空穴在发光材料上直接复合发光,这样可以简化器件的结构和制备过程,从而可以避免制备掺杂器件时所必需的精确浓度控制[10]。该设计理念最早是由日本NEC公司的Toguchi[11]提出,他合成了以perylene为发光主结构与styryl取代的苯胺为电荷转移区段的多环芳香族化合物(PPA)(PSA)Pe,如图4.6所示。器件结构为ITO/starburst amine/(PPA)(PSA)Pe(发光层)/quinoline metal complex/Mg:Ag,最大发光峰值波长为580 nm,这不是理想的红光波长,由于发光分子间会形成基激缔合物(excimer),导致在620 nm处有一肩峰,从而使器件的色坐标(0.64,0.35)仍然位于红光器件能够接受的范围内,器件的发光效率只有1 cd/A,不能够在显示器上使用。

另一种PAH型的非掺杂红光材料以arlamine取代benzo[a]-aceanthrylene(ACEN)为主体,如图4.6所示。此系列ACEN的玻璃化温度都大于100℃。然而此类材料的荧光效率非常差(5%～12%)，器件的发光效率都低于 1cd/A，色坐标为(0.64，0.35)，不足以在显示器上使用。

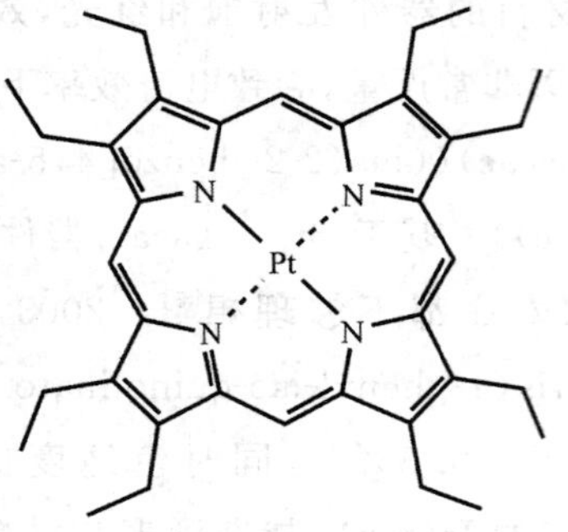

PtOEP 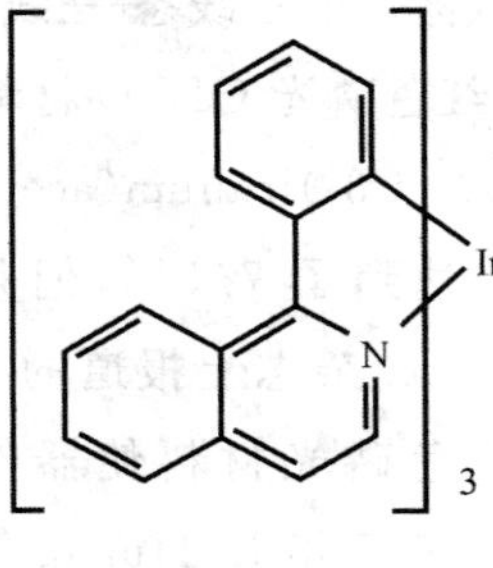　　$Ir(piq)_3$

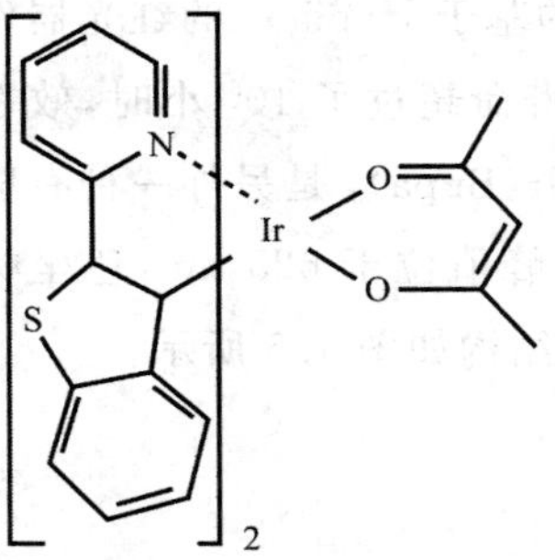

$(Btp)_2Ir(acac)$ 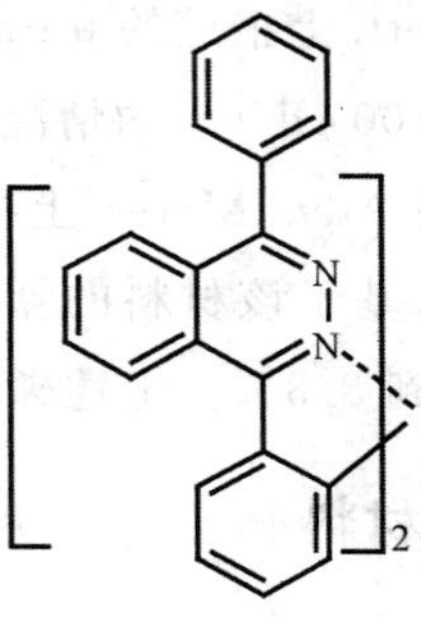　　$Ir(BPPa)_3$ 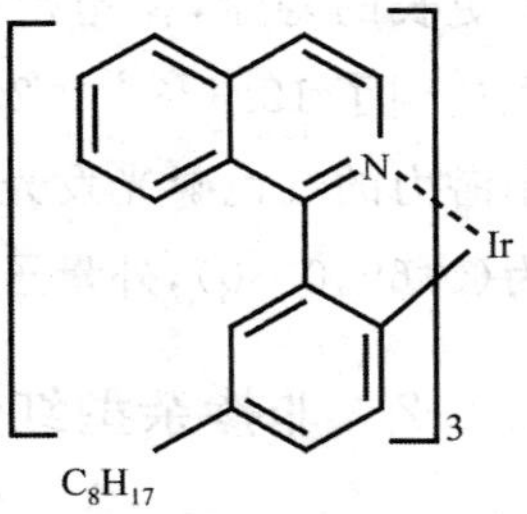　　$Ir(C_8piq)_3$

图 4.5　磷光发光材料的分子结构图

具有推拉电子基结构的发光材料也被成功作为非掺杂型红光材料，如图 4.7 所示。由于此类分子的极性较高，所以在固态时分子容易堆栈造成发光猝灭，但是 D-CN、BSN、NPADN 和 BZATA2 这类分子[12-15]具有一对相反的偶极矩(Antiparallel Dipoles)，可以减少分子间偶极-偶极相互作用所造成的堆栈现象。当用D-CN 制备器件时，其发光亮度在电流密度为 100 mA/cm^2 时达到 3 290 cd/m^2，最大外量子效率为 1%，器件的发光峰值波长为 598 nm，与理想红光有差距。日本 Sony 公司开发了非掺杂性的红光染料 BSN，其在固态薄膜下的发光波长为 630 nm，量子效率高达 80%，其具有非常好的热稳定性(T_g=115℃，T_m=271℃)，使得其在蒸镀过程中可形成非结晶性薄膜；用固态光离子化(photo-ionization)方法测得其

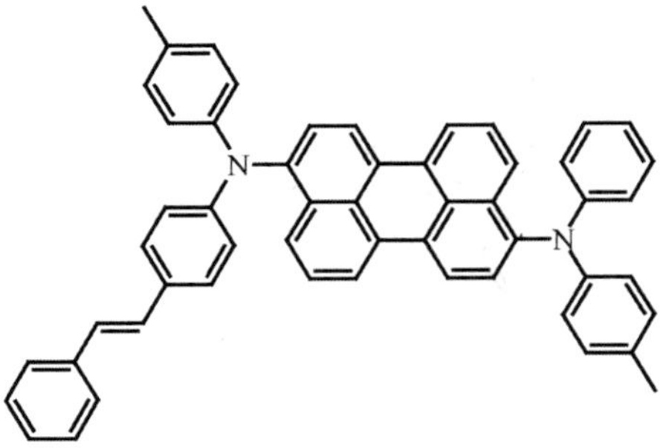

(PPA)(PSA)Pe

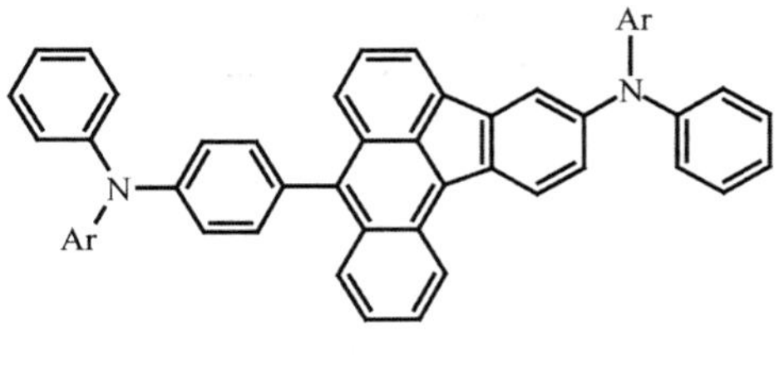

Ar=二萘嵌苯ACEN1
Ar=1-萘基 ACEN2

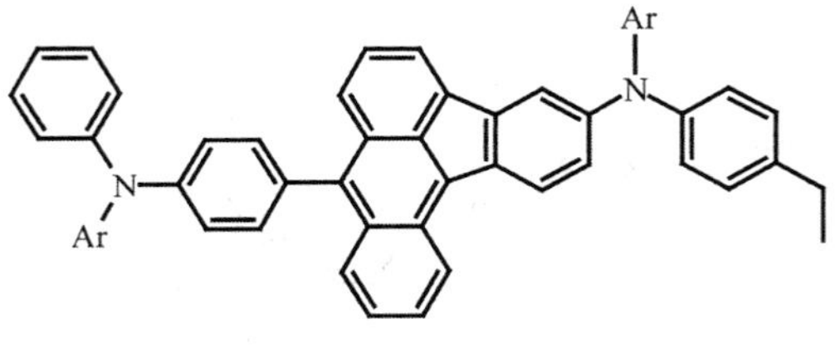

Ar=4-t-丁基苯基ACEN3
Ar=9-蒽基 ACEN4

图 4-6 多环芳香族非掺杂型红光荧光材料

HOMO 和 LUMO 能级分别为 2.93 eV 和 5.38 eV，这些特性使得电子和空穴能够更有效地在发光层中结合。因此，在 ITO/2-TNATA/NPB/BSN/Alq_3/Li_2O/Al 器件中，BSN 在 500 cd/m^2 的亮度下其发光效率可达到 2.8cd/A，其色坐标为(0.63,0.37)，虽然色纯度不是理想，但配合 Sony 开发出的顶发光微腔共振驱动电流结构，这类红光材料用在 13 英寸 LTPS 主动式全彩色上发光型 OLED 显示器中，进一步改善了红光的鲜艳度，使其达到饱和(0.66,0.34)。

NPAFN 的分子具有非平面的 arylamine 取代，可以避免固态下分子堆栈所造成的猝灭机制，所以 NPAFN 与其他的红光材料不同，在固态下反而比溶液中具有更高的效率。它的固态薄膜发光峰值波长为 616 nm，具有非常好的热稳定性(T_g=109℃，T_m=260℃)。用示差扫描热分析仪(DSC)作的多次升降温度实验发现，NPAFN 只在第一次升温过程中能得到熔点，在多次降温中未得到其结晶点(T_c)，这表明 NPAFN 具有非常好的薄膜稳定性。基于这种材料，制备结构为 ITO/NPAFN/BCP/TPBI/Mg:Ag 的器件，其最大发光效率为 2.5 cd/A，色坐标

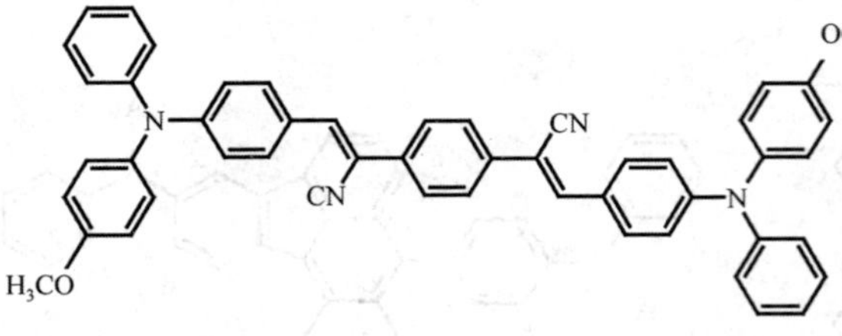

OCH$_3$ CN CN H$_3$CO

D-CN

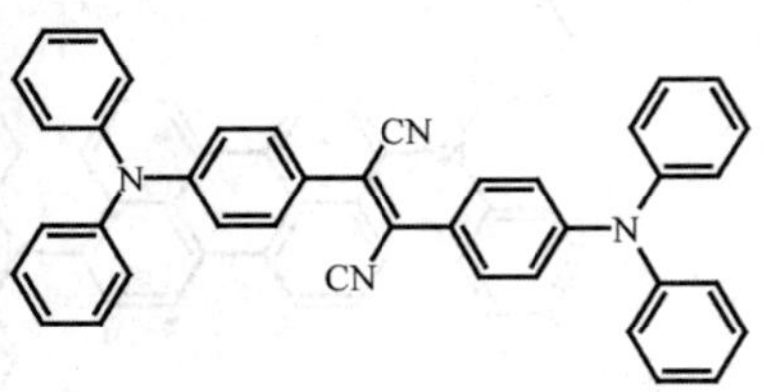

CN CN

NPAFN

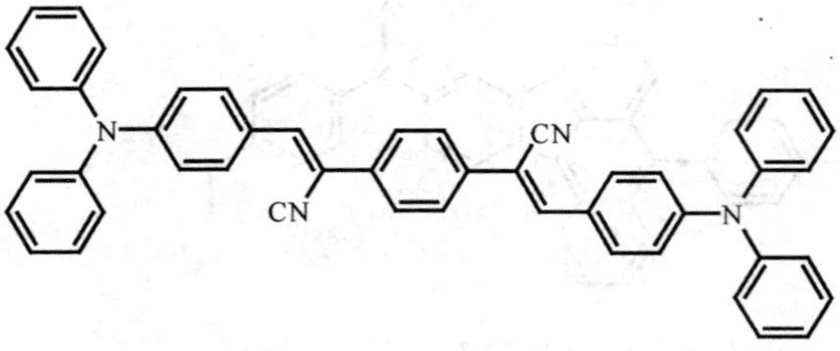

CN CN

BSN

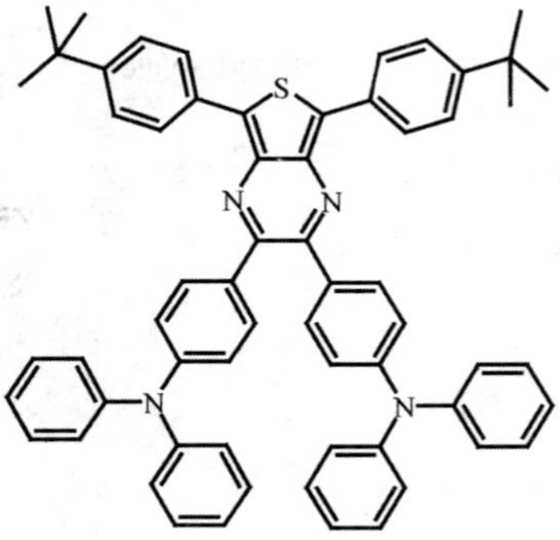

S N N

TPZ

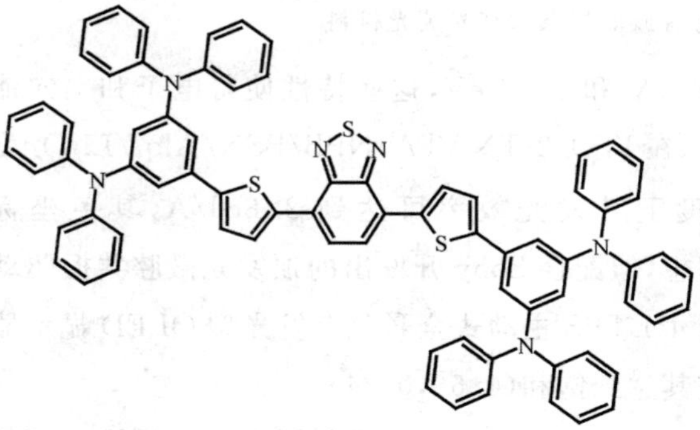

S N N S S

BZTA2

CH$_3$ O N O

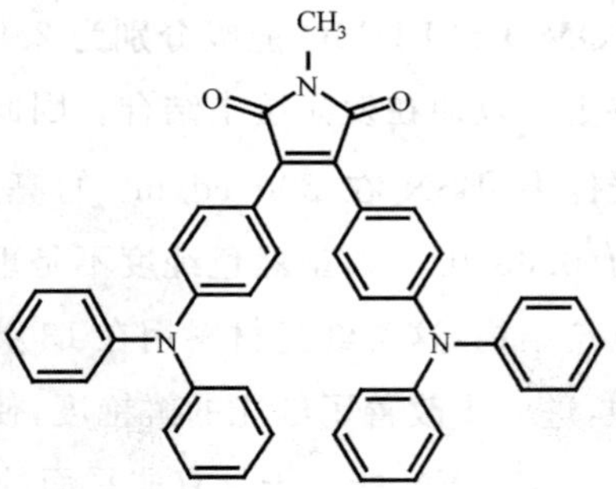

NPAMLMe

图 4.7　含 D-A 结构的非掺杂型红光荧光染料

为(0.64,0.36)。因此,NPAFN 不仅有较好的发光效率和色纯度,并且分子合成相比其他红光材料更为简单。

另外一种非掺杂型红光材料 BZTA2,是以 benzo[1,2,5]thiadiazol 为中心,周围以双 arylamine 取代，此种分子设计使得材料具有非常好的热稳定性（T_g = 117℃，T_m = 269℃）和薄膜稳定性。BZTA2 在溶液中发光波长为 632 nm，量子效率为 50%，在器件 ITO/ BZTA2/BCP/TPBI/Mg:Ag 中，其发光效率达到 2cd/A，色坐标为（0.63，0.35）。

此外，还有一类材料，也是属于具有推拉电子基团的红光非掺杂型材料，其 TPZ 和 NPAMLMe 电子内偶极矩的取向（Alignment）与上述分子有所不同[16-17]。TPZ 和 NPAMLMe 因具有非共平面的 arylamine 取代，皆可制成非结晶性薄膜。TPZ 在结构为 ITO/ TPZ/TPBI/Mg:Ag 的器件中，其发光效率为 0.34 cd/A，色坐标为（0.65，0.33）。NPAMLMe 在结构 ITO/ NPAMLMe/BCP/TPBI/Mg:Ag 的器件中，效率为 1.5cd/A，色坐标为（0.66，0.32），可见虽然这两种材料的色纯度较好，然而由于其器件效率低，而不能应用在显示器上。

4.1.3 多环芳香族碳氢化合物材料

在一般的红光器件中，发光效率通常随着电流密度的增加而明显下降，这使得该类材料不适用于被动发光的有机电致发光器件的制备。而多环芳香族碳氢化合物类红光材料，如 DPP[18] 和 PAAA[19]，可以抑制器件因工作电流增加而导致的发光效率下降。DPP 在器件结构为 ITO/ TPD/Alq_3：0.55%DPP/Alq_3/Mg:Ag 的器件中，其发光效率为 1.2cd/A，色坐标为（0.63，0.34）。但是 DPP 分子间由于堆栈而发生浓度猝灭，在制备器件时需要精确控制其掺杂浓度。PAAA 以 2%掺杂于 Alq_3 中，ITO/ NPB/Alq_3：2%PAAA/Alq_3/Mg:Ag，器件的发光效率为 0.6 cd/A，色坐标为（0.63，0.36）。2006 年，Jang 等人设计了不对称并五苯（pentacene）衍生物 asym-TPP 和 DMPDPP，其发光波长分别为 625 nm 和 650 nm。这两种材料与基质材料 Alq_3 之间可以发生良好的 FÖrster 能量传递，且固态薄膜的量子效率高达 20%。asym-TPP 和 DMPDPP 制成器件后，其色坐标分别为（0.60，0.38）和（0.67，0.32），十分接近 NTSC 的标准红光坐标（0.67，0.33），并且 DMPDPP 的器件外量子效率为 1%[20]。

2006 年，Sanyo 研发团队报道了一类多环芳香族碳氢化合物类的红光材料 DBP[21]，器件中使用了新型电子传输材料 9，10-bis[4-(6-methylbenzothiazol-2-yl) phenyl]anthrancene（DBZA）。实验中在 Rubrene 中掺杂 DBP 可以大幅降低器件的驱动电压，在 3.2V 电压驱动下，器件的效率达到 5.4 cd/A 和 5.3 lm/W，其色坐标和外量子效率分别达到（0.66，0.34）和 4.7%。

日本出光兴产公司在2006年的SID会议上表示，结合三井化学的荧光红色掺杂物和出光兴产的红色发光主体，可以得到发光效率为11cd/A，外部量子效率为8.4%，在亮度为1 000 nits时，其半衰期达到160 000 h的红光器件。从而为红光器件更好地产业化奠定了基础。图4.8所示为典型的多环芳香族碳氢化合物材料。

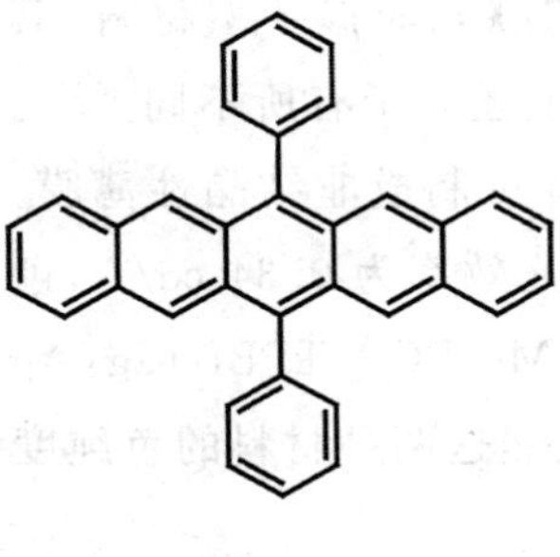

DPP 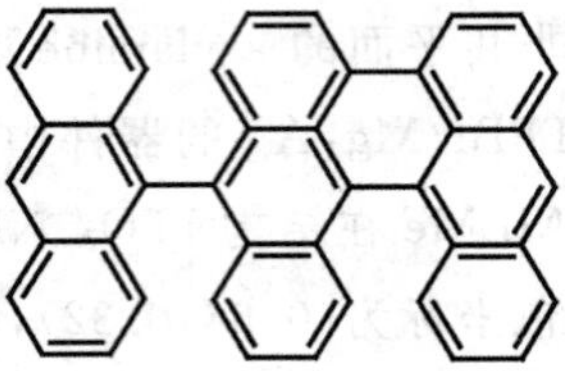　　PAAA 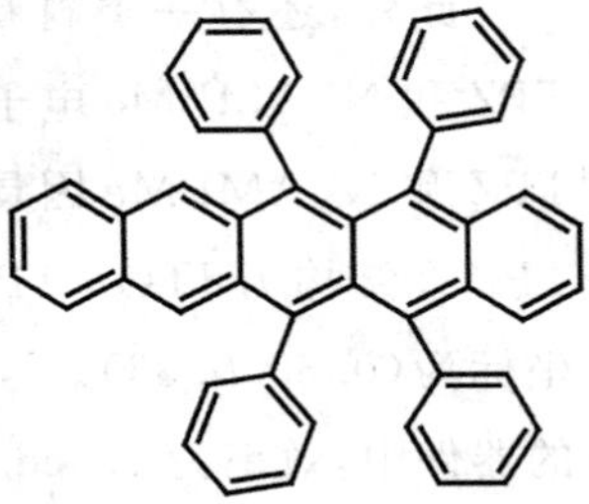　　asym-TPP

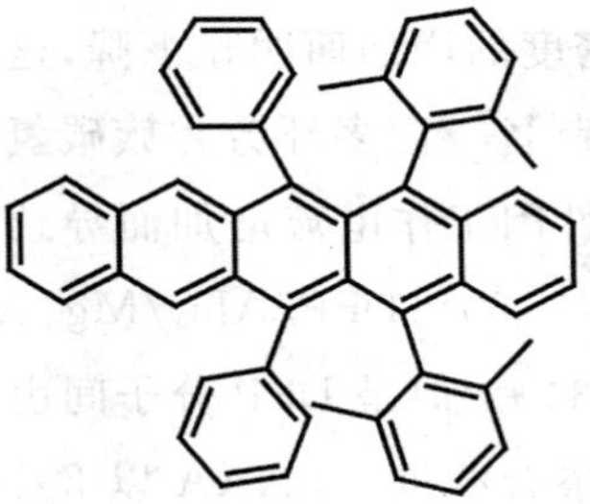

DMPDPP 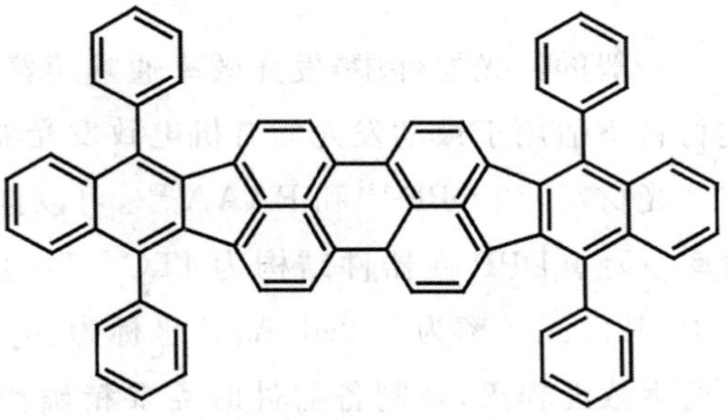　　DBP

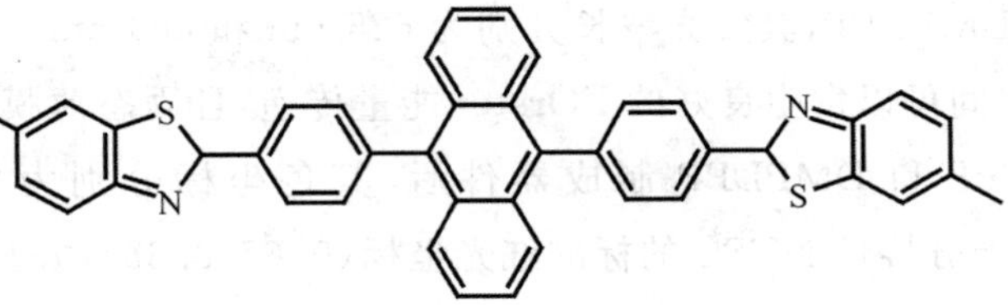

DBzA

图4.8　典型的多环芳香族碳氢化合物材料

4.1.4 绿光掺杂发光材料

绿光发光材料是最先实现商品化，性能最稳定，发光效率最佳的掺杂物。最佳的绿光掺杂材料即 C545T，它是一类高荧光性的香豆素激光染料。C545T 是由另一类常见的激光染料 Coumarin 6(C-6)演变而来的，如图 4.9 所示。

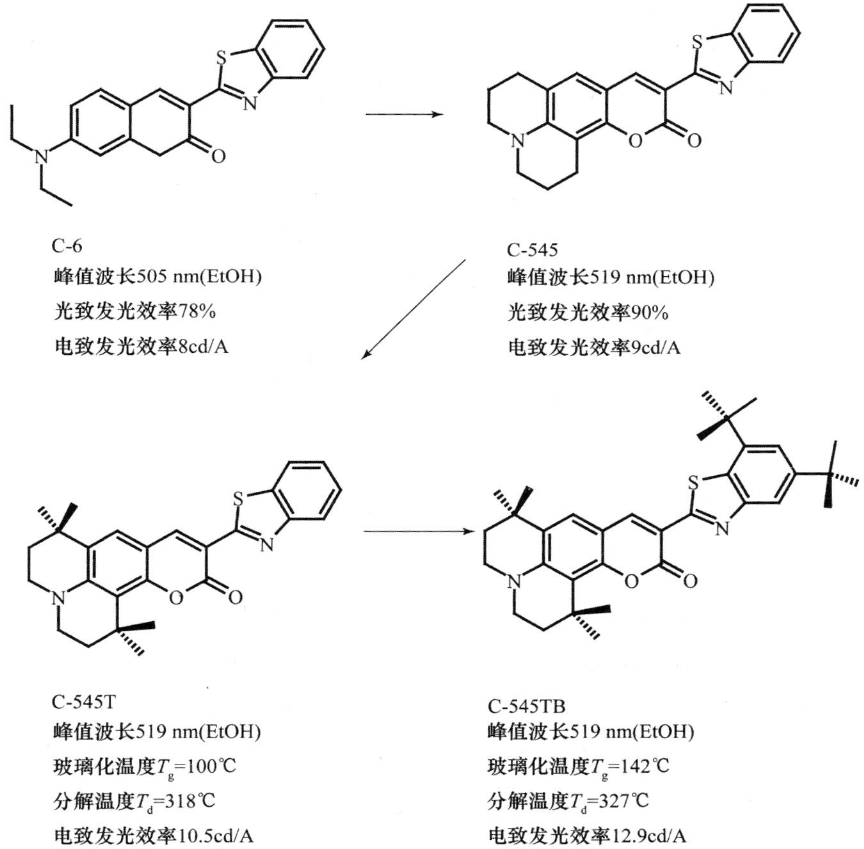

C-6
峰值波长505 nm(EtOH)
光致发光效率78%
电致发光效率8cd/A

C-545
峰值波长519 nm(EtOH)
光致发光效率90%
电致发光效率9cd/A

C-545T
峰值波长519 nm(EtOH)
玻璃化温度T_g=100℃
分解温度T_d=318℃
电致发光效率10.5cd/A

C-545TB
峰值波长519 nm(EtOH)
玻璃化温度T_g=142℃
分解温度T_d=327℃
电致发光效率12.9cd/A

图 4.9 高性能荧光性香豆素衍生物的演变过程

位于 7 号碳位置的 julolidine 推电子基与 N 原子的 p 轨道有共面特性，并且与苯环上的 π 轨道重叠，使整体结构的共轭性提高，这使得 C545T 的荧光量子效率超过 90%。量子效率的提升是由于分子间的相对运动减少，非辐射跃迁的概率降至最低。从热力学的观点来看，C-N 键的能量较弱，因此 julolidine 系统除了提升分子的共轭度，还可以改善它的热稳定性。在 C545T 中 4 个取代的甲基可以降低材料在高浓度下分子间的相互作用。

上述绿光材料都是以 Alq_3 为主体材料掺杂发光，近年来许多蓝光主体材料也被应用到绿光器件中。2006 年 Sanyo 研发团队开发了高效率的绿光器件，其外量子效率达到近 10%。其采用 TPBA 作为主发光材料，由于 TPBA 的发光谱与 C545T 的吸收谱完全重叠，由此可以推测两者之间的能量传递效率也较高。器件中同时还使用了新型电子传输材料 DBzA，在 20 mA/cm^2 的电流密度下，其效率高达 29.8 cd/A 和 26.2 lm/W，色坐标为(0.24，0.62)，在初始亮度为 23 900 cd/m^2 下，器件寿命达到 71 h。图 4.10 为 TPBA 的分子结构图[22]。

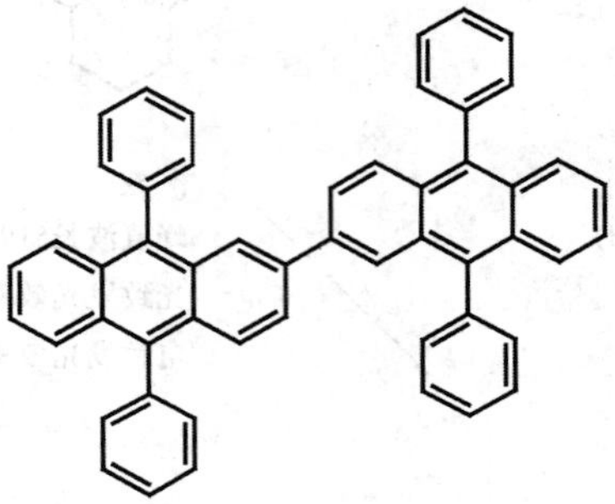

TPBA

图 4.10 TPBA 的分子结构图

喹吖啶酮(QuinAcridone，QA)及其衍生物是一类绿光掺杂物，如图 4.11 所示。其在固态时看不到发光，而当其分散到 Alq_3 主体发光材料中时，荧光效率却很高，发出波长为 540 nm 的绿光。QA 材料为先锋公司开发，当掺杂浓度为 0.47%时，在 1 mA/cm^2 的电流密度下其发光亮度达到 68 000 cd/m^2。但分子间容易由氢键形成激基缔合物(Excimer)，或是由 Alq_3 激发形成激基复合物(Exciplex)而造成非发光的消光机制。因此，Wakimoto 等人在 QA 中亚胺基旁边接上异丙基(Isopropyl)取代 QD5，用立体阻隔效应来防止氢键的产生。器件的半衰期表明其比 QA 做成的器件更稳定。

柯达公司发明了一新的绿光材料 N，N-dimethylquinacridon(DMQA)[23]，利用甲基取代 QA 分子中的亚胺基上的氢，使得 DMQA 分子间不会因氢键生成激基复合物或基激缔合物，从而增强了 DMQA 器件的稳定性。当 DMQA 以 0.8%的浓度掺杂在 Alq_3 中，器件最大发光效率为 7.3 cd/A。在电流密度为 20 mA/cm^2、初

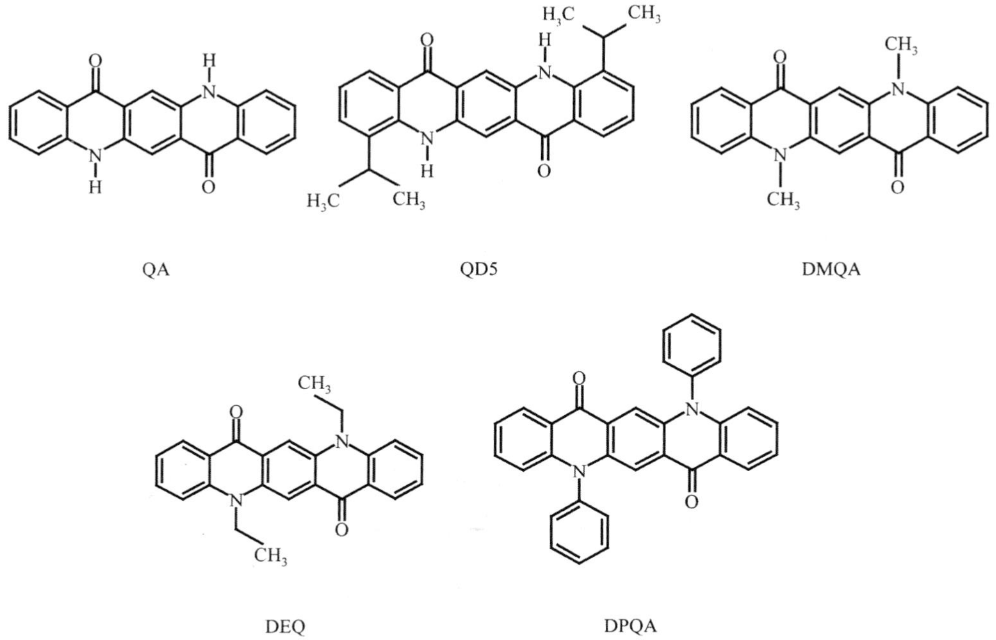

QA　　QD5　　DMQA

DEQ　　DPQA

图 4.11 QA 类绿光掺杂材料分子结构

始发光亮度为 1 400 cd/m^2 下，器件的发光寿命达到 7 500 h。

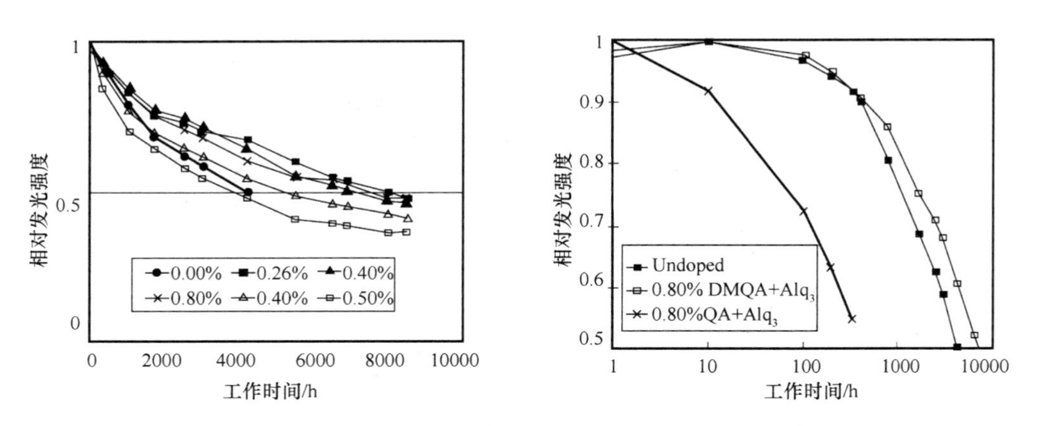

图 4.12 不同 DMQA 浓度下的寿命及其与 QA 器件的发光寿命对比

日本三菱化学发表了 PAH 类的绿光应该掺杂物 5,12-diphenyl-tetracene (DPT)，其最大发光波长为 540 nm。以此材料作为绿光掺杂物，制备结构为 TIO/CuPc/NPB/Alq_3:1.6%DPT/Mg:Ag 的器件，在发光亮度为 100 cd/m^2 时，器件的发光效率约 2.5 lm/W，色坐标为(0.30，0.64)。当其掺杂浓度高于 2%时，器件效率开始下降。此外，其他各种绿光应该掺杂物被进一步合成出来，如图 4.13 所示。

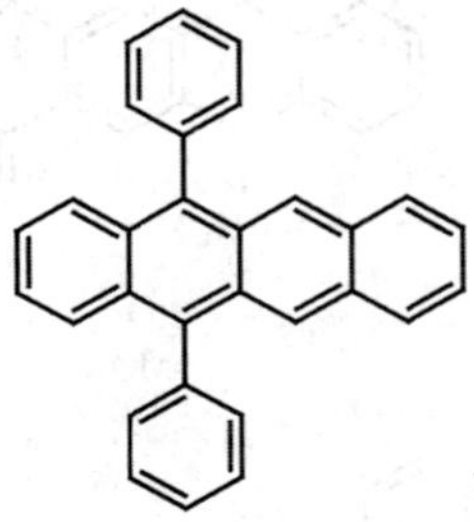

DPT 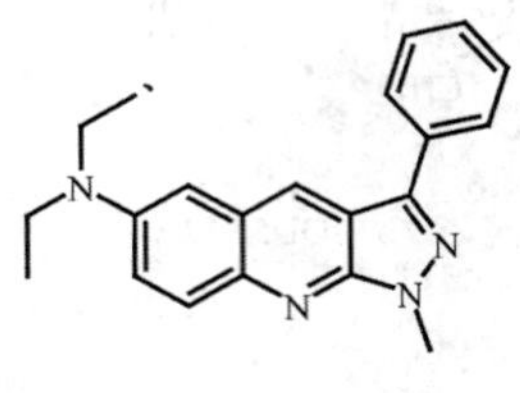　　PAQ-NEt_2 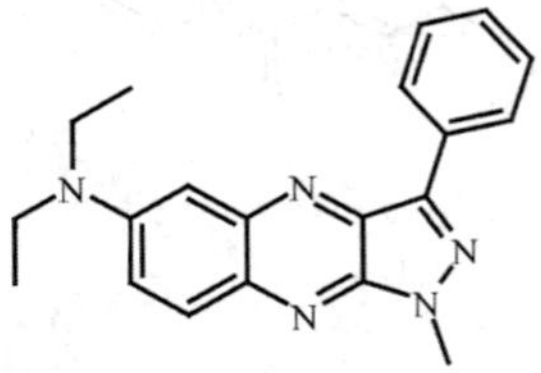　　PQ_2

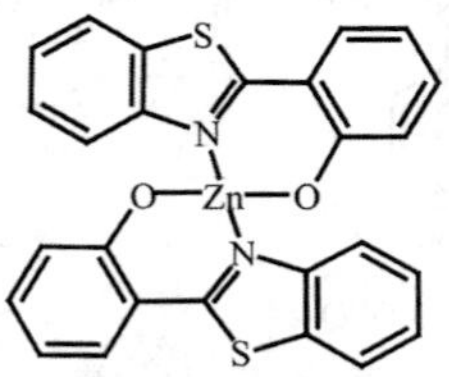

$Zn(BTZ)_2$ 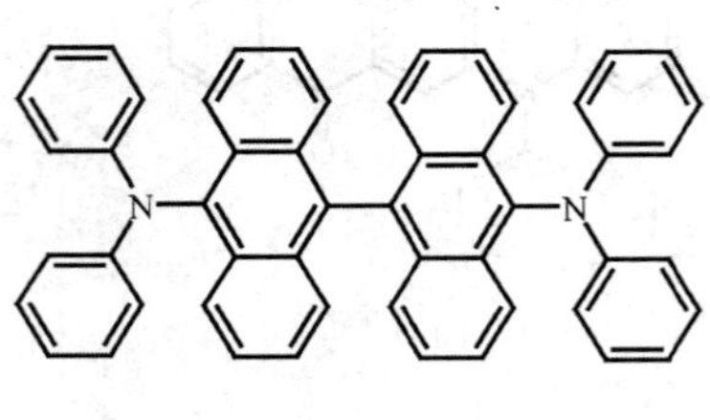　　BATAD

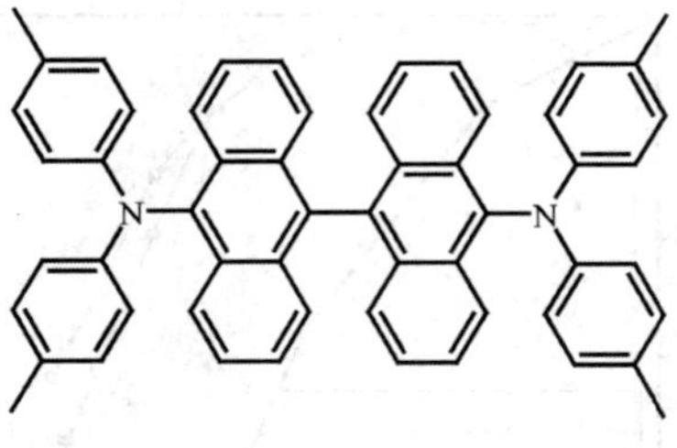

BATTB 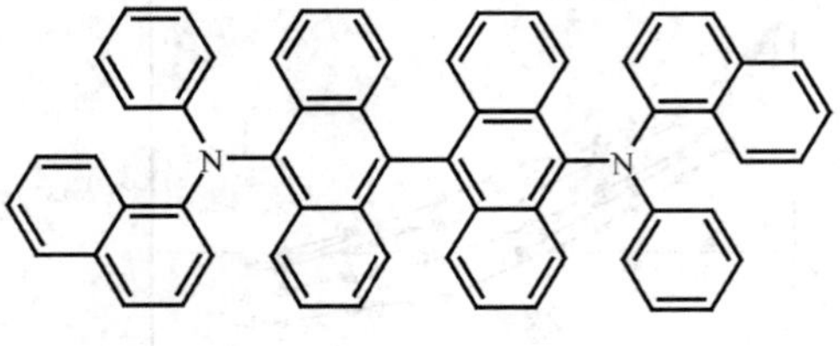　　BANPB

图 4.13　新型绿光荧光掺杂材料的分子结构

另一类绿光荧光掺杂材料即为磷光发光材料。$Ir(ppy)_3$ 是最早发现的绿光磷光材料之一，掺杂于 CBP 主体发光材料中，最大外量子效率达到 8%(28 cd/A)，功率效率为 31 lm/W，在驱动电压为 4.3 V，亮度为 100 cd/m^2 时外量子效率可以达到 7.5%(26 cd/A)，功率效率为 19 lm/W。$Ir(ppy)_3$ 的发光峰值在 510 nm，色坐

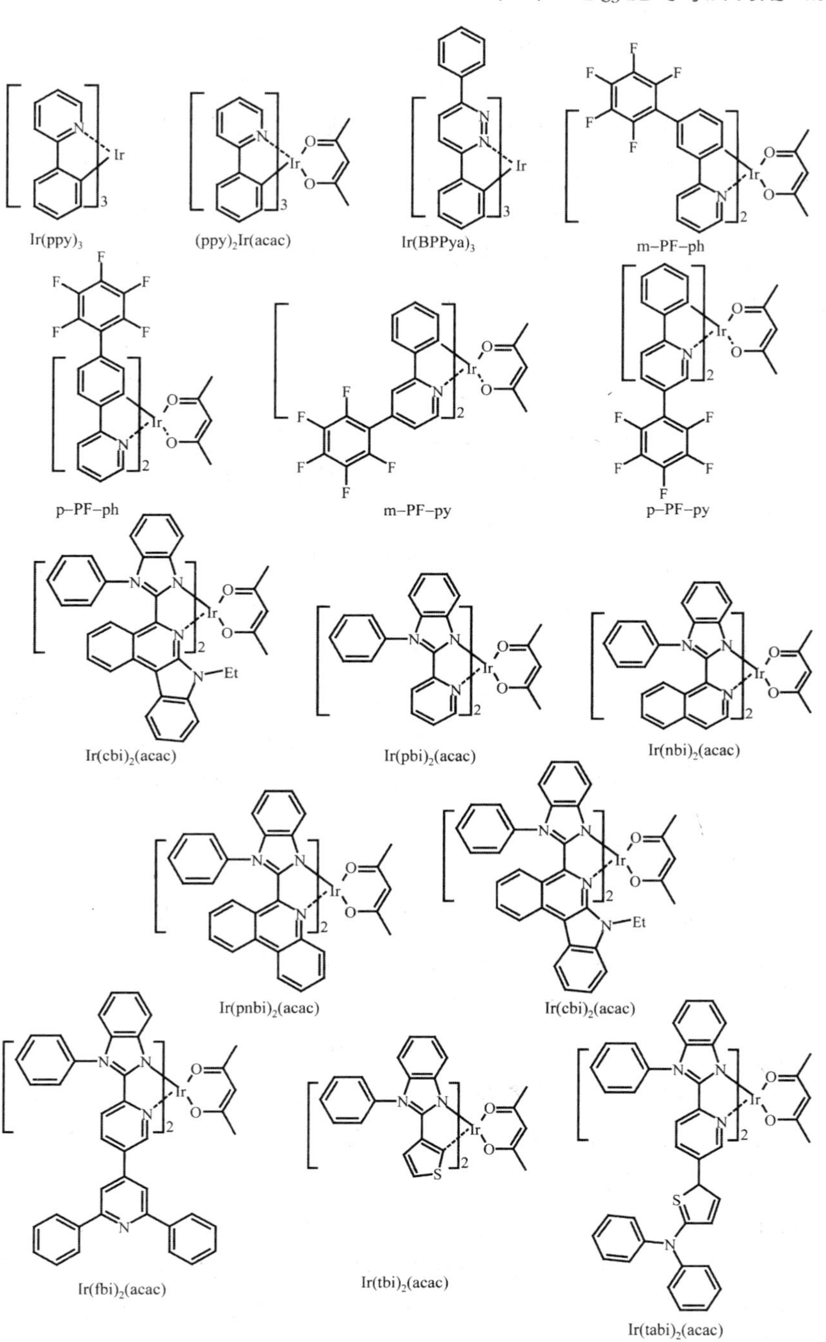

图 4.14 常用磷光掺杂材料的分子结构

标为(0.27,0.63)。Watanabe 等人进一步将材料纯化,并优化器件结构。当掺杂浓度为 8.7%时,在亮度为 100 cd/m^2 时,器件的外量子效率可以达到 14.9%,发光功率为 43.4 lm/W,量子效率和功率效率都提升了两倍左右。要得到高效率的磷光器件,其关键是将三重态激子局限在发光层中,Lkai 等人为改善主体材料 CBP 的空穴传输效果,采用星状空穴传输材料 TCTA 作为主发光体,星状 $C_{60}F_{42}$ 作为空穴传输与激子阻挡层,得到的 $Ir(ppy)_3$ 器件在 3.52 V 的驱动电压下,其外量子效率可以达到 19.2%,该器件即使在 10~20 mA/cm^2 的高电流密度下,外量子效率仍可以达到 15%。2007 年日本的 J. Kido 研究组使用多层发光结构,使基于 $Ir(ppy)_3$ 的器件外量子效率提高到 27%(95 cd/A),这是目前基于该材料效率最高的器件,但是器件的结构非常复杂[24]。2008 年,在 *Angew. Chem. Int. ed.* 上报道的基于 $Ir(ppy)_3$ 和新型主体材料的器件也获得较高的发光效率 20.2%(77.9 cd/A)。其他的绿光发光材料如$(ppy)_2Ir(acac)$(bis(2-phenylpyridine) iridium (acetylacetonate))也表现出很好的性能,效率达到 19%(65 cd/A)。2008 年,Adv. Mater. 报道了一通过引入新型 C^N=N 配体结构,获得磷光发射强,热稳定性好的绿光磷光材料 $Ir(Bppya)_3$。基于该材料的磷光器件,对比器件中有无空穴/激子阻挡层,器件的最大效率可以从 20 cd/A 增加到 52 cd/A。该器件还具有一个重要特点,即由于发光材料与主体材料能级的良好匹配,器件的电流效率非常稳定,效率随器件电流效率增加所导致的效率滑落(Roll Off)非常少。

4.1.5 蓝光主体材料

目前已经合成了许多稳定的蓝光发光主体材料,但并不是所有主体发光分子结构的详细信息都被揭露于公开的文献中,绝大多数的材料分子仍然是相关公司的商业机密,而研发团队也倾向于封锁相关信息。有的研发团队倾向于公布他们最好的器件性能,而故意不展示材料的正确分子式及技术,或仅仅提出结构批号;有的团队仅仅展示结构通式及最好的 EL 性能,而不愿意谈化学结构与器件性能之间的关系。更有甚者提供误导性的信息或错误的分子结构,这是非常不利于 OLED 的发展和完善的。

蒽(anthracene)可以说是有机电致发光中的始祖材料。1963 年,Pope 等人就通过在蒽单晶上加 400 V 电压而观察到发光现象。柯达公司研究团队发表了以 9,10-di(2-naphthyl)anthracene(AND)为主体的衍生物,AND 在溶液及固态下均有较高的应该效率,目前被广泛使用。2002 年,石建民和邓青云博士首度将 AND 发表在期刊上,文章中报道的器件结构为 ITO(35 nm)/CuPc(25 nm)/NPB(50 nm)/AND:TBP

(30 nm)/Alq_3(40 nm)/Mg:Ag(200 nm),可得到稳定蓝光发光。但是 AND 长时间在电场下工作或退火时,材料容易结晶,发光颜色也有变化。柯达研究团队曾在欧洲专利中提出含 tert-butyl 取代基的衍生物 TBADN 来改善这些问题。陈金鑫研究团队提出,稳定 AND 薄膜形态的最好办法是在 anthracenen 的 C-2 位置导入甲基,生成 MADN。计算机仿真可以发现,由于空间群中的 AND 对称性和分子堆栈被甲基破坏,使分子间距增加。研究还发现 MADN 和 TBADN 比 AND 有更好的荧光量子效率。另外,Kim 等人开发出以 anthracene 为主结构、在 9,10 号位置上以 1,2-diphenylstyryl 和 triphenylsilylphenyl 为取代基的两种材料 BDSA 和 BTSA。经仿真计算发现,这两种结构的立体空间上为非平面结构,从而可以抑制材料分子之间的堆栈,提高器件的效率和色纯度。在 6.6V 的驱动电压下,BDSA 器件的效率达到 3.0 cd/A 和 1.43 lm/W,色坐标为(0.14,0.10);BTSA在 6.7 V 的驱动电压下,器件的效率达到 1.3 cd/A 和 0.61 lm/W,色坐标为(0.14,0.09)。

在蓝光有机电致发光材料领域,日本的出光兴产公司所开发的蓝光系列材料是目前公认的最好的蓝光材料之一,在器件的稳定性,光色纯度和发光效率等方面均有突出表现。最主要的材料是以 DiStyrylArylene(DSA)系列的相关衍生物为主。在蓝光 OLED 材料中,分子结构设计通常必须明确地考虑能级匹配,针对全彩色 OLED 显示器的需求,将蓝光目标设定值 CIE 色坐标($x=0.15$,$y<0.15$),且发光效率在 5 cd/A 及以上。通过文献对比,不难发现有些相似色度坐标及效率的蓝光材料,其器件的工作寿命不长或未经过严密的验证。在商业界,使用在 OLED 中最好的蓝光材料是由日本出光兴产公司推出的 DSA 主发光体结构,它的基本结构式是 $Ar_2C=CH\text{-}(Ar')\text{-}CH=Car_2$。1995 年,Hosokawa 等人首度揭露了以 DSA 为主体结构的主发光体,DPVBi 及掺杂物 BCZVBi,主发光体材料 DPVBi 系非平面的分子结构,具有良好的薄膜稳定性,它的 LUMO/HOMO 能级分别为 2.8 eV 和 5.9 eV,且具有与 AND 相似的能隙(3.1 eV)当把能级匹配的 BCzVBi 掺入主发光体以后,能够发生充分的能量传递。在器件结构为 ITO/CuPc(20 nm)/TPD(60 nm)/DPVBi:DSA-amine(40 nm)/Alq_3/ Mg:Ag 的器件,在电流密度为 8.28 mA/cm^2 时效率达到 1.5 lm/W,外部量子效率为 2.4%。在电压为 14 V 时,达到最大亮度 10 000 cd/m^2。然而新竹交通大学陈金鑫研究组通过研究后发现,DPVBi 在甲苯中的相对量子效率仅为 38%,这样低的效率必然大大降低系统中的 FÖrster 能量传递效率,这使得公开的 DPVBi 分子结构不能成为优越的蓝色主发光材料。直到 2004 年的 SID 会议中,eMagin 公司才在报告中揭露了 DPVPA 的结构,以二苯基取代 DPVBi 分子结构中的 biphenyl 核心,由此给大家提供了一个合理的线索。针对 DPVPA 与 DPVBi 在蓝色主体发光材料中的潜力比较,发现

DPVPA 在甲苯中的荧光发光峰值为 448 nm，且量子效率比 DPVBi 高约 2.6 倍，这是因为延伸结构中的共轭链长使得荧光波长约向绿光方向移动了 20 nm。

传统上最具代表性的蓝光发光体结构是多环芳香族化合物，但是具有高荧光效率且发光位置在深蓝发光区域的 TPP 很少报道，原因是此化合物具有高对称性，蒸发镀膜时容易堆栈，降低发光效率。富士通研究所 2003 年提出以 TPP 及衍生物作为掺杂材料掺杂在 CBP 中，发光效率为 1.87 cd/A，色坐标为(0.17，0.09)。此外很多研究机构都开发了自己的系列蓝光材料。以上所述的蓝光材料的分子式如图 4.15 所示。

4.1.6 蓝光掺杂材料

要实现稳定的高效率的蓝光器件，除了选用合适的主体材料外，一个基本的方法就是选用高荧光效率的蓝光掺杂材料以得到合适的蓝光发射。高效率的蓝光客体材料发光光谱中往往包含一些绿光的成分，因此肉眼看起来显天蓝色。虽然它们发出的光不是饱和的蓝光，但是因为可以与黄光或橘黄光配合发出白光，在材料研究中也格外重要。从结构上来看 Tera(T-Butyl)Perylene(TBP)是最稳定的蓝光客体材料之一，其不包含任何对化学、热和光敏感的官能团，因此 TBP 是第一种被柯达用来作为蓝光客体材料的化合物。但是 TBP 的平面结构使得它的斯托克斯位移较小，从而产生浓度猝灭。当把 TBP 以 0.5%的浓度掺杂在 MADN 中可以得到良好的器件性能，在 20 mA/cm^2 器件的发光效率达到 3.4 cd/A，色坐标为(0.13，0.20)，器件在起始亮度 680 cd/m^2 时，器件的寿命到达 5 000 h。佳能公司报道了另一天蓝色掺杂物 IDE-102，这类材料容易利用分子设计来改变末端的 di(aryl)aminostyryl基团或分子中心的芳香环。新竹交通大学的陈金鑫研究组开发了一结构简单的掺杂物 bis(diphenyl)aminostyryl benzene，其最大吸收波长为 410 nm，发光峰值波长在 458 nm，LUMO/HOMO 能级分别为 2.7 eV/5.4 eV。Lin 等人进一步改进 DSA-ph 的结构，开发出新的材料 BUBD-1，其蓝色比 DSA-ph 更蓝，掺杂在 MASN 中，在 6.7 V 电压下，器件的效率达到 13.2 cd/A 和 6.11 lm/W，色坐标为(0.16，0.30)，在起始亮度 2 640 cd/m^2，器件的寿命为 1 815 h。

在全彩色发光中，深蓝色器件或深蓝色发光材料更受到青睐，这是因为在制备显示器时深蓝光器件可以降低显示器的功率损耗，并可以通过色转换技术实现全彩色发光。从化学结构角度看，由 DSA-Ph 材料来改良得到更深蓝的掺杂物较为容易。此外 DSA-Ph 衍生物在 MADN 主发光体中有较好的效率。从分子结构上看，最直接的办法就是缩短发光基团的共轭长度，同时改变氮上的取代基 R_1 和 R_2，来调整发光的颜色，得到一系列蓝光材料 BD-1、BD-2 和 BD-3。BD-1、BD-2 和

BD-3 的发光峰值在 430～450 nm 之间，将其掺杂在 MADN 中，得到较好的发光性能。以上蓝色发光材料的分子式如图 4.16 所示。

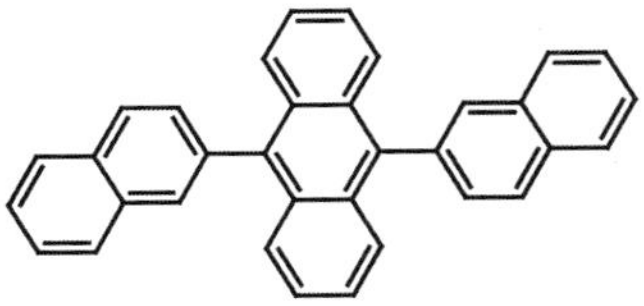

ADN 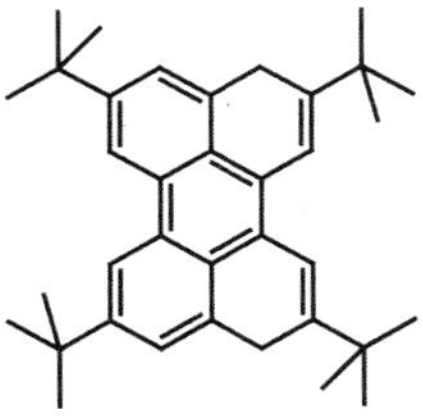　　TBP 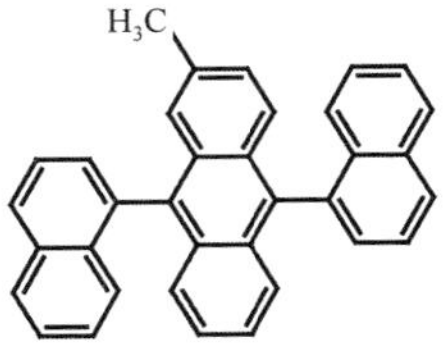　　α,α-MADN

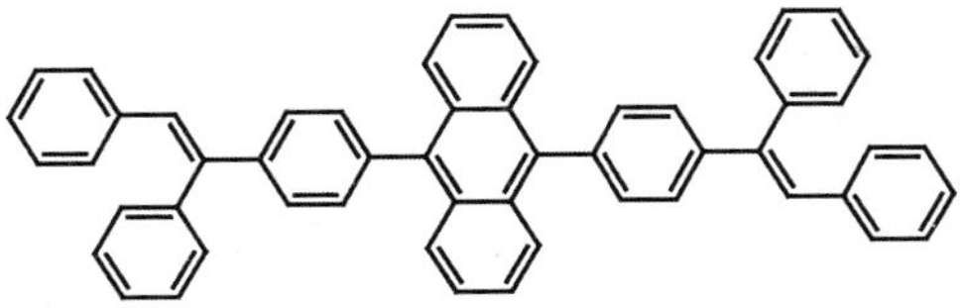

BDSA

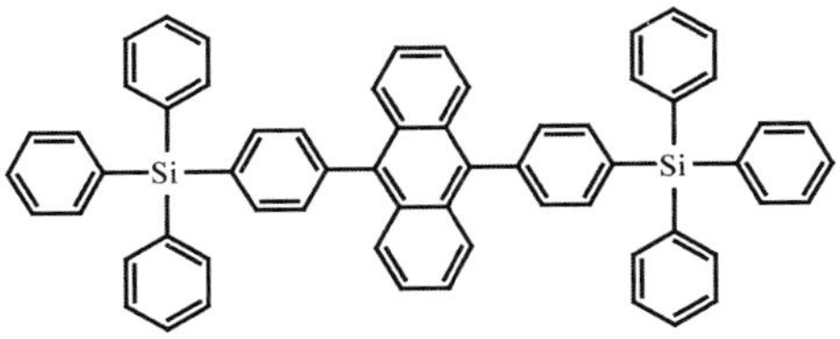

BTSA 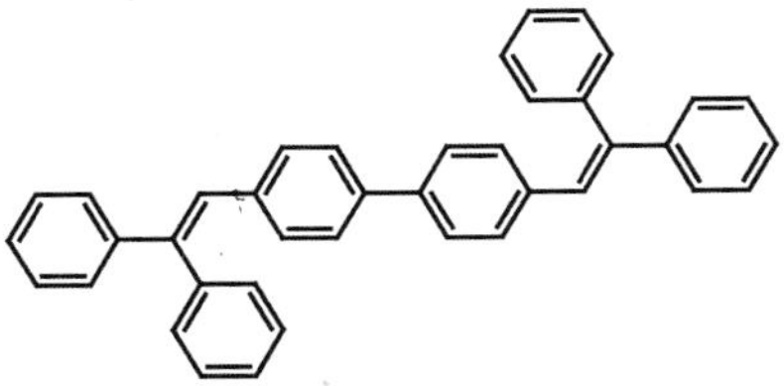　　DPVBi

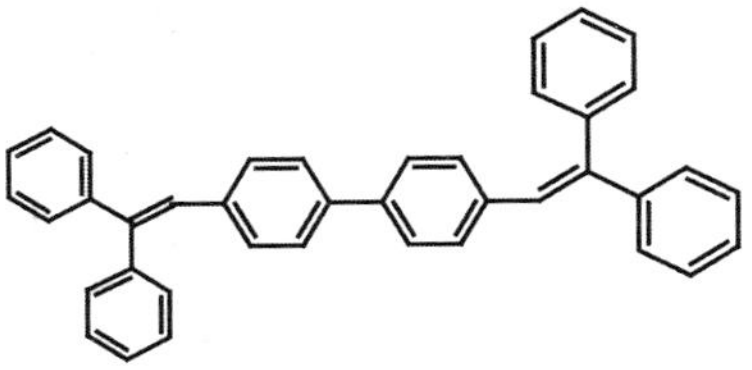

DPVPA 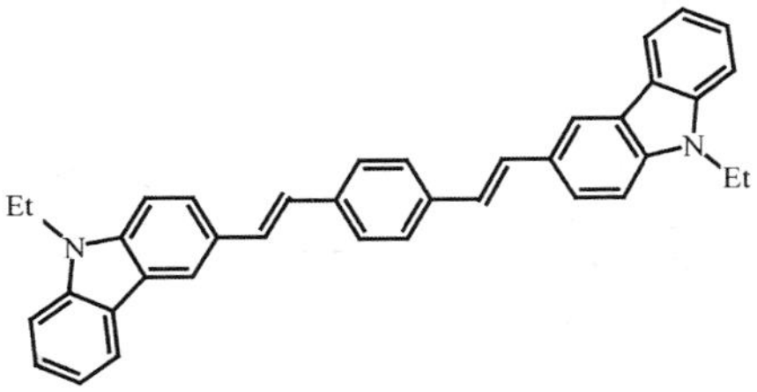　　BCzVB

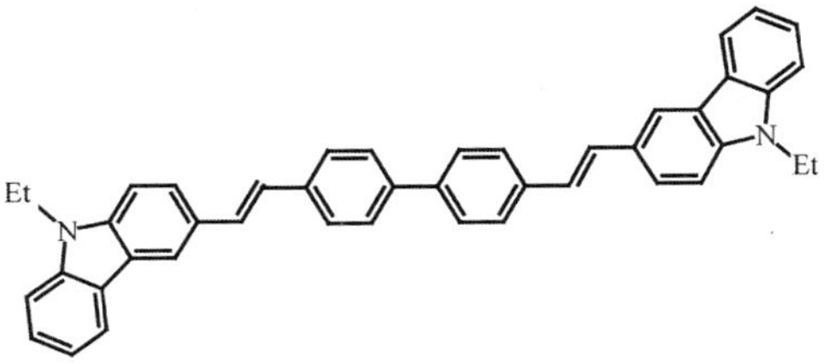

BCzVBi

TBPSF

Me Me

DPYFL01

α -TMADN

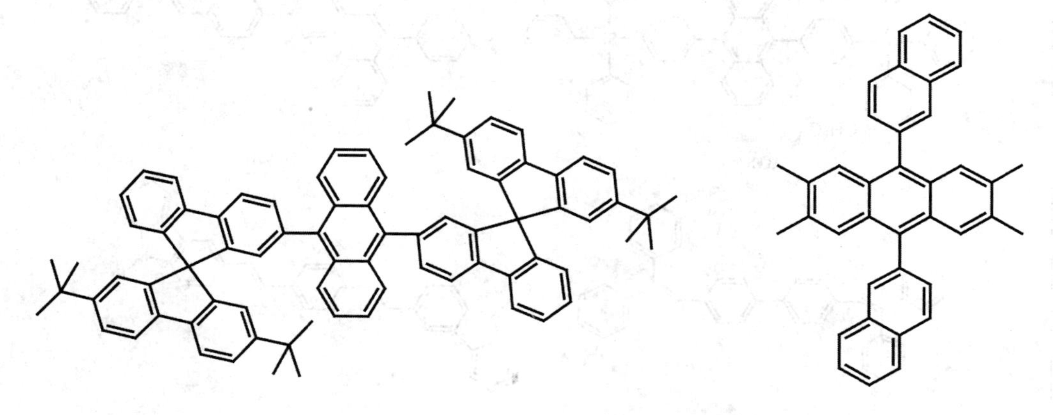

TBSA

β -TMADN

图 4.15　常用蓝光主体材料的分子结构

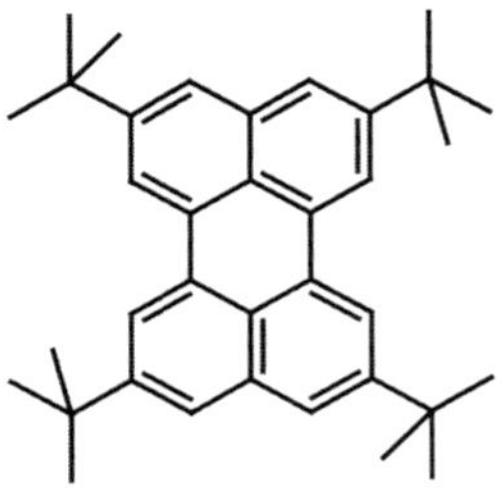

TBP

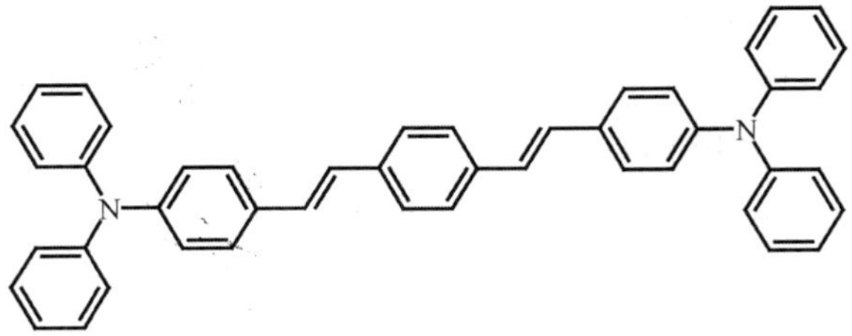

DSA-Ph

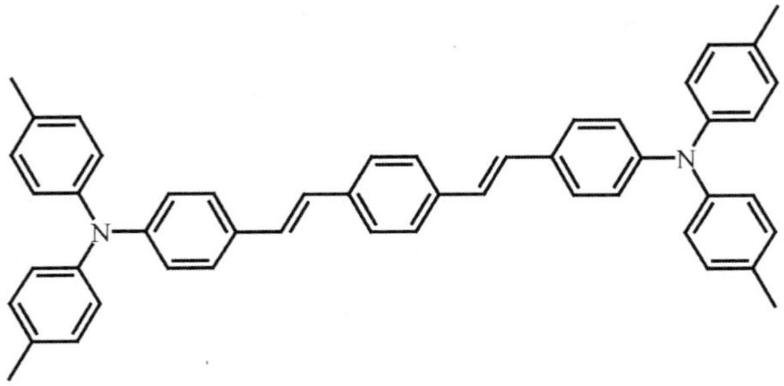

IDE–102

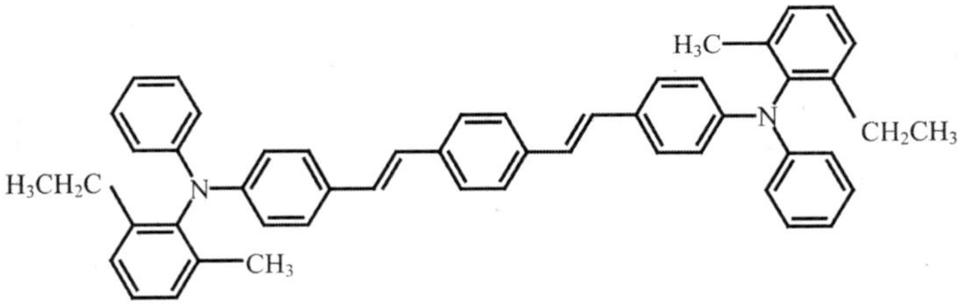

BUBD-1

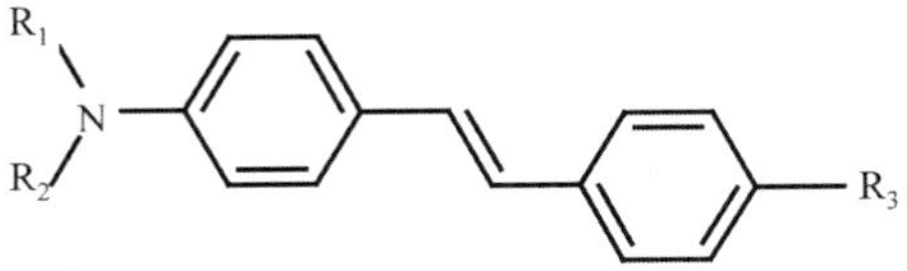

BD-1 (R_1=R_2=Ph,R_3=*p*–biphenyl)
BD-2 (R_1=Ph, R_2=2–napthyl,R_3=*p*–biphenyl)
BD-3 (R_1=R_2=*m*–tolyl,R_3=*p*–biphenyl)

图 4.16 常用蓝光掺杂材料的分子结构

除了上述荧光材料外，基于磷光的蓝色 EL 材料也有报道，比较有代表性的材料包括 iridium(III) bis(4,6-diflorophenyl-pyridinato)- N,C′-picolinate(FIrpic)、iridium(III) bis(4,6-dfluorophenylpyridinato)- 4-(pyridine-2-yl)- 1,2,3- triazolate (FIrpytz)、dfppyH：2-(2,4-difluorophenyl) pyridine，fppzH：5-(2-pyridyl)-3- trifluoro- methylpyrazole(Ir(dfppy)$(fppz)_2$)等。这类器件具有较高的发光效率，并且效率随电流密度增加下降很快，难于实用化。最新研究结果表明，使用带有强吸电子基态的同环金属配体(Homoleptic Ligands)形成的配合物，具有深蓝色磷光发射的潜力。2009 年，在 *Inorg. Chem.* 上报道基于同环金属配体的蓝光发射材料 iridium(III) tris(2′,6′-difluoro-2,4′-bipyridine)(Ir$(dfpypy)_3$)是目前光谱最饱和的蓝光材料，其色坐标为(0.14，0.12)，远远优于 FirPic 的蓝色发光(色坐标为(0.18，0.34))；其发光峰值在 438 nm，光致发光的量子效率为 71%[25]。另外，同环金属配体配合物 FCNIr 也是具有深蓝色光发射的磷光材料，基于该材料的电致发光器件的外量子效率达到 9.2%，色坐标为(0.15，0.16)。上述磷光材料的结果如图 4.17 所示。

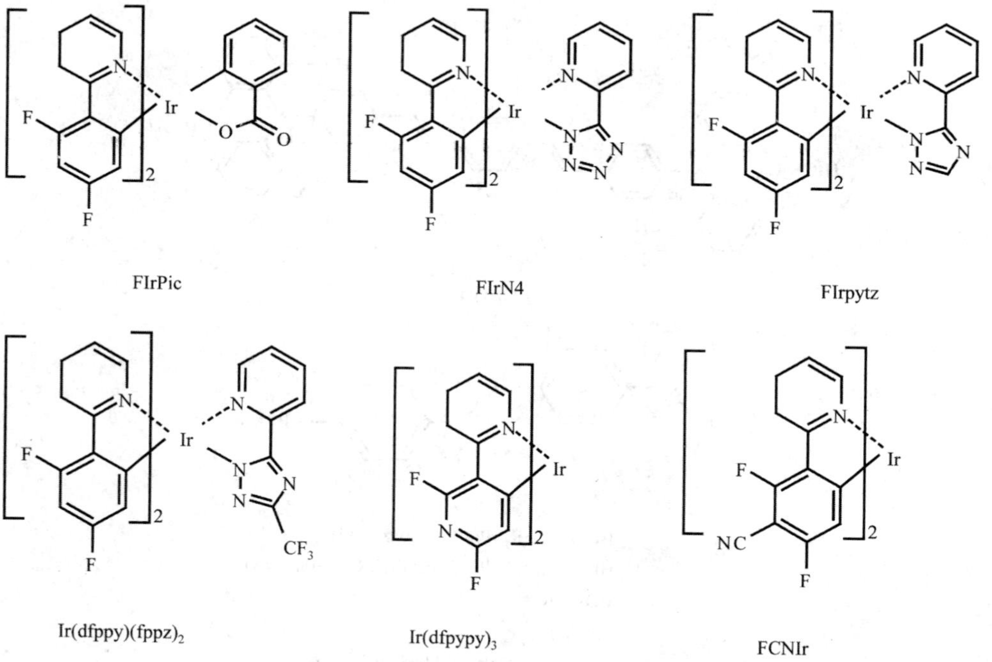

FIrPic　　FIrN4　　FIrpytz

Ir(dfppy)$(fppz)_2$　　Ir$(dfpypy)_3$　　FCNIr

图 4.17　常用蓝光磷光掺杂材料的分子结构

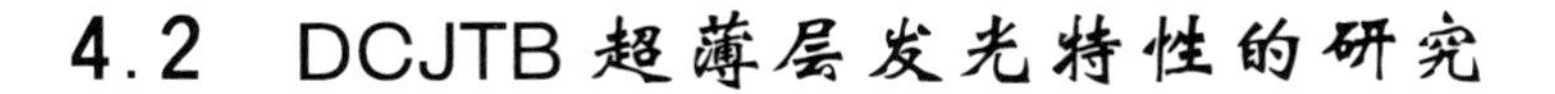

4.2 DCJTB超薄层发光特性的研究

DCJTB作为一种重要的红光材料已经被广泛用于红光器件的制备，无论是把DCJTB直接掺杂在Alq_3中，还是把其与Rubrene、NPB等材料以共同掺杂的方式来实现单纯的红光发射都需要精确控制材料蒸镀的速率和厚度，这给器件的制备和重复性带来一定难度，同时也不容易实现大规模的工业化生产。因此人们希望在简化器件结构的同时又能提高红光发射的效率和色纯度，Wang等人[26]把一DCJTB薄层蒸镀在空穴传输层NPB和电子传输层Alq_3的界面上，用这种方式得到较高亮度的红光发射。Xie等人[27]用0.2 nm的DCJTB薄层与一激子束缚层相配合实现了高纯度的红光发射，该器件在20 mA/cm^2时，亮度和效率分别达到280 cd/m^2和2.2 cd/A，同时器件的色坐标达到(0.628，0.369)。用超薄层来实现红光发射不仅可以避免掺杂时复杂的工艺过程，而且增加了器件的可重复性。

为了研究DCJTB薄层的厚度和位置对器件性能的影响，我们制备了不同结构的器件，并分别研究了器件的发光性能。首先，通过固定DCJTB薄层的厚度不变，而把它嵌入到常规器件ITO/NPB/Alq_3/LiF/Al中不同的位置，即把DCJTB薄层分别嵌于电子传输层(Alq_3)、电子传输层/空穴传输层(Alq_3/NPB)界面和空穴传输层(NPB)中，研究位置变化对器件性能的影响。然后，固定DCJTB薄层在器件中位置不变，通过改变此薄层的厚度来研究薄层厚度变化对器件性能的影响。

我们同时还研究了用DCJTB薄层来制备的白光器件的性能，在器件制备过程中我们引入一空穴阻挡层(BCP)，通过这一BCP层把激子束缚在发光层中，制备器件结构为ITO/NPB/DCJTB/NPB/DCJTB/BCP/Alq_3/LiF/Al，得到了高效率的白色发光器件。

4.2.1 器件的制备及结构

将光刻好的ITO衬底，用有机溶剂(酒精、丙酮等)反复清洗，具体就是用脱脂棉蘸取酒精擦洗ITO衬底，每擦洗一次都要用去离子水冲洗，并换另一脱脂棉。用同样的方法蘸取丙酮依次擦洗，这样可以除去ITO表面的油脂，然后，用酒精、丙酮超声处理各一次，最后用去离子水超声处理3次。把经去离子水超声过的ITO玻璃衬底从水中取出(这个过程是在超净间的环境下进行的)，用N_2吹干，这样可以减少ITO表面对空气中的杂质和灰尘的吸附。把用N_2吹干的ITO玻璃衬底放入进行紫外臭氧处理的腔内进行臭氧处理，时间控制在 8～10 min。

把处理好的玻璃衬底转移到真空腔中，依次蒸镀有机层和电极。蒸镀过程中镀膜腔内的真空度保持在 4×10^{-4} Pa 左右，并保持材料蒸镀速率的恒定来保证蒸镀薄膜的均匀性。蒸镀 NPB 和 Alq_3 时选用的蒸镀速率一般约为 0.1 nm/s，DCJTB 和 LiF 薄层的蒸镀速率控制在 0.02 nm/s，金属 Al 的蒸镀速率控制在2～3 nm/s。

表 4.1　不同 DCJTB 薄层位置时的器件结构图(器件 F 是没有 DCJTB 薄层的常规器件)

器件	器件结构
A	ITO/NPB(60 nm)/Alq_3(4 nm)/DCJTB/Alq_3(56 nm)/LiF(0.3 nm)/Al(150 nm)
B	ITO/NPB(60 nm)/DCJTB/Alq_3(60 nm)/LiF(0.3 nm)/Al(150 nm)
C	ITO/NPB(56 nm)/DCJTB/NPB(4 nm)/Alq_3(60 nm)/LiF(0.3 nm)/Al(150 nm)
D	ITO/NPB(50 nm)/DCJTB/NPB(10 nm)/Alq_3(60 nm)/LiF(0.3 nm)/Al(150 nm)
E	ITO/NPB(40 nm)/DCJTB/NPB(20 nm)/Alq_3(60 nm)/LiF(0.3 nm)/Al(150 nm)
F	ITO/NPB(60 nm)/Alq_3(60 nm)/LiF(0.3 nm)/Al(150 nm)
G	ITO/DCJTB/NPB(60 nm)/Alq_3(60 nm)/LiF(0.3 nm)/Al(150 nm)

改变 DCJTB 薄层的位置，我们制得不同结构的器件，以研究 DCJTB 薄层的位置不同对器件电致发光性能的影响。器件结构如表 4.1 所示，其中器件 F 是没加 DCJTB 薄层的常规器件。对表 4.1 中所列的各类器件，我们还可以通过改变 DCJTB 薄层的厚度来研究薄膜在同一位置不同厚度下器件的发光特性。

器件的电致发光光谱由一 CCD 光谱仪测得(LPS-045，Labsphere)，亮度和电流特性由计算机控制的 PR-650 亮度计和 Keithley 2410 电源同时测得。本实验所有的测试都是在室温大气下完成的，所有的器件均没有经过封装处理。

4.2.2　DCJTB 薄层的厚度和位置对器件发射光谱的影响

图 4.18 是 DCJTB 薄层厚度为 0.3 nm 时器件 A-G 在电流密度为 20 mA/cm^2 时的电致发光光谱。从图中可以看到器件 A、B、C 和 D 的发光光谱主要是来自 DCJTB 的发光，并且在 527 nm 都有一小的肩峰发射，通过与常规器件(Device F)的光谱进行对比发现，这个小的肩峰应该来自 Alq_3 的发光。在器件 E 的发射光谱中，Alq_3 的发光已经可以与 DCJTB 的发光相比，而在器件 G 中则几乎看不到

DCJTB 的发光。器件的发光峰值随 DCJTB 薄层的位置从 Alq_3 层移向 NPB 层的过程中不断蓝移，且 Alq_3 的发光强度在光谱中占的比例越来越大，当 DCJTB 薄层位于 ITO/NPB 界面时（Device G），器件的发射光谱与常规器件（Device F）的光谱几乎相同。我们认为，器件发射光谱的蓝移一部分是由于光谱中 Alq_3 发射强度的增加，另一部分来自材料的固体溶剂效应的影响[52]。图 4.18 的插图是器件色坐标的变化，器件 A-D 的色坐标基本在红光区，且器件 D 的色坐标（0.522，0.439）在色坐标红光区的边沿，偏向橙光区。

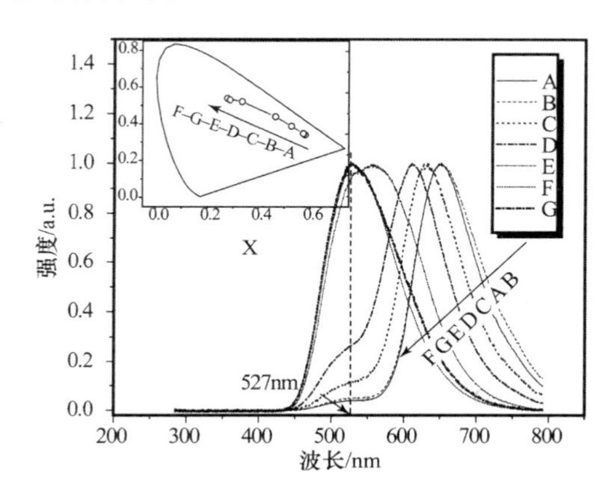

图 4.18　DCJTB 薄层为 0.3 nm 电流密度为 20 mA/cm² 时器件 A-G 的电致发光光谱（插图为这些器件的色坐标）

普遍认为在类似常规器件（Device F：ITO/NPB/Alq_3/LiF/Al）中，由于电子和空穴的注入效率及 NPB 和 Alq_3 载流子迁移率的不同，激子的复合区域处在靠近 NPB/Alq_3 界面 Alq_3 的一侧[9]。当把 DCJTB 薄层分别嵌入到常规器件中的不同位置，即使是嵌入到空穴传输层 NPB 中（如器件 D）所得到的仍然主要是 DCJTB 的发光。这说明激子的复合区域可以有效地被束缚在 DCJTB 薄层中。

因此可以利用 DCJTB 超薄层来得到红光的发射，而红光发射的色纯度对电压稳定性则是必须要考虑的一点。为研究器件的发射光谱随电压的变化，我们测试了器件 C（DCJTB 厚度为 0.3 nm）在不同电压下的电致发光光谱（如图 4.19 所示）。从图中可以看到器件的光谱随电压的增加变化不大，这说明激子的复合区域没有太大的变化，主要是在 DCJTB 薄层中复合发光。

为了研究 DCJTB 厚度对器件电致发光光谱的影响，我们通过改变 DCJTB 薄层的厚度（0.15 nm、0.3 nm 和 0.9 nm），制作了 3 种不同结构的器件。

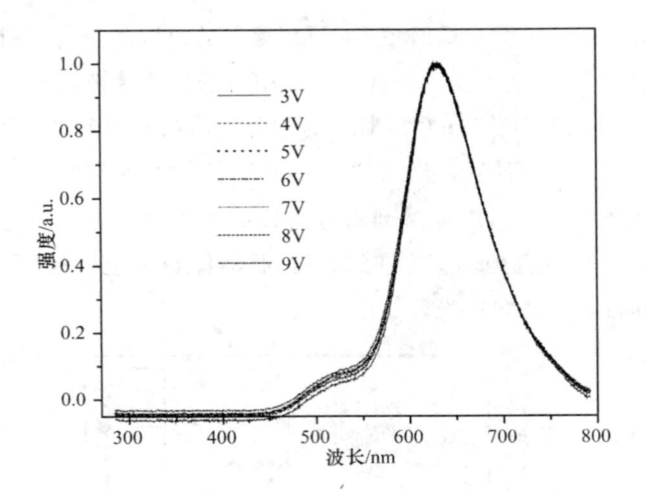

图 4.19 DCJTB 厚度为 0.3 nm 时器件 C 在不同电压下的归一化 EL 谱

- 器件 E_1：ITO/NPB(45 nm)/DCJTB(0.15 nm)/NPB(15 nm)/Alq_3(60 nm)/LiF(0.3 nm)/Al(150 nm)。
- 器件 E_2：ITO/NPB(45 nm)/DCJTB(0.3 nm)/NPB(15 nm)/Alq_3(60 nm)/LiF(0.3 nm)/Al (150 nm)。
- 器件 E_3：ITO/NPB(45 nm)/DCJTB(0.9 nm)/NPB(15 nm)/Alq_3(60 nm)/LiF(0.3 nm)/Al(150 nm)。

图 4.20 是这 3 种器件在电流密度为 20 mA/cm^2 时的电致发光光谱。从图中可以看到器件的光谱来自两个部分，它们分别是 Alq_3 和 DCJTB 的发光，其中 Alq_3 的发光峰值位于 527 nm，DCJTB 的发光峰值在器件 E_1 和 E_2 中位于 565 nm，而在器件 E_3 中，其峰值在 587 nm 处。当 DCJTB 薄层厚度为 0.9 nm 时，DCJTB 的发光峰值的红移是因为随薄膜厚度增加，染料分子发生聚集而引起发射波长的红移，同时在光谱中由于 Alq_3 发光比例的减小，也会使器件的光谱红移。

4.2.3 DCJTB 薄层的厚度和位置对器件亮度和效率的影响

图 4.21 是在 DCJTB 厚度为 0.3 nm 时器件 A～G 的电流密度-亮度-电压曲线。从图 4.21(a)中可以看到，在相同电压下器件 A～D 的电流密度比常规器件 F 要大，而器件 E 和器件 G 的电流密度则比常规器件的电流密度要小，特别是当电压高于 9 V 的时候，器件 E 和器件 G 两种器件的电流增加平缓。从图 4.21(b)中可以看到器件 D 有最大的发光亮度，其在电压为 15 V 时达到 16 200 cd/m^2，而常

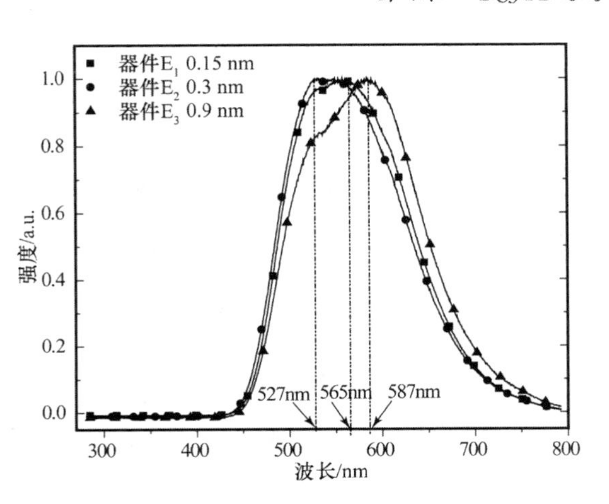

图 4.20 器件 E_1、器件 E_2 和器件 E_3 在电流密度为 20 mA/cm² 时归一化的电致发光光谱

规器件 F 在相同电压下的亮度是 13 600 cd/m²。器件 A、器件 B、器件 C、器件 E 和器件 G 的最大亮度分别达到了 3 130，2 540，5 010，4 530 和 11 000 cd/m²。器件 A～D的起亮电压(器件亮度达到 1 cd/m² 时的工作电压)均低于 3 V 比常规器件 F 的起亮电压低了近 1 V，而器件 G(0.3 nm 的 DCJTB 层蒸镀在 ITO 表面)的起亮电压则比常规器件要高 1.5 V。

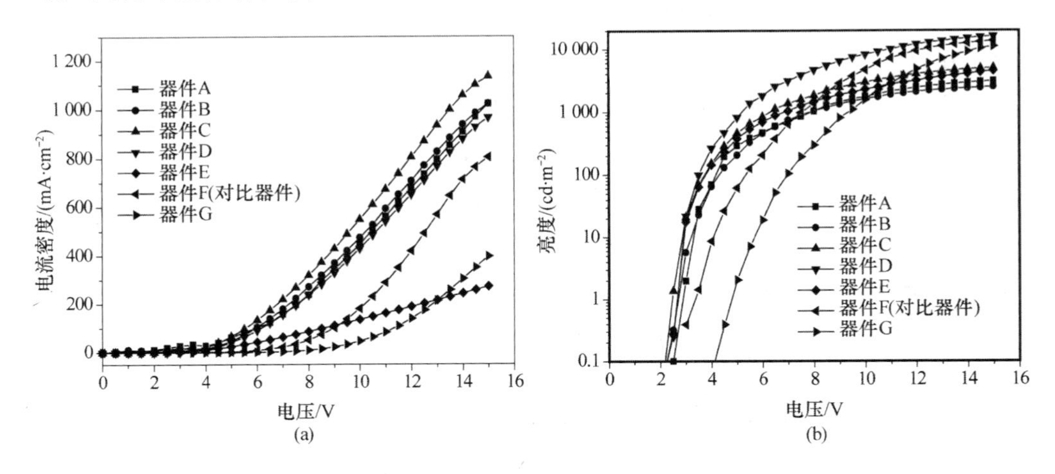

图 4.21 DCJTB 厚度 0.3 nm 时器件 A～G 的电流密度-亮度-电压曲线

从图 4.21 可以看到不同位置处厚度为 0.3 nm 的 DCJTB 薄层对器件的电流和亮度都有很大影响。从电压-电流密度图(图 4.21(a))中可以得到，当 DCJTB 层

的位置靠近 NPB/Alq_3 界面时(器件 A～D),器件的电流密度比常规器件要大,而当这一薄层靠近 ITO 阳极时(器件 E 和器件 G),器件的电流比常规器件 F 则会减小。我们认为器件 A～D 电流密度相对常规器件 F 的增加是因为一高效率 DCJTB 发光层的插入,使注入的电子和空穴更容易在此薄层中复合发光,减少了空穴在界面处的积累,从而有利于空穴的注入和传输。而当 DCJTB 层的位置靠近 ITO 阳极时,由于材料的电子迁移率较低及注入势垒的影响,使注入到 DCJTB 层的电子数目减少,这样在此层中形成激子数目减小,注入的空穴会在 DCJTB 层发生积累,从而阻挡了空穴的继续注入,使器件的电流密度下降。

图 4.22 是不同结构器件 A～G (DCJTB 层的厚度为 0.3 nm)的亮度效率-电流密度曲线。可以看到红光器件(器件 A、器件 B 和器件 C)的发光效率较低,效率值基本在 0.5～0.6 cd/A 之间,器件 D 的效率相对较高,其最大效率达到了 2.5 cd/A。器件 G 的最大效率达到 3.7 cd/A 比常规器件 F 的最大效率 2.8 cd/A 还要高。我们认为器件效率的提高是由于这一 DCJTB 薄层的加入,使电子和空穴更加有效地复合,减小器件内部空间电荷的积累,也使器件内注入的空穴和电子更加平衡,从而使效率得到提高。Chen 等人[28] 制备的掺杂结构的器件 ITO/CF_x/NPB/Alq_3:DCJTB/Alq_3/Mg:Ag,当掺杂浓度从 0.6 vol.%增加到 1.5 vol.%时,器件的效率在电流密度为 20 mA/cm^2 从 2.58 cd/A 下降到 1.79 cd/A。Jiang 等人[29]也发现其制备的器件 ITO/NPB/Alq_3:DCJTB/Alq_3/LiF/Al 在 DCJTB 的掺杂浓度从 1 wt.%增加到 5 wt.%时,器件的效率从 0.6 cd/A 下降到 0.4 cd/A。我们用 DCJTB 超薄层制备的红光器件 A、器件 B 和器件 C 与 Jiang 等人的器件性能相当,器件 D 的效率比 Chen 等人制作的器件效率要高,然而器件 D 的色纯度还有待进一步提高,这可以通过引入阻挡层等方法加以解决。

通过改变 DCJTB 层的厚度制得器件 E_1、器件 E_2 和器件 E_3,器件结构如下。

- 器件 E_1:ITO/NPB (45 nm)/DCJTB(0.15 nm)/NPB (15 nm)/Alq_3 (60 nm)/LiF (0.3 nm)/Al (150 nm)。
- 器件 E_2:ITO/NPB (45 nm)/DCJTB(0.3 nm)/NPB (15 nm)/Alq_3 (60 nm)/LiF (0.3 nm)/Al (150 nm)。
- 器件 E_3:ITO/NPB (45 nm)/DCJTB(0.9 nm)/NPB (15 nm)/Alq_3 (60 nm)/LiF (0.3 nm)/Al (150 nm)。

图 4.23 是器件 E_1、器件 E_2 和器件 E_3 的亮度-电流密度-电压曲线,从图中可以看到随 DCJTB 厚度的增加器件的亮度有减小的趋势,器件 E_3 的最大亮度达到 17

733 cd/m²，而器件 E_3 的最大亮度达到 13 339 cd/m²，然而器件 E_3 与器件 E_1 相比器件的电流密度略有增加。图 4.24 是器件 E_1、器件 E_2 和器件 E_3 的电流效率-电流密度曲线，从图 4.24 中我们发现器件的发光效率也逐渐降低，这是由于随 DCJTB 层厚度的增加，DCJTB 的发光容易发生浓度猝灭，使器件的亮度和效率都有降低。

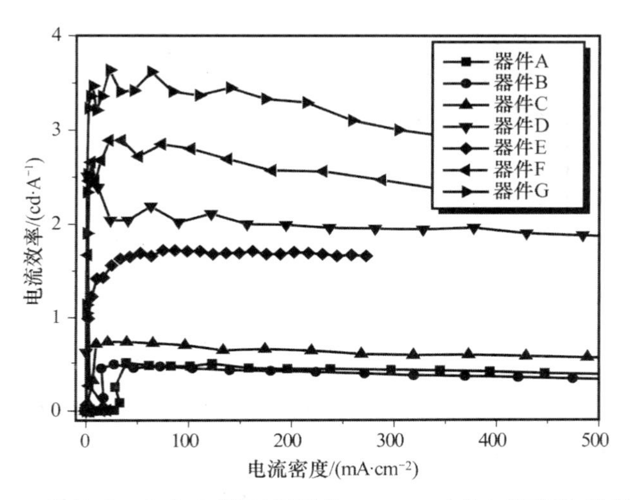

图 4.22 器件 A～G 在 DCJTB 厚度为 0.3 nm 时的电流密度-效率曲线

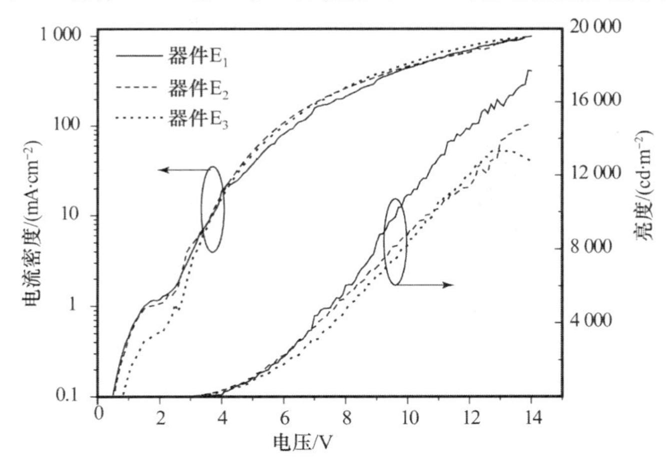

图 4.23 器件 E_1、器件 E_2 和器件 E_3 的亮度-电流密度-电压曲线

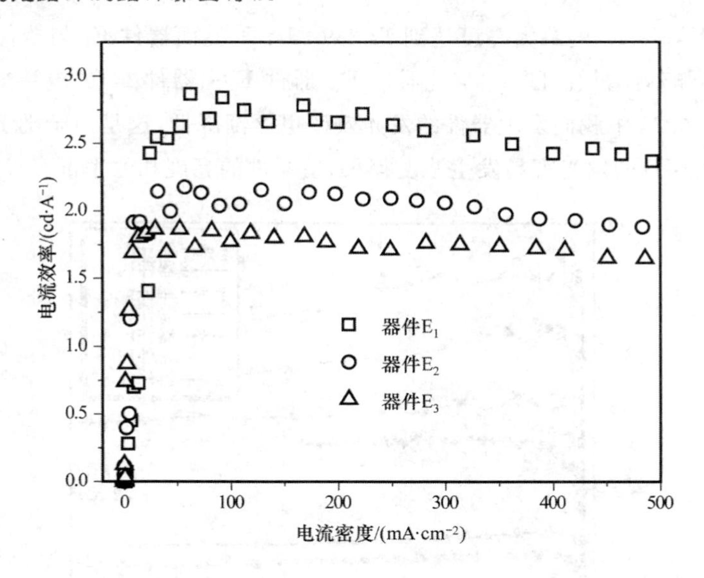

图 4.24 器件 E_1、器件 E_2 和器件 E_3 的亮度-电流密度-电压曲线

Qiu 等人[30]发现把 DCJTB 掺杂到基质材料中时，其发光主要来自电子和空穴被俘获而复合发光，而不是来自 FÖrster 能量传递，同时他们还发现 DCJTB 可以作为一种有效的空穴陷阱。图 4.25 是我们制备不同结构器件的能级示意图[31-34]。

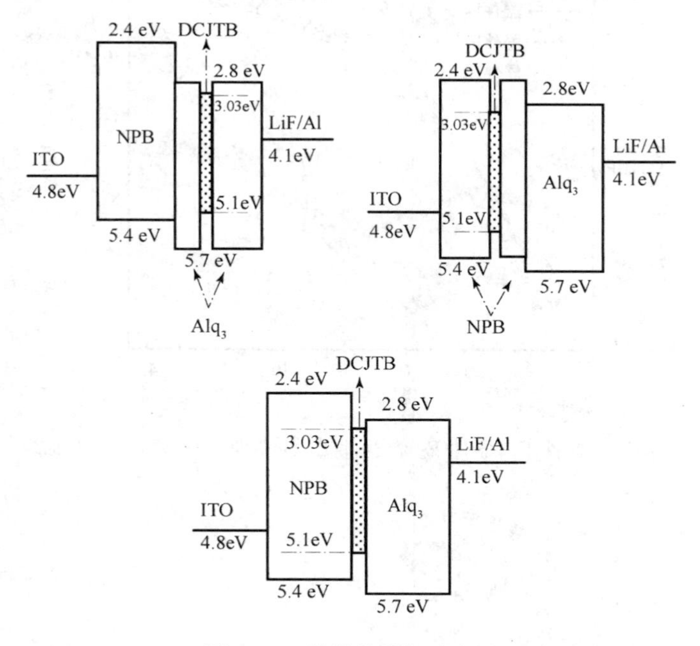

图 4.25 器件的能级示意图

可以看到DCJTB的HOMO和LUMO能级都分别位于NPB和Alq_3相应的能级之间，这样DCJTB薄层在器件中会作为空穴和电子陷阱而存在，因此我们认为DCJTB超薄层器件具有较高的发光性能是由于从电极注入的电子和空穴会被DCJTB薄层俘获形成激子并复合发光[35]，这样就减少了器件内界面处的空间电荷积累，从而有利于载流子的注入，同时还可以通过控制染料薄层的厚度来减小激子的浓度猝灭。

4.3 基于DCJTB超薄层的白光器件

4.3.1 有机白光器件的实现及进展

由三基色原理可知，要获得白光发射，必须在同一个器件中结合三基色(红、绿、蓝)的发射或者是两种补偿色(例如黄光和蓝光)的发射。因而与有机单色发光器件相比，有机白光发光器件的结构相对要复杂得多。到目前，国内外许多研究小组都开发出了多种结构的有机白光电致发光器件。尽管使用的材料不尽相同，但是器件结构基本上都可以归纳为以下几种。

(1) 染料共掺的方法[36-38]

1994年J. Kido等人[36]将产生白光所需要的红、绿、蓝三基色染料DCM1、Coumarin6和TPB掺杂到宽带隙的有机半导体型聚合物PVK中，并分别采用Alq_3和TAZ(也是空穴阻挡层)作为电子传输层来提高电子的注入效率。PVK可以将能量传递给TPB、Coumarin6和DCM13种染料，从而使3种染料发出不同颜色的光，而产生白光。此后，类似的结构多次应用在小分子和聚合物器件中，2003年B. Hu等人[38]将发绿光和蓝光的两种聚合物染料及发红光的材料MPD共掺入PVK母体中得到了内量子效率为2.6%的白光器件。

(2) 有机多层结构

1995年J. Kido[39]首次报道了采用多层结构制备有机白光电致发光器件的方法。器件结构为ITO/TPD/p-EtTAZ/Alq_3/Alq_3:Nile-Red/Alq_3/Mg:Ag，分别以TPD、Alq_3和NileRed为不同颜色的发光层，通过在一定的区域掺杂，以及利用p-EtTAZ薄层的空穴阻挡作用使载流子在各种颜色的发光区中都有一定的分布，这样电子和空穴在各发光区中都能形成激子并发生辐射复合，进而合成白光。这种结构要求各有机层之间要有较理想的能带匹配，这样才能实现载流子在不同发光层中的合理分布。

(3) 聚合物共混[40-44]

1996 年 M. Granstrom 等人[40]将具有不同发光颜色的聚噻吩衍生物(PTOPT,PMOT 和 PCHT)作为发光材料，将它们和绝缘性的聚合物 PMMA 共混制备了单层聚合物有机电致白光器件。PMMA 的引入阻止了宽带隙聚合物中的激子向窄带隙聚合物的能量转移，并通过掺杂电子传输材料 PBD 来提高发光层的电子传输能力。不同发光颜色的聚合物捕获电子和空穴分别形成激子，这些激子复合而产生多种颜色的光并合成白光。M. Suzuki 等人[44]将聚合物磷光材料 BPP 和 RPP 与 OXD-7 共混，通过调节 BPP 和 RPP 的浓度来调节器件的光谱，得到白光器件的外量子效率达 6.1%。

(4) 微腔结构的应用

1994 年 AT&T Bell 实验室的 A. Dodabalapur 等人[45]利用不同模式的 Fabry-Perot微腔的组合，从一种发光器件中获得两种或者 3 种不同颜色的光，最后混合产生白光。2003 年，T. Shiga 等人[46]设计了一种多波长共振腔(MWRC)用于有机白光发光器件，结果表明使用 MWRC 的器件的亮度是不使用 MWRC 器件的 1.3 倍。

(5) 激基复合物发光

在两种发光材料的界面处，其中至少有一种是蓝光发光材料，易形成激基复合物。这种激基复合物的发光产生于一种材料的 LUMO 能级的电子和另一种材料的 HOMO 能级的空穴之间的辐射复合。所以这种发光光谱相对于两种原材料的发光要红移，利用这种红移的激基复合物发光和材料本身的发光混合从而产生白光。2001 年 J. Feng 等人[47]采用两种蓝光小分子材料[NPB,(dppy)BF]，利用激基复合物的发光制备了有机电致白光器件。通过选择发蓝光的 NPB 作为空穴传输层和电子给体，蓝光染料(dppy)BF 作为电子受体，Alq_3 作为电子传输层及色度调节层，利用 NPB 与(dppy)BF 所发射的蓝光，以及两者之间界面的激基复合物发光获得白光发射。2002 年，B. W. D Andrade 等人[48]制备了基于三线态激基复合物发光的磷光材料白光电致发光器件，其最大效率为(9.2±0.9)cd/A。

不同结构的有机白光器件都有各自的特点和不足，都可以得到进一步提高，因此研制基于新结构和新材料的有机白光电致发光器件仍然是有机发光领域的研究人员所努力追求的目标。

4.3.2 白光器件的制备及结构

2003 年,Tsuji 等人[49]首次将 DCM1 薄层(l0 Å)引入到白光器件中制备了非掺杂型白光器件 ITO/α-NPD(700 Å)/DCM1(l0 Å)/a-NPD(d Å)/tBu-PBD(200 Å)/Alq_3(100 Å)/LiF(l0 Å)/A1(500 Å),利用 tBu-PBD 的蓝光发射和 DCM1 的橙光发射混和得到白光,然而此器件的最大亮度只有 1 000 cd/m^2,器件的效率也未报道,但是此器件的最大优点在于可重复性好,我们认为此器件亮度、效率低的原因在于 DCM1 层的厚度太厚而引起的荧光猝灭。Y. Kijima 等人[50]报道了利用一被广泛使用的空穴传输材料 NPB 作为蓝光发光材料,制备一高效的蓝光器件,器件结构为:ITO/m-TDATA/NPB/BCP/Alq_3/Al:Li,得到了最大亮度超过 10 000 cd/m^2 色坐标为(0.15,0.16)的蓝光发射,由此可见 NPB 是一种非常好的蓝光发光材料。

为了得到高亮度和效率的器件,我们研究了 DCJTB 薄层为红(橙)光发射层 NPB 作为蓝光发光材料的白光器件,为了控制激子的复合区域,在器件制备中我们引入一层 BCP 作为空穴阻挡层[51,52]。为了对比不同结构器件的性能,我们制备了四种器件。

- 器件 1:ITO/NPB(45 nm)/DCJTB(0.3 nm)/NPB(5 nm)/BCP(10 nm)/Alq_3(50 nm)/LiF(0.3 nm)/Al(150 nm)。
- 器件 2:ITO/NPB(50 nm)/BCP(10 nm)/Alq_3(50 nm)/LiF(0.3 nm)/Al(150 nm)。
- 器件 3:ITO/NPB(45 nm)/DCJTB(0.3 nm)/NPB(5 nm)/Alq_3(50 nm)/LiF(0.3 nm)/Al(150 nm)。
- 器件 4:ITO/NPB(45 nm)/DCJTB(0.15 nm)/NPB(5 nm)/DCJTB (0.15 nm)/BCP(10 nm)/Alq_3(50 nm)/LiF(0.3 nm)/Al(150 nm)。

器件的制备和测试过程如前文所述。

4.3.3 白光器件的发光特性

图 4.26 是器件 1、器件 2 和器件 3 在 20 mA/cm^2 的电致发光光谱图,从图中可以看到器件 1 的发射光谱有两个峰值,其分别位于 420 nm 和 565 nm,这两个发

光分别来自 NPB 和 DCJTB 的发光。器件 3 的发光有一主要发光峰位于 630 nm，同时在 525 nm 处还有一小的肩峰，这应该是来自 Alq_3 的发光。器件 1 的色坐标为(0.297,0.297)，其发光在白光区，但器件发光偏蓝，从器件 1 的光谱可以看到 NPB(420 nm)的发光相对较强，而在 565 nm 处的橙光强度相对较低，因此为了提高此白光器件的色纯度，还要提高 DCJTB 的发光在器件发射光谱中的比例。

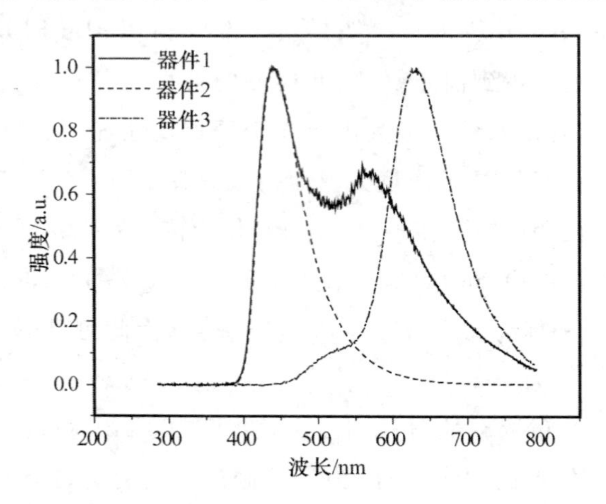

图 4.26　器件 1、器件 2 和器件 3 在电流密度为 20 mA/cm² 时的电致发光光谱

图 4.27 是器件 1、器件 2 和器件 3 的电流密度-电压-亮度曲线。从图中可以看到器件 2 的最大亮度达到 4 812 cd/m²，且器件的发光都是来自 NPB 在 420 nm 的蓝色发光(如图 4.26 所示)，这说明 10 nm 的 BCP 层有很强的空穴阻挡作用，这也使激子的复合区域被完全限制在 NPB 层中，使只有 NPB 发光。器件 3 是一红光器件，其发光特性我们在上一节已详细分析，在这里与另外两个器件作对比，发现器件的起亮电压最低，达到 2.5 V，器件 1 和器件 2 的起亮电压分别为 3 V 和 3.7 V。器件 1 相当于在器件 3 的基础上加一 10 nm 的 BCP 层，这样通过 BCP 层的激子束缚作用使激子的复合发生在 NPB 和 DCJTB 分子上，通过 NPB 和 DCJTB 的发光来实现白光发射。

图 4.28 是器件 1、器件 2 和器件 3 的效率-电流密度曲线，红光器件(器件 3)的效率相对较低，其最大效率为 0.73 cd/A，器件 1 和器件 2 的效率相对较大，分别达到1.43 cd/A和1.7 cd/A。

为了得到色纯度更高的白光器件，必须增加 DCJTB 的发光在器件发射光谱中的比例，同时器件的发光效率还有待提高。通过增加 DCJTB 的厚度是提高其发射

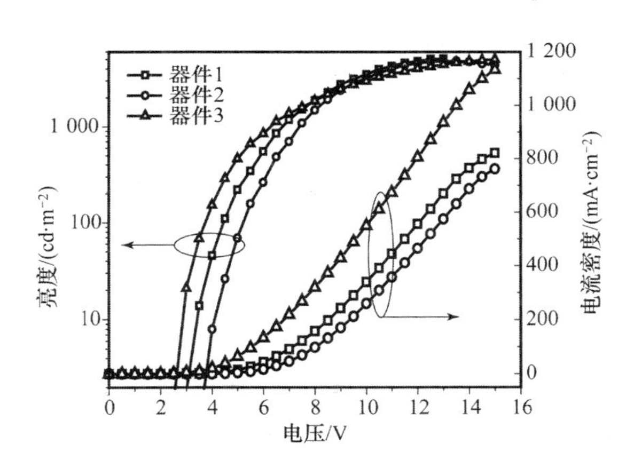

图 4.27 器件 1,器件 2 和器件 3 的电流-电压-亮度曲线

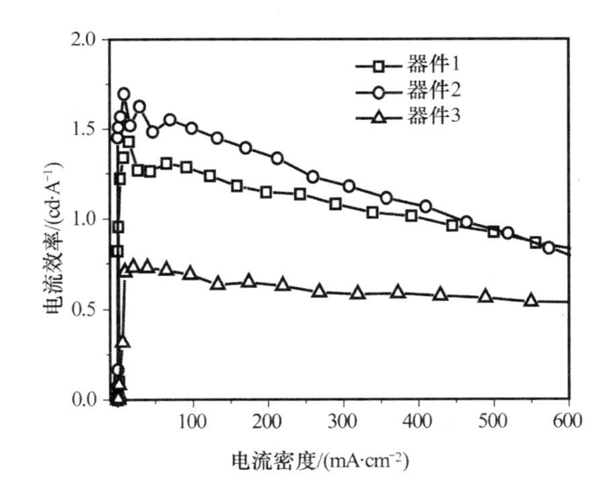

图 4.28 器件 1,器件 2 和器件 3 的电流密度-效率曲线

比例的一个有效的方法,然而 DCJTB 厚度的增加会引起浓度猝灭,使器件的亮度和效率都降低。这里我们采用双 DCJTB 发光层制备了结构为:ITO/NPB(45 nm)/DCJTB(0.15 nm)/NPB(5 nm)/DCJTB(0.15 nm)/BCP(10 nm)/Alq_3(50 nm)/LiF(0.3 nm)/Al(150 nm) 的器件,即器件 4。

图 4.29 (a)是器件 4 在不同电流密度下归一化的电致发光光谱,从图中可以看到与器件 1 的光谱(图 4.26)相比两个峰值的强度更加平衡,同时也可以看到随电流密度的增加,DCJTB 的发光逐渐下降。图 4.29(b)是器件色坐标随电流密度的变化规律,从图中可以看到器件色坐标随电流的增加会有移动,但器件的色坐标

变化不大，基本是位于白光区域。图 4.29(b)的插图是放大后的色坐标图，插图中的箭头标示了器件的色坐标在不同电流下的变化。器件 4 在 20 mA/cm^2 时色坐标为(0.324，0.336)，当电流密度从 2 mA/cm^2 到 100 mA/cm^2 变化时器件的色坐标从(0.325，0.340)变化到(0.320，0.326)，器件的色坐标比较稳定。

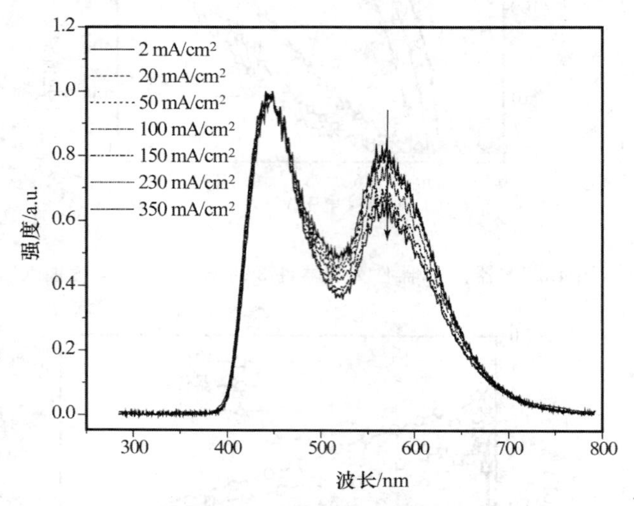

(a) 器件4在不同电流密度下的电致发光光谱

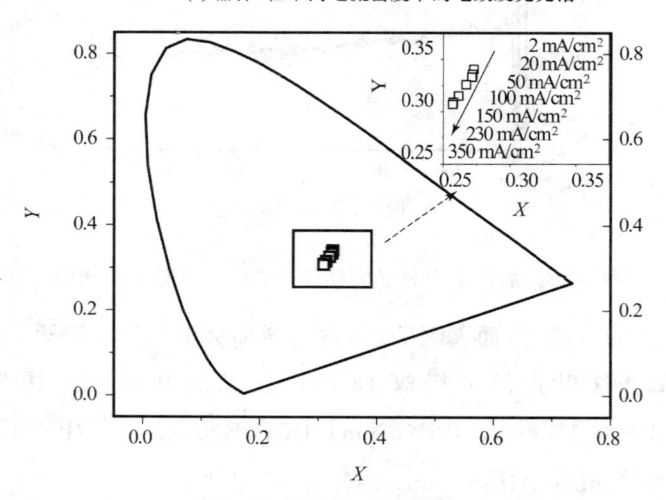

(b) 器件4色坐标随电流密度的变化规律

图 4.29　器件 4 在不同电流密度下的电致发光光谱及色坐标随电流密度的变化规律

图 4.30(a)是器件 4 的电流密度-电压-亮度曲线，器件的起亮电压低于 3 V，器件在 12 V 时最大亮度达到 7 016 cd/m²，且器件在电流密度为 20 mA/cm² 和 100 mA/cm²亮度分别为 500 cd/m² 和 2 400 cd/m²。图 4.30 (b)是器件的效率-电流密度曲线，其最大发光效率达到 2.9 cd/A，与只有一层 DCJTB 的发光器件(器件 1)相比，效率提高了近 1 倍。可以看到，双 DCJTB 发光层可以显著提高器件的亮度和效率，原因来自两个方面，一方面是因为较薄的发光层可以减少浓度猝灭，另一方面则是由于材料能级决定了这种双 DCJTB 薄层的器件可以提高激子的复合效率。图 4.31是器件 4 的能级结构图，上一节我们已经分析过 DCJTB 薄层的

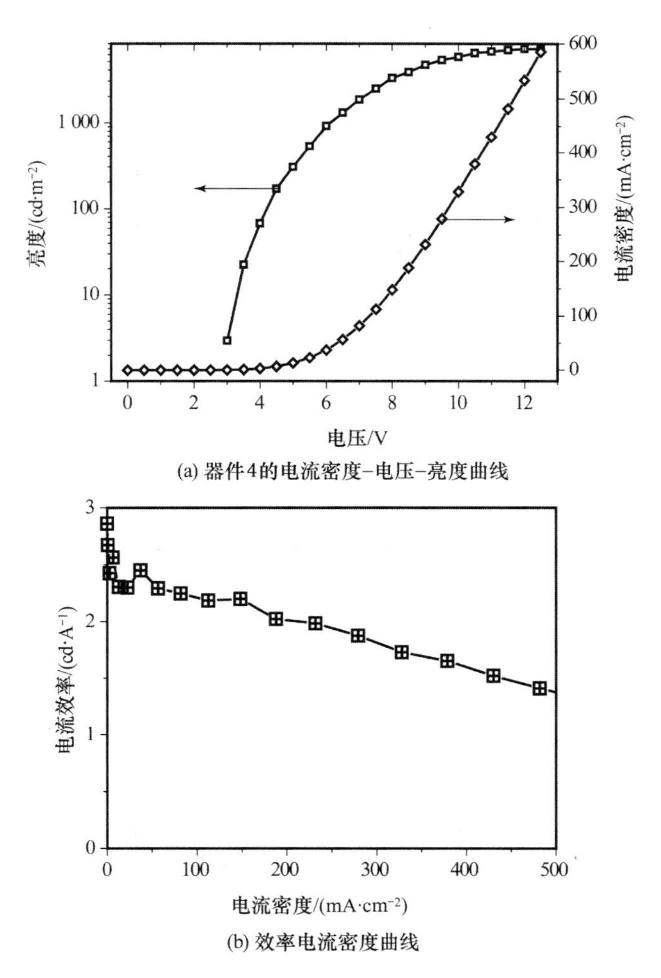

(a) 器件4的电流密度-电压-亮度曲线

(b) 效率电流密度曲线

图 4.30 器件 4 的电流密度-电压-亮度曲线及效率电流密度曲线

发光主要来自陷阱作用直接俘获载流子而发光，对于如图 4.31 所示的发光器件，注入的部分电子和空穴可以在其中的一层 DCJTB 薄层上复合发光，没有参与发光的电子和空穴在电场的作用下分别向相反的方向继续运动，到达第二个 DCJTB 薄层在此薄层上再复合发光，这样注入器件的电子和空穴可以有更高的复合几率，从而使器件的效率得到提高。这种双 DCJTB 层器件的发光与叠层结构器件的发光机理有类似之处，都是通过提高载流子复合效率来提高器件的发光效率[53-55]。

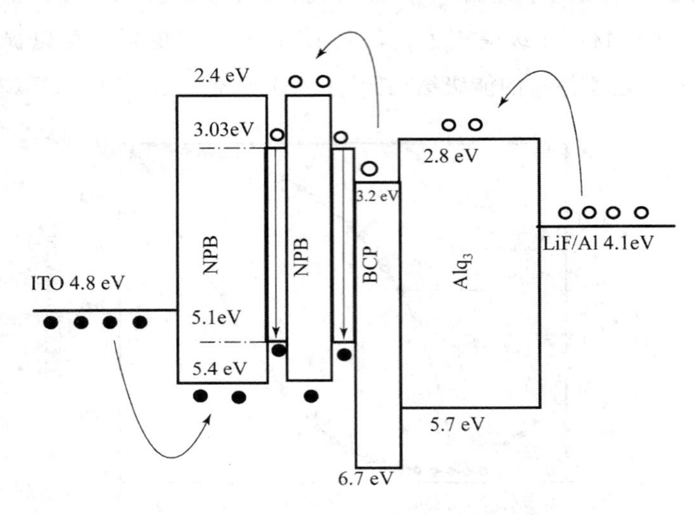

图 4.31　器件 4 的能级结构图

4.4　本章小结

本章主要介绍了有机电致发光的各种材料及其性能，并系统讨论了 DCJTB 薄层对有机电致发光器件的影响，并利用 DCJTB 薄层制备了白光电致发光器件。主要内容包括两个方面：

(1) DCJTB 薄层厚度和位置对器件发光特性的影响。实验中发现，当采用厚度为 0.3 nm 的薄层，其位置靠近 NPB/Alq_3 界面时，来自 DCJTB 薄层的红色发光较强，且当 DCJTB 薄层位于 NPB 一侧时，器件有较高的发光亮度和效率，如器件 D 在 15 V 时达到 16 200 cd/m^2，效率 2.5 cd/A。当固定此 DCJTB 薄层的位置不变，改变其厚度，发现器件的效率和亮度都降低，且光谱中 DCJTB 发光的比例随 DCJTB 薄层厚度的增加而增大。这主要是由于 DCJTB 薄层厚度增加引起浓度猝灭,从而引起光谱的变化和亮度的降低。通过实验结果分析发现 DCJTB 薄层能够有效地改变器件中载流子的复合区域,认为这是由于 DCJTB 薄层在器件中起到陷阱的作用,能够束缚注入的电子和空穴从而复合发光。

(2) 基于 DCJTB 薄层的白光器件的制备。我们利用 DCJTB 薄层作为发光层,并引入一空穴阻挡层 NPB,制备了两种白光器件。

- 器件 E_1:ITO/NPB(45 nm)/DCJTB(0.3 nm)/NPB(5 nm)/BCP(10 nm)/Alq_3(50 nm)/LiF(0.3 nm)/Al(150 nm)。
- 器件 E_2:ITO/NPB(45 nm)/DCJTB(0.15 nm)/NPB(5 nm)/DCJTB(0.15 nm)/BCP(10 nm)/Alq_3(50 nm)/LiF(0.3 nm)/Al(150 nm)。

后一种器件的亮度和效率比前一器件都提高了近 1 倍,在电流密度为 20 mA/cm^2 和 100 mA/cm^2 时,该器件的亮度分别达到 500 cd/m^2 和 2 400 cd/m^2。器件在20 mA/cm^{2}时色坐标为(0.324, 0.336),当电流密度从 2 mA/cm^2 到 100 mA/cm^2 变化时,器件的色坐标从(0.325, 0.340)变化到(0.320, 0.326),器件的色坐标比较稳定。我们认为双 DCJTB 薄层的白光器件效率的提高是因为这种结构可以提高载流子的复合效率,从而提高了器件发光效率和亮度。

参考文献

[1] CHENC H, TANG C W. Chem. Of functional Dyes [M], YOSHIDAZ, SHIROTAY (ed.). Tokyo: Mita Press, 1993, 2: 536-543.

[2] YOUNG R H, TANG C W, MARCHETTI A P. Current-induced fluorescence quenching in organic light-emitting diodes [J]. Appl. Phys. Lett., 2002, 80:874-876.

[3] YAO Y S, XIAO J, WANG X S, DENG Z B, et al. Starburst DCM-Type Red-Light-Emitting Materials for Electroluminescence Applications [J]. Adv. Funct. Mater., 2006, 16(5):709-718.

[4] BALDO M A, O'BRIEN D F, YOU Y, et al. Highly efficient phosphorescent emission from organic electroluminescent devices [J]. Nature, 1998, 395: 151.

[5] ADACHI C, BALDO M A, FORREST S R, et al. High-efficiency red electrophosphorescence devices [J]. Appl. Phys. Lett., 2001, 78: 1622-1644.

[6] TSUBOYAMA A, IWAWAKI H, FURUGORI M, et al. Homoleptic Cyclometalated Iridium Complexes with Highly Efficient Red Phosphorescence and Application to Organic Light-Emitting Diode [J]. J. Am. Chem. Soc., 2003, 125(42): 12971-12979.

[7] HUANG J, WATANABE T, UENO K, et al. Highly Efficient Red-Emission Polymer Phosphorescent Light-Emitting Diodes Based on Two Novel Tris (1-phenylisoquinolinato-C2, N) iridium (III) Derivatives [J]. Adv. Mater., 2007, 19: 739-743.

[8] MEERHEIM R, WALZER K, PFEIFFER M, et al. Ultrastable and efficient red organic light emitting diodes with doped transport layers [J]. Appl. Phys. Lett., 2006, 89: 061111.

[9] MI B X, WANG P F, GAO Z Q, et al. Strong Luminescent Iridium Complexes with C^N=N Structure in Ligands and Their Potential in Efficient and Thermally Stable Phosphorescent OLEDs[J]. Adv. Mater., 2009, 21: 339-343.

[10] CHEN C H. Evolution of Red Organic Light-Emitting Diodes: Materials and Devices[J]. Chem. Mater., 2004, 16: 4389-4400.

[11] TOGUCHI S, MORIOKA Y, ISHIKAWA H, et al. Novel red organic electroluminescent materials including perylene moiety[J]. Synth. Met., 2000, 111-112: 57-61.

[12] KIM D U, PAIK S H, KIM S H, et al. Design and synthesis of a novel red electroluminescent dye [J]. Synth. Met., 2001, 123 (1): 43-46.

[13] HUNG L S, CHEN C H. Recent progress of molecular organic electroluminescent materials and devices [J]. Mater. Sci. Eng. R, 2002, 39: 143.

[14] YEH D C, YEH S J, CHEN C T. Readily synthesised arylamino fum-

aronitrile for non-doped red organic light-emitting diodes [J]. Chen. Commun., 2003, (20): 2632-2633.

[15] THOMASK R J, LIN J T, VELUSAMY M, et al. Color Tuning in Benzo[1,2,5]thiadiazole-Based Small Molecules by Amino Conjugation/Deconjugation: Bright Red-Light-Emitting Diodes [J]. Adv. Funct. Mater., 2004, 14: 83-90.

[16] THOMAS K R, LIN J T, TAO Y T, et al. Star-Shaped Thieno-[3,4-b]-Pyrazines: A New Class of Red-Emitting Electroluminescent Materials[J]. Adv. Mater., 2002, 14(11): 822-826.

[17] WU W C, YEH H C, CHAN L H, et al. Red Organic Light-Emitting Diodes with a Non-doping Amorphous Red Emitter [J]. Adv. Mater., 2002, 14(15):1072.

[18] PICCIOLO L C, MUATA H, KAFAFI Z H. Organic light-emitting devices with saturated red emission using 6,13-diphenylpentacene[J]. Appl. Phys. Lett., 2001, 78:2378-2380.

[19] MI B X, GAO Z Q, LIU M W, et al. New polycyclic aromatic hydrocarbon dopants for red organic electroluminescent devices [J]. J. Mater. Chem., 2002, 12: 1307-1310.

[20] JANG B B, LEE S H, KAFAFI Z H. Asymmetric Pentacene Derivatives for Organic Light-Emitting Diodes[J]. Chem. Mater., 2006, 18: 449-457.

[21] OKUMOTO K, KANNO H, HAMADA Y, et al. High efficiency red organic light-emitting devices using tetraphenyldibenzoperiflanthene-doped rubrene as an emitting layer [J]. Appl. Phys. Lett., 2006, 89: 013502.

[22] OKUMOTO K, KANNO H, Yamaa Y, et al. Green fluorescent organic light-emitting device with external quantum efficiency of nearly 10% [J]. Appl. Phys. Lett., 2006, 89: 063504.

[23] SHI J, TANG C W. Doped organic electroluminescent devices with improved stability [J]. Appl. Phys. Lett., 1997, 70:1665-1667.

[24] WATANABE S, IDE N, KIDO J. High-Efficiency Green Phosphorescent Organic Light-Emitting Devices with Chemically Doped Layers [J]. J. Jpn J. Appl Phys. , 2007, 46: 1186-1188.

[25] LEE S J, PARK K M, YANG K, et al. Blue phosphorescent Ir(III) complex with high color purity: fac-tris(2′, 6′-difluoro-2, 3′-bipyridinato-N, C(4′)) iridium (III) [J]. Inorg. Chem. , 2009, 48(3): 1030-1037.

[26] WANG Y M, TENG F, XU Z, et al. Trap effect of an ultrathin DCJTB layer in organic light-emitting diodes [J]. Mater. Chem. &Phys. 2005, 92: 291-294.

[27] XIE W F, LIU S Y. Nondoped-type red organic electroluminescent devices based on a 4-(dicyanomethylene)-2-t-butyl-6-(1,1,7,7-tetramethyljulolidyl-9-enyl)-4H-pyran ultrathin layer [J]. Semicond. Sci. Technol. 2006, 21: 316-319.

[28] CHEN C H, TANG C W, SHI J, et al. Recent developments in the synthesis of red dopants for Alq33 hosted electroluminescence[J]. Thin Solid Films, 2000, 363: 327-331.

[29] JIANG W L, HOU J Y, ZHAO Y, et al. Realization of Red-Organic-Light Emitting Diode by Introducing the Double Emitting Zone[J]. Chin. Phys. Lett. , 2003, 20: 1861-1863.

[30] QIU C F, CHEN H Y, WONG M, et al. Room-temperature ultraviolet emission. from an organic light-emitting diode[J]. IEEE Trans. On Electron Devices. 2002, 49: 1540-1544.

[31] OKUMOTO K, KANNO H, HAMADA Y, et al. High efficiency red organic light-emitting devices using tetraphenyldibenzoperiflanthene-doped rubrene as an emitting layer[J]. Appl. Phys. Lett. , 2006, 89: 013502.

[32] TSUZUKI T, NAKAYAMA Y, NKAMURAJ , et al. Efficient organic light-emitting devices using an iridium complex as a phosphorescent host and a platinum complex as a red phosphorescent guest[J].

Appl. Phys. Lett. , 2006, 88: 243511.
[33] CHEN B J, SUN X W. Organic light-emitting devices with a mixture emitting layer of tris-(8-hydroxyquinoline) aluminum and 4, 4′-bis (carbazol-9-yl)-biphenyl[J]. Appl. Phys. Lett. , 2006, 88: 243505.
[34] MI R, CHENG G, ZHAO Y, et al, Improvement of efficiency and brightness of red organic light-emitting devices using double-quantum-well configuration[J]. Chin. Phys. Lett. , 2004, 21(4): 556-558.
[35] VON MALM N, STEIGER J, SCHMECHEL R, et al. Trap engineering in organic hole transport materials[J]. J. Appl. Phys. 2001, 89: 5559-5563.
[36] KIDO J, HONGAWA K, OKUYAMA K, et al. White light-emitting organic electroluminescent devices using the poly(N-vinylcarbazole) emitter layer doped with three fluorescent dyes [J]. Appl. Phys. Let. , 1994, 64: 815-817.
[37] KIDO J, SHIONOYA H, NAGAI K. Single-layer white light-emitting organic electroluminescent devices based on dye-dispersed poly (N-vinylcarbazole)[J]. Appl. Phys. Lett. , 1995, 67: 2281-2283.
[38] HU B, KARASZ F E. Blue, green, red, and white electroluminescence from multichromophore polymer blends [J]. J. Appl. Phys. , 2003, 93: 1995-2001.
[39] KIDO J, KIMURA M, NAGAI K. Multilayer white light-emitting organic electroluminescent devices [J]. Science, 1995, 267: 1332-1334.
[40] GRANSTROM M, INGANAS O, White light emission from a polymer blend light emitting diode [J]. Appl. Phys. Let. , 1996, 68: 147-149.
[41] TASCH S, W LIST E J, EKSTROM O, et al. Efficient white light-emitting diodes realized with new processable blends of conjugated polymers [J]. Appl. Phys. Let. , 1997, 71: 2883-2885.
[42] BERGGREN M, INGANAS O, GUSTAFSSON G, et al. Light e-

mitting diodes with variable colors from polymer blends [J]. Nature, 1994, 372: 444-446.

[43] YANG Y, PEI Q. Efficient blue-green and white light-emitting electrochemical cells based on poly[9,9-bis(3,6-dioxaheptyl)-fluorene-2,7-diyl][J]. J. Appl. Phys., 1997, 81: 3294-3298.

[44] SUZUKI M, HATAKEYAMA T, TOKITO S, et al. High-efficiency white phosphorescent polymer light-emitting devices [J] IEEE JOURNAL OF SELECTED TOPICS IN QUANTUM ELECTRONICS, 2004, 10: 115-120.

[45] DODABALAPUR A, ROTHBERG L, MILLER T. Color variation with electroluminescent organic semiconductors in multimode resonant cavities [J]. Appl. Phys. Let., 1994, 65: 2308-2310.

[46] SHIGA T, FUJIKAWA H, TAGA Y. Design of multiwavelength resonant cavities for white organic light-emitting diodes [J]. J. Appl. Phys. 2003, 93(1): 19-22.

[47] FENG J, LI F, GAO W, et al, White light emission from exciplex using tris-(8-hydroxyquinoline) aluminum as chromaticity-tuning layer [J]. Appl. Phys. Lett., 2001, 78: 3947-3949.

[48] D'ANDRADE B W, BROOKS J, ADAMOVICH V, et al. White light emission using triplet excimers in electrophosphorescent organic light-emitting devices [J]. Advanced Materials, 2002, 14: 1032-1035.

[49] TSUJI T, NAKA S, OKADA H, et al. Nondoped-type white organic electroluminescent devices utilizing complementary color and exciton diffusion [J]. Appl. Phys. Lett., 2002, 81: 3329-3331.

[50] KIJIMA Y, ASAI N, TAMURA S. A blue organic light emitting diode [J]. Jpn. J. Appl. Phys. 1999, 38: 5274-5277.

[51] O'BRIEN D F, BALDO M A, THOMPSON M E, et al. Improved energy transfer in electrophosphorescent devices [J]. Appl. Phys. Lett. 1999, 74: 442-444.

[52] ADACHI C, BALDO M A, FORREST S R, et al. High-efficiency Red Electrophosphorescence Devices [J]. Appl. Phys. Lett. 2001, 78: 1622-1624.

[53] SHEN Z, BURROWS P E, BULOVIC V, et al. Three-Color, Tunable, Organic Light-Emitting Devices [J]. Science, 1997, 276: 2009-2011.

[54] GU G, PARTHASARATHY G, TIAN P, et al. Transparent Stacked Organic Light Emitting Devices. II. Device Performance and Applications to Displays [J]. J. Appl. Phys., 1999, 86: 4076-4084.

[55] CHEN C W, LU Y J, WU C C, et al. Effective connecting architecture for tandem organic light-emitting devices [J]. Appl. Phys. Lett. 2005, 87: 241121.

第5章 Rubrene超薄层发光性质的研究

5.1 引　言

获得全色有机电致发光显示的方法有如下几种：①由覆盖有红、绿或蓝色吸收滤色片的白色发光层组成的大面积电致发光设备，这是获得全色显示最简单的方法，它是在研发 LCD 和电子耦合设备(CCD)时形成的一种成熟的滤色片技术；②采用红、绿、蓝 3 种有机电致发光材料，该发光层为 3 层结构；③通过电压、电流、局部温度或其他参数控制，可获得从蓝到红调控发光的 OLED；④采用蓝色电致发光材料及光致发光的颜色转换材料获得全色显示。除蓝色外，由蓝色光激发光致发光材料，靠外部激发能量转移分别获得绿色和红色光。这种方法的优点是效率高，可不再使用滤色片(滤色片效率低，大致要浪费 2/3 的发射光)。市场调查显示，在被动式矩阵的多色 OLED 显示板商品中，消费者更青睐柔和的天蓝色与黄色的组合面板。此外在高分辨率的全彩色主动 OLED 显示器件的发展趋势中，白光加彩色滤光片也是被看好的量产技术，因为其不需要用到太多的对位掩膜，且适用于大型基板的制备。目前，三洋/柯达所用的 OLED 白光光源就是一种天蓝光加黄光的简易组合，它满足高效率和高稳定的要求。在 OLED 的研究中，虽然黄光不属于三基色，但也非常重要。

在 CIE 色坐标中，黄光应该落在(0.5，0.5)附近，在器件制备过程中可以通过少量掺杂实现，如在 Alq_3 主体材料中掺杂少量的 DCM 或 DCJTB 实现。在分子结构上来说，黄光发光材料不难设计与合成。5,6,11,12-Tetraphenylnaphthacene (Rubrene，也写做 Rb)是一种广泛研究且经常使用的黄光材料。其有如下优点：几乎 100%的荧光量子效率，抗浓度猝灭可达到 7%的掺杂比例，具有双偶极性，可增加器件的稳定性，等等。Rubrene 一个重要作用就是可以帮助能量从主体材料 Alq_3 传递到红光掺杂染料 DCJTB 上(即三洋公司的共掺杂系统)，从而可以制备颜色更为饱和、发光效率更高的红光器件。近年来，Rubrene 也被用来作为一些双极性红光掺杂物(如 RD-3 和出光兴产的 P-1)的主发光体。中国台湾新竹交通大学的研究团队通过改变 Rb 取代基发展出一种更高发光效率的新型黄色掺杂物 tetra(t-butyl)Rubrene (TBRb)，以进一步提升 Rb 衍生物的发光效率。

Rubrene 是一种高荧光效率的黄光荧光染料，通常 Rubrene 是作为掺杂剂或辅助掺杂剂使用的，以 Rubrene 为掺杂剂制备的黄光和白光器件多具有较高的亮度和效率[1,2]。有研究表明 Rubrene 作为掺杂剂掺入主体材料 Alq_3 或 TPD 中都可以提高器件的效率，且以 TPD 为主体的器件的效率和寿命甚至高于以 Alq_3 为主体器件的效率和寿命[3-6]。

在第 4 章我们详细讨论了 DCJTB 超薄层对器件发光性能的影响，为了进一步研究超薄层器件的发光规律和性能，同时也为了提高非掺杂型器件的亮度和效率，我们在器件中引入了另一种高荧光效率的黄光染料 Rubrene 代替 DCJTB 超薄层作为黄光发射层，研究了此薄层对器件性能的影响。并考虑利用 Rubrene 薄层或同时利用 DCJTB 和 Rubrene 薄层的发光与一蓝光材料的发光相混合得到白光器件。同时，我们发现利用 Rubrene 薄层的陷阱作用，和一 DCJTB 薄层得到了色纯度和效率都提高的高亮度红光器件。本章我们将讨论 Rubrene 超薄层的发光特性及其在红光及白光器件中的应用。

5.2 Rubrene 超薄层厚度对器件发光性能的影响

5.2.1 器件的制备及结构

将光刻好的 ITO 衬底，用有机溶剂(酒精、丙酮等)反复清洗。然后，用酒精、丙酮超声处理各一次，最后用去离子水超声处理 3 次。把经去离子水超声过的 ITO 玻璃衬底从水中取出(这个过程是在超净间的环境下进行的)，用 N_2 吹干，这样可以减少 ITO 表面对空气中的杂质和灰尘的吸附。把用 N_2 吹干的 ITO 玻璃衬底放入紫外臭氧处理的腔内进行臭氧处理，时间控制在 8～10 min。

把处理好的玻璃衬底转移到真空镀膜腔中，蒸镀有机层和电极。当镀膜腔内的真空度达到 4×10^{-4} Pa 时，依次蒸镀各有机层和电极，并保持蒸镀速率的恒定以用来保证蒸镀薄膜的均匀性。蒸镀 NPB 和 Alq_3 时选用的蒸镀速率一般约为

0.1 nm/s，Rubrene 和 LiF 薄层蒸镀速率控制在 0.02 nm/s，金属 Al 的蒸镀速率控制在 2～3 nm/s。器件的整个制备过程包括加金属电极的掩模板等过程都是在真空环境下完成的。

为研究 Rubrene 薄层的厚度对器件电致发光性能的影响，我们通过改变 Rubrene薄层的厚度，制得不同结构的器件，器件结构为：ITO/NPB(50nm)/Rubrene(x)/Alq_3(50nm)/LiF(0.3nm)/Al(150nm)，其中 x 为 Rubrene 薄层的厚度，其取值范围为 0.05～5 nm。

器件的电致发光光谱由一 CCD 光谱仪测得(LPS-045，Labsphere)，亮度和电流特性由计算机控制的 PR-650 亮度色度计和 Keithley 2410 电源同时测得。本实验所有的测试都是在室温大气下完成的，所有的器件均没有经过封装处理。

5.2.2 Rubrene 厚度对器件光谱的影响

图 5.1 是器件 ITO/NPB(50nm)/Rubrene(x)/Alq_3(50nm)/Al 在不同 Rubrene厚度时归一化的电致发光光谱。从图中看到，当 Rubrene 厚度小于 0.5 nm时，器件的发光光谱基本是 Rubrene 的发光，几乎看不到 Alq_3 的发光。随 Rubrene 厚度的增加，Alq_3 的发光峰强度也增加。从光谱图上我们可以得到，器件中载流子的复合基本都是发生在 Rubrene 薄层中，这是由于 Rubrene 可以俘获空穴形成 Rubrene 阳离子，Rubrene 阳离子可与从阴极注入的电子复合发光[7]。随 Rubrene 薄层厚度的增加，其发光强度会由于浓度猝灭而相对降低，同时由于 Rubrene可以俘获空穴，在界面处会形成空穴的积累，这样可以提高 Alq_3 中的电场

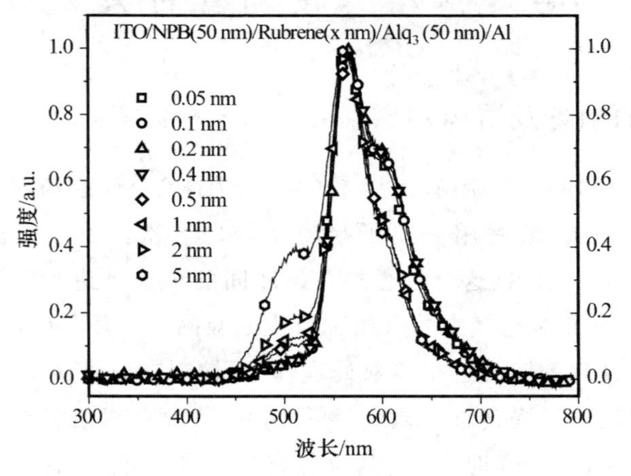

图 5.1 不同 Rubrene 厚度下器件的归一化电致发光光谱

强度，从而促进电子注入，这样会使在光谱中 Alq_3 的发光越来越显著。

5.2.3　Rubrene 厚度对器件亮度和效率的影响

测试器件的亮度和电流如图 5.2 所示，可以看到随 Rubrene 厚度的增加器件亮度有明显下降，同时从它们的电流效率和功率效率图(图 5.2)上可以看到，器件的效率随 Rubrene 厚度的增加下降很快，Rubrene 厚度为 0.4nm 时的效率约为 0.05nm时效率的一半。我们认为器件亮度的降低是由于 Rubrene 分子的荧光猝灭引起的，这与文献[7]报道的结果一致。

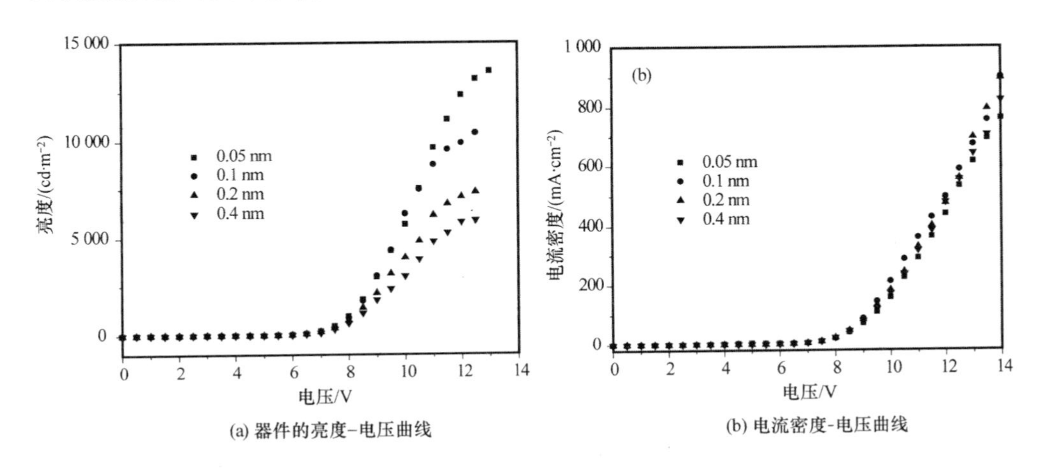

图 5.2　器件的亮度-电压曲线和电流密度-电压曲线

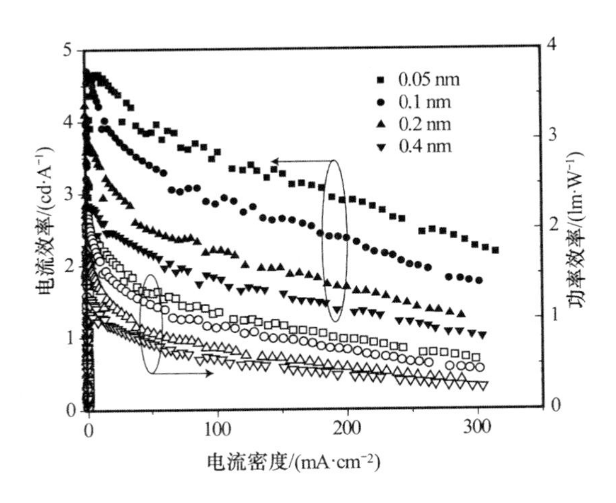

图 5.3　器件的电流效率-功率效率-电流密度曲线

5.3 Rubrene 超薄层位置对器件发光性能的影响

5.3.1 器件的制备及结构

器件的制备及测试过程如前一节所述，在制备器件时，选取 Rubrene 薄层的厚度为 0.3nm，改变此薄层在器件中的位置。器件的结构如下。

- 器件 1：ITO/NPB(30nm)/Rubrene(0.3nm)/NPB(20nm)/Alq_3(50nm)/LiF(0.3nm)/Al(150nm)。
- 器件 2：ITO/NPB(40nm)/Rubrene(0.3nm)/NPB(10nm)/Alq_3(50nm)/LiF(0.3nm)/Al(150nm)。
- 器件 3：ITO/NPB(50nm)/Rubrene(0.3nm)/Alq_3(50nm)/ LiF(0.3nm)/Al(150nm)。
- 器件 4：ITO/NPB(50nm)/Alq_3(10nm)/Rubrene(0.3nm)/Alq_3(40nm)/LiF(0.3nm)/Al(150nm)。

5.3.2 Rubrene 位置对器件光谱的影响

图 5.4 是器件 1～4 在电压为 7 V 时的电致发光光谱，可以看到当 Rubrene 薄层位于 NPB/Alq_3 界面时，器件的发光主要是来自 Rubrene，Alq_3 的发光强度几乎看不到。当 Rubrene 薄层远离 NPB/Alq_3 界面时，Alq_3 的发光强度在总发光强度中的比例增加很快，当 Rubrene 薄层离 NPB/Alq_3 界面距离为 20nm 时（器件 2），器件的发光完全来自 Alq_3。当 Rubrene 位于 NPB 层中时，Rubrene 发光的减少和 Alq_3 发光强度的增加应该是因为 NPB/Alq_3 界面对电子的阻挡作用[8]，使部分电子和空穴分别在 Rubrene 薄层和 Alq_3 分子上复合发光。

从图 5.4 可以看到器件的电致发光光谱是 Alq_3 和 Rubrene 两种材料发光光谱的叠加。为了更精确地确定不同位置 Rubrene 薄层器件的发光区域，需要把器件的光谱分解成 Alq_3 和 Rubrene 两种材料独立的发光光谱。这里我们假定两种材料发射光谱的形状不随器件不同而改变，这样器件在某一波长处的发光强度可以看成 Alq_3 和 Rubrene 两种材料在此波长处各自独立发光强度的叠加，由于对每一种材料在各个波长处的发光强度满足确定的关系（即为一定值，这可以从材料的独立发光光谱中得到），因此可以通过选定某些特定的波长及其在此波长处的发光强度，从而确定两种独立发光材料的强度[8,9]。

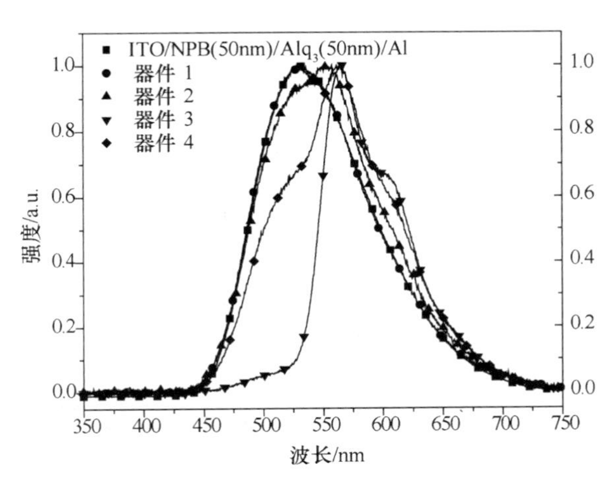

图 5.4　器件 1～4 的电致发光光谱

图 5.5 是这种简单光谱分离方法的示意图，其中，P_1，P_2 分别为波长为 λ_1 和 λ_2 处的 EL 光谱强度；P_A 和 P_B 分别为 A，B 材料在相应波长下独立发光强度，由于材料的光谱谱形是由材料性质决定，因此同一材料在不同波长处的发光强度比是一定值，可设

$$m = p_{A1}/p_{A2} \tag{5.1}$$

$$n = p_{B2}/p_{B2} \tag{5.2}$$

式中，m，n 值是由材料的性质确定的定值。

光谱的分解步骤为

$$P_1 = p_{A1} + p_{B1} = p_{A1} + p_{B2}/n \tag{5.3}$$

$$P_2 = p_{A2} + p_{B2} = p_{A1}/m + p_{B2} \tag{5.4}$$

根据确定的 m，n 值，通过上面的方程组可以很容易获得两种材料的独立发光强度。

我们采用上述的方法和步骤对器件 4 的光谱进行分解，即分解成 Alq_3 和 Rubrene两种独立发射光谱的叠加。图 5.6 是器件 4 光谱的分离图，从图中可以看到器件 4 的 EL 光谱可以分解成 Alq_3 和 Rubrene 两种材料发射光谱的叠加，同时这两个光谱重新组合后的光谱也和器件的发射光谱重叠很好，这说明对本实验而言此处采用的这种光谱分离的方法是合理的。两材料之间没有发生相互作用形成二聚体或激基复合物。通过 origin 软件可分别求两种独立的发射光谱积分面积，这两者发光面积的比值即为它们各自发光强度对器件 EL 亮度的贡献。我们采用同样的方法把器件 1～4 光谱进行分离，并计算 Alq_3 和 Rubrene 各自独立的积分强度，两者的相对峰值及其比例关系列于表 5.1 中。

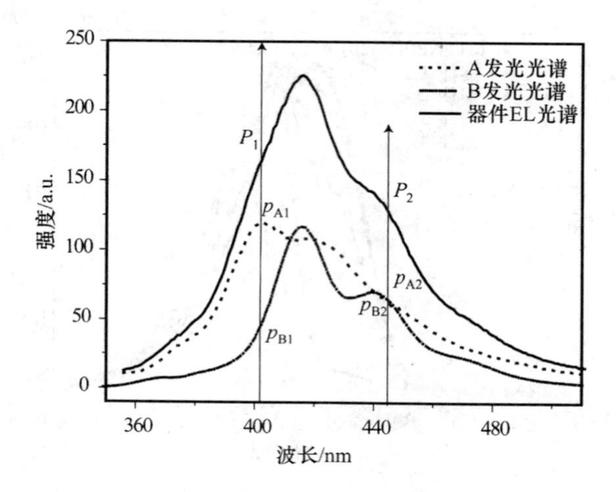

图 5.5　光谱分离方法的示意图

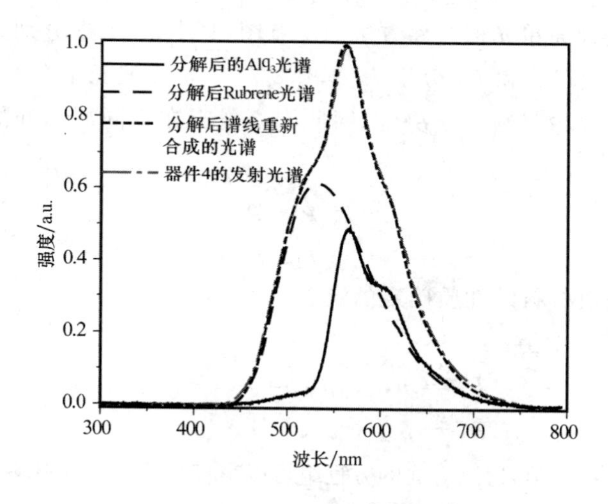

图 5.6　器件 4 的发射光谱分离图

由表 5.1 中的数据，可以得到器件光谱中 Rubrene 发光强度占器件总发光强度的比例与薄层位置的关系，我们把发光强度的比值与 Rubrene 的位置之间的关系作图(如图 5.7 所示)。由图 5.7 可以看到 Rubrene 的发光比例随薄层位置远离 NPB/Alq_3 界面而迅速减小，只有当薄层位置在靠近界面 4～5 nm 的范围内，器件的光谱才主要是 Rubrene 的发光(＞80％)。这里我们假定在结构为 ITO/NPB (50 nm) / Alq_3(50 nm)/LiF(0.3 nm)/Al 的参考器件中，激子的复合是发生在靠近 NPB/ Alq_3 界面 Alq_3 一侧；Rubrene 薄层能够完全俘获迁移到其位置处的激子并发光。在稳定电流激发下，Alq_3 激子密度 $\rho(x)$ 可以写成[10]

$$\rho(x) = \rho(0)\exp(-x/L)$$

考虑到界面处激子态密度为 $\rho(0)$，x 为薄层到界面处的距离，L 为激子扩散长度。这样在 Alq_3 层中，激子扩散长度在 15～20 nm 之间，该结果与文献[10]报导的激子扩散长度为 20 nm 基本一致。

表 5.1　器件 1～4 的光谱分离峰值及积分强度对照表

Device	器件 1		器件 2		器件 3		器件 4	
Spectra	峰值	积分强度	峰值	积分强度	峰值	积分强度	峰值	积分强度
Alq_3	1	119.78	0.905 1	105.48	0	0	0.621	72.37
Rubrene	0	0	0.26	21.18	1	81.47	0.49	39.92

注：表中的峰值是指两种材料的发光强度在其各自峰值波长（Alq_3：528 nm，Rubrene：564 nm）处的大小。

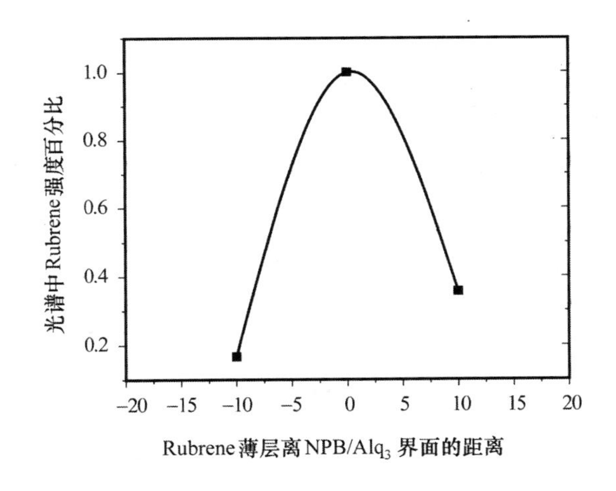

图 5.7　器件光谱中 Rubrene 积分强度所占整个光谱的比例与薄层位置的关系

当然，这里没有考虑 Rubrene 薄层直接俘获电子/空穴而发光，以及由于 Rubrene薄层加入引起的分子极性等变化[11]。当 Rubrene 薄层位移 NPB 层中时，由于 NPB/Alq_3 界面处势垒，使激子向 NPB 薄层中扩散更加困难，Rubrene 薄层的发光主要由于其作为陷阱而俘获电子/空穴发光。使得 Rubrene 薄层在距离 NPB/Alq_3 界面处为 10 nm 时，Rubrene 的发光强度约为总发光强度的 20％。

5.3.3　Rubrene 位置对器件亮度和效率的影响

图 5.8 是器件在 Rubrene 薄层不同位置时的亮度-电流密度-电压曲线，从图

中可以看到 Rubrene 薄层位于 NPB/Alq_3 界面时，器件有最大的亮度和电流密度，当 Rubrene 薄层在 NPB/Alq_3 界面两侧时的器件亮度和电流密度都降低。且此薄层离界面的距离越远，器件的亮度越低。这可能是由于 Rubrene 薄层在界面处的发光，降低了载流子在界面处的积累，从而促进了载流子注入引起器件工作电流的增加。从器件的效率图（图 5.9）中可以看到 4 个器件的效率靠近阳极时电流效率较大，随薄层位置向阴极移动时，其电流效率逐渐降低，而器件的功率效率差别不大。

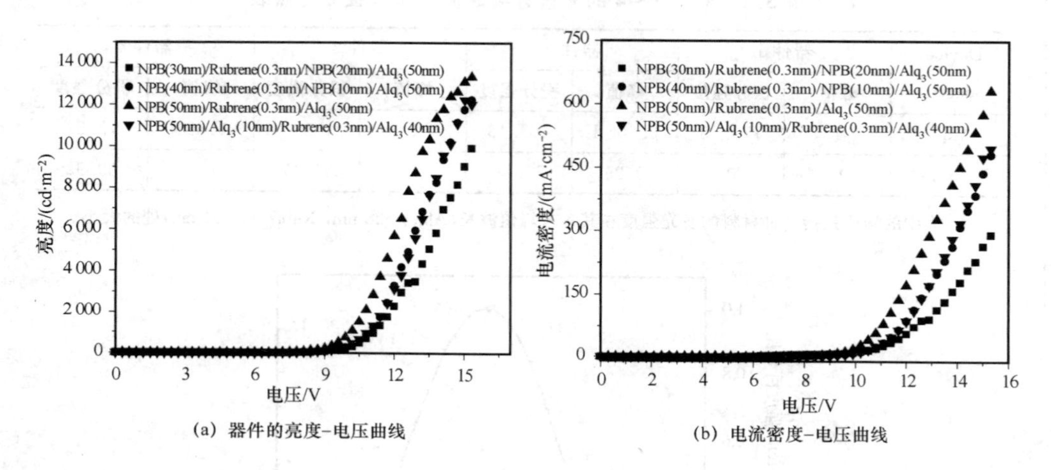

(a) 器件的亮度-电压曲线　　(b) 电流密度-电压曲线

图 5.8　器件的亮度-电压曲线和电流密度-电压曲线

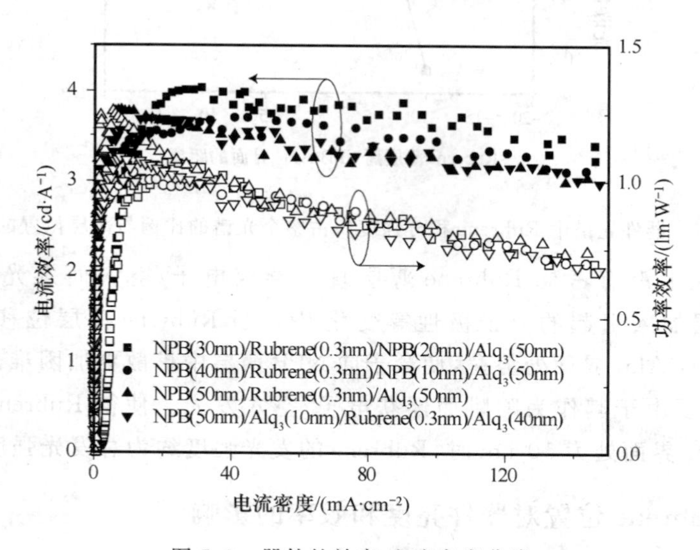

图 5.9　器件的效率-电流密度曲线

5.4 用Rubrene超薄层来提高红光器件的发光性能

在第4章我们提到用DCJTB薄层来实现红光发射时，由于DCJTB的发光峰值波长的移动和Alq_3光谱的影响，使器件发光色纯度不是完全位于红光区。在DCJTB掺杂的器件中也会有光谱移动和基质材料Alq_3的发光，第3章中我们也得到了这样的结果。在DCJTB掺杂的器件中，为了提高器件的色纯度同时也为了减少器件光谱中基质材料Alq_3的发光，Feng Li等人[12]用Rubrene和Alq_3共掺杂的方式，不仅提高器件的亮度和效率还提高了色纯度，这是因为Rubrene的加入提高了从Alq_3到DCJTB的能量传递过程，他们指出这个过程不一定是FÖrster能量传递过程。我们考虑利用Rubrene能提高能量传递利于DCJTB发光的特性，将Rubrene和DCJTB薄层同时用到器件中以实现高色纯度的红光发射。

5.4.1 单层和双层Rubrene的红光器件

我们采用如前文所述的器件制备及测试方法，制备了两种结构的器件，两种器件都有一红光DCJTB薄层，并分别采用了单层及双层Rubrene作为红光发光辅助层，器件结构如下。

- 器件1：ITO/NPB(49 nm)/DCJTB(0.1 nm)/NPB(1 nm)/Rubrene(0.05 nm)/Alq_3(40 nm)/ LiF(0.3 nm)/Al(150 nm)。
- 器件2：ITO/NPB(48 nm)/Rubrene(0.05 nm) /NPB(1 nm)/DCJTB(0.1 nm)/NPB(1 nm)/Rubrene(0.05 nm)/Alq_3(40 nm)/LiF(0.3 nm)/Al(150 nm)。

图5.10是两种器件在不同电压下的发光光谱及器件的色坐标随电压的变化。从图5.10(a)中可以看到器件1的光谱峰值在626 nm，在随电压的改变，器件的发光峰值基本没有变化。图5.10(a)中的两幅插图是器件在不同电压下的色坐标，当电压从5 V增加到13 V时，器件的色坐标变化不大，且都是非常好的红光发射。在图5.10(b)中，可以看到器件2的电致发光光谱的峰值在617 nm，且从器件的色坐标可以看到，器件的发光基本分布在红光区域，且随电压的增加器件色坐标变化很小。

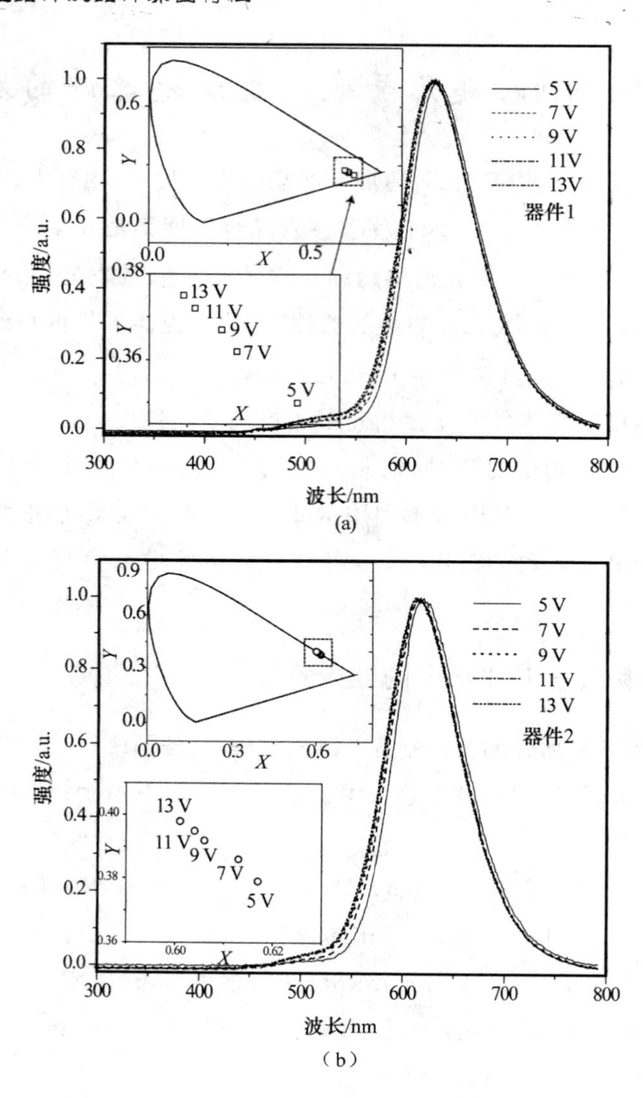

图 5.10　两种器件在不同电压下的电致发光光谱及其色坐标的变化

图 5.11 是器件的亮度-电压-电流密度曲线和效率-电流密度曲线。从图中可以看到两种器件都有很高的亮度，其中器件 1 的亮度在电流密度为 20 mA/cm² 和 100 mA/cm² 时分别达到 920 cd/m² 和 3 496.5 cd/m²，器件 2 的亮度在 20 mA/cm² 和 100 mA/cm² 时分别达到 1 753.5 cd/m² 和 6 754.5 cd/m²。两种器件的效率也很高，在 100 mA/cm² 时器件 1 和 2 的效率分别达到 3.4 cd/A (1.34 lm/W)和 6.6 cd/A (2.69 lm/W)。可以看到器件 2 的亮度和效率都比器件

1 要高，器件 2 的效率约是器件 1 的两倍。我们认为器件 2 的效率提高是因为双层 Rubrene 更容易俘获载流子形成激子，同时把能量传递给 DCJTB 层而使其发光。器件中各薄层间 1 nm 的 NPB 层的作用有两个：一是使器件形成量子阱的结构（如图 5.12 所示），利于 Rubrene 层俘获载流子，二是这一薄层厚度小于激子的扩散长度，这样不会影响层间的 FÖrster 能量传递。因此，使具有双层 Rubrene 结构的器件具有更高的亮度和效率。

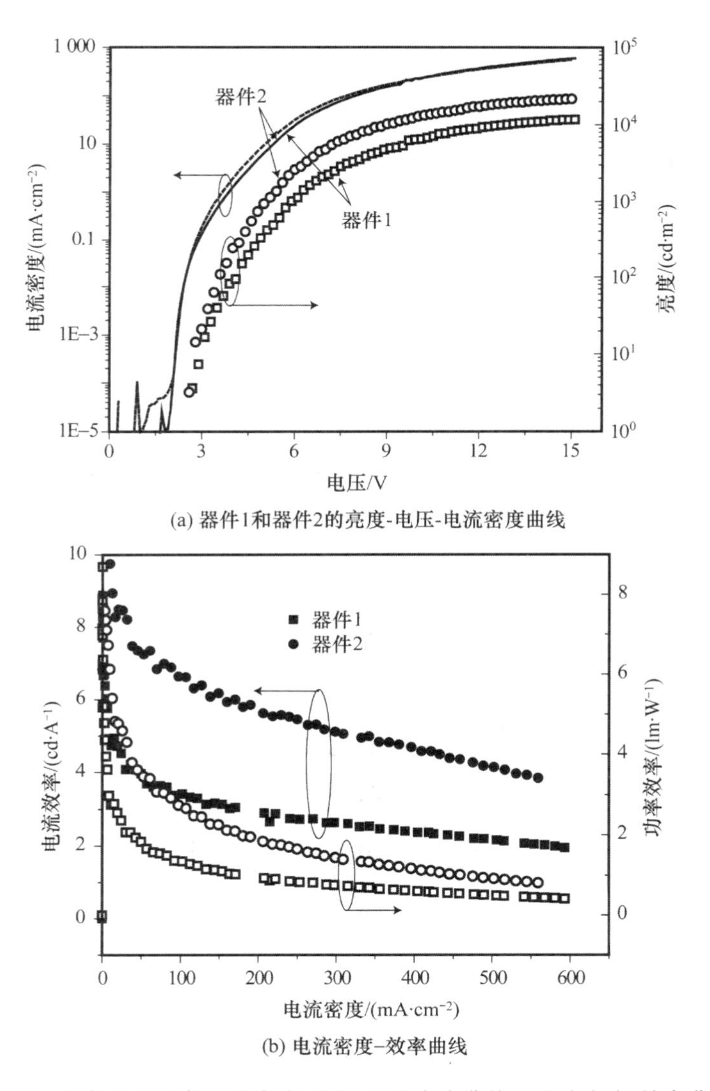

(a) 器件1和器件2的亮度-电压-电流密度曲线

(b) 电流密度-效率曲线

图 5.11　器件 1 和器件 2 的亮度-电压-电流密度曲线和电流密度-效率曲线

5.4.2 有空穴阻挡层的器件

为了得到纯度更高的红光器件的发光，就要使光谱中的 Alq_3 尽量少，因此我们想到可以采用空穴阻挡层来制作器件，我们采用两种空穴阻挡材料分别是 BCP 和 PBD，器件结构如下。

- 器件 A：ITO/NPB(49 nm)/DCJTB(0.1 nm)/NPB(1 nm)/Rubrene(0.05 nm)/BCP(15 nm)/Alq_3(40 nm)/LiF(0.3 nm)/Al(150 nm)。
- 器件 B：ITO/NPB(49 nm)/DCJTB(0.1 nm)/NPB(1 nm)/Rubrene(0.05 nm)/PBD (15 nm)/Alq_3(40 nm)/LiF(0.3 nm)/Al(150 nm)。
- 器件 C：ITO/NPB(48 nm)/Rubrene(0.05 nm)/NPB(1 nm)/DCJTB(0.1 nm)/NPB (1 nm)/Rubrene(0.05 nm)/BCP(15 nm)/Alq_3(40 nm)/LiF(0.3 nm)/Al(150 nm)。
- 器件 D：ITO/NPB(48 nm)/Rubrene(0.05 nm)/NPB(1 nm)/DCJTB(0.1 nm)/NPB (1 nm)/Rubrene(0.05 nm)/PBD(15 nm)/Alq_3(40 nm)/LiF(0.3 nm)/Al(150 nm)。

器件的制备和测试过程均如前文所述。

图 5.13 是这 4 种器件的电致发光光谱图，从光谱图上可以看到器件的发光主要是来自 DCJTB 的发光，且 4 种器件的峰值分别位于 604 nm，608 nm，604 nm 和 608 nm。因此这 4 种器件都能实现较好的红光发射。

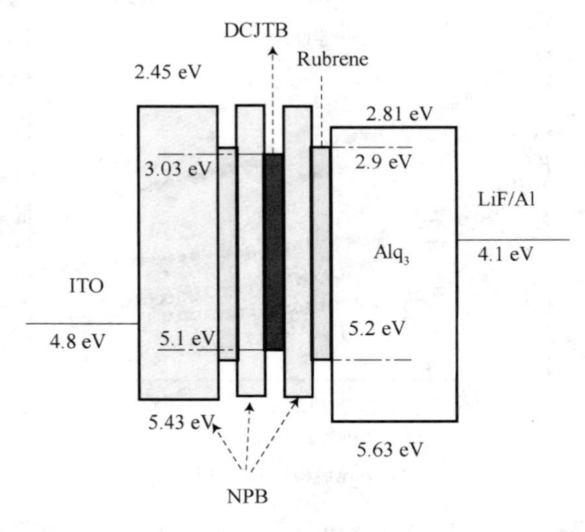

图 5.12 器件的能级结构图

但对这 4 种器件的光谱在 400～500 nm 处均有 2 个小的发光峰且发光峰值随电压增加都有升高。同时从光谱上也可以看到，BCP 和 PBD 两种材料对空穴的阻挡效果也是不一样的。对以 BCP 作为空穴阻挡层的器件〔如图 5.13(a)和(c)所示〕，随电压的增加光谱的变化不大，且光谱没有明显的展宽，而以 PBD 作为空穴阻挡层的器件〔如图 5.13(b)和(d)所示〕，随电压的增加光谱有展宽现象，特别是器件 D 中 Alq_3 的发光已经比较明显。因此，BCP 可以更加有效的阻挡空穴的传输，使更多空穴在界面处发生积累从而被 Rubrene 俘获，并与电子形成激子，然后把激子能量传递给 DCJTB 薄层。

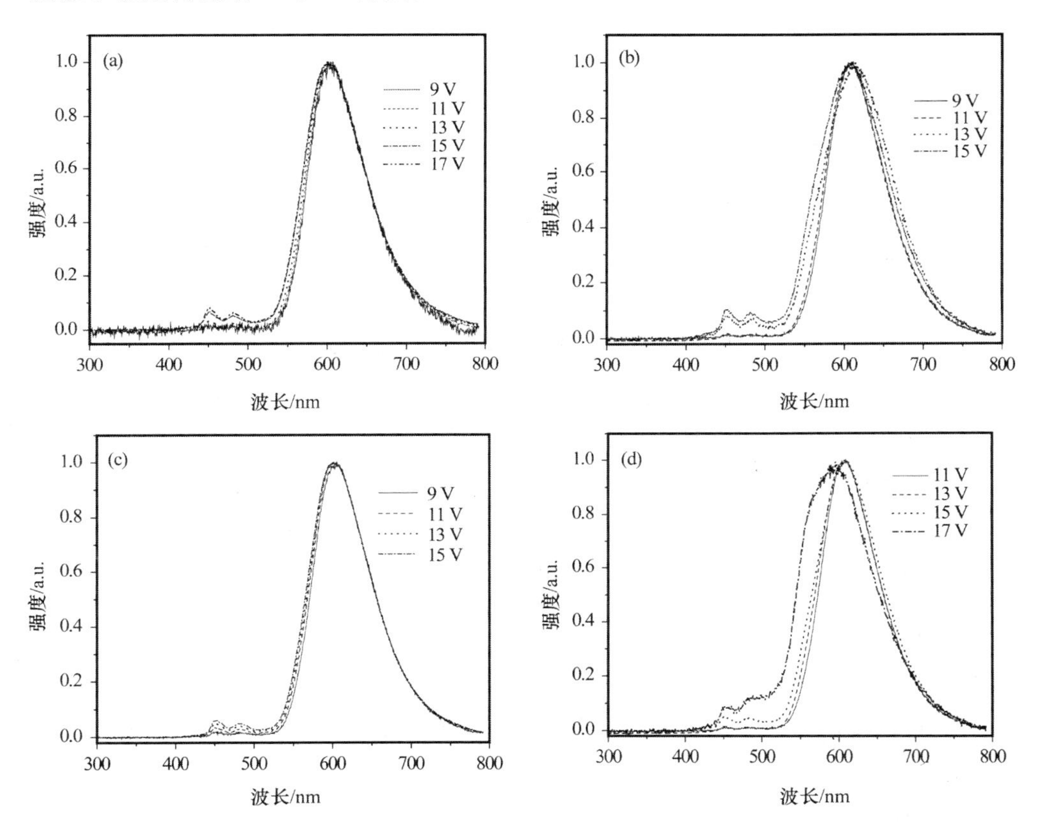

图 5.13　4 种器件在不同电压下的电致发光光谱

从图 5.13 中我们发现，器件光谱中在 400～500 nm 间的两个小的发光峰的峰值分别位于 450 nm 和 480 nm 附近，且这两个发光峰都随电压的升高而增大，为更清楚地确定发光峰的位置，我们把器件 C 的发射光谱局部放大(如图 5.14 所示)。

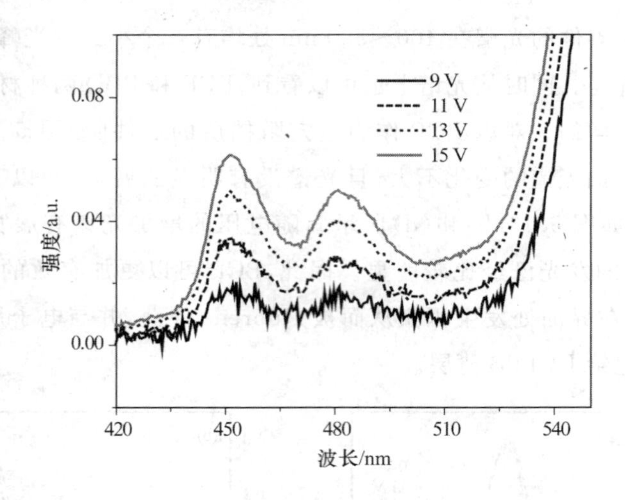

图 5.14　器件 C 在不同电压下的电致发光光谱局部放大图

这两个发光峰都不是来自 NPB 的发光，因为两个发光峰的半高全宽都约为20 nm，而 NPB 的光谱较宽(约为 70 nm)。对于这两个峰的来源我们将在下文进行详细说明。

图 5.15 是器件的亮度-电压-电流密度曲线和电流密度-效率曲线，从图中可以看到，以 BCP 作为阻挡层的器件(器件 A 和器件 C)的亮度和效率都高于 PBD 作为阻挡层的器件(器件 B 和器件 D)，且器件的最大亮度约为后者的 2 倍。我们认为器件亮度和效率的提高是因为 BCP 能更加有效地阻挡空穴，从而使更多的载流子参与复合发光。同时我们还发现器件 A 和器件 C 比器件 B 和器件 D 更加稳定。

前文我们提到在器件光谱中蓝光区出现的两个小的发光峰，根据发光峰的光谱宽度可以确定其不是来自 NPB 的发光，同时根据 4.3.2 小节中对于结构为 ITO/NPB(50 nm)/BCP(10 nm)/Alq_3(50 nm)/LiF(0.3 nm)/Al(150 nm)的器件，其电致光谱完全来自 NPB 的发光，因此可以确定在本节中器件 A 和器件 C 光谱中蓝光区出现的两个小的发光峰与 Rubrene 薄层有关。为了确定在器件光谱中蓝光区出现的两个小的发光峰来源，我们制作 3 种器件，其结构为

- 器件 1 ITO/NPB (50 nm)/BCP (10 nm)/Alq_3(40 nm)/LiF (0.3 nm)/Al；
- 器件 2 ITO/NPB (50 nm)/BCP (10 nm)/Rubrene (0.05 nm)/Alq_3 (40 nm)/LiF (0.3 nm)/Al；
- 器件 3 ITO/NPB (50 nm) /Rubrene (0.05 nm)/BCP (10 nm)/Rubrene (0.05 nm)/Alq_3(40 nm)/LiF (0.3 nm)/Al。

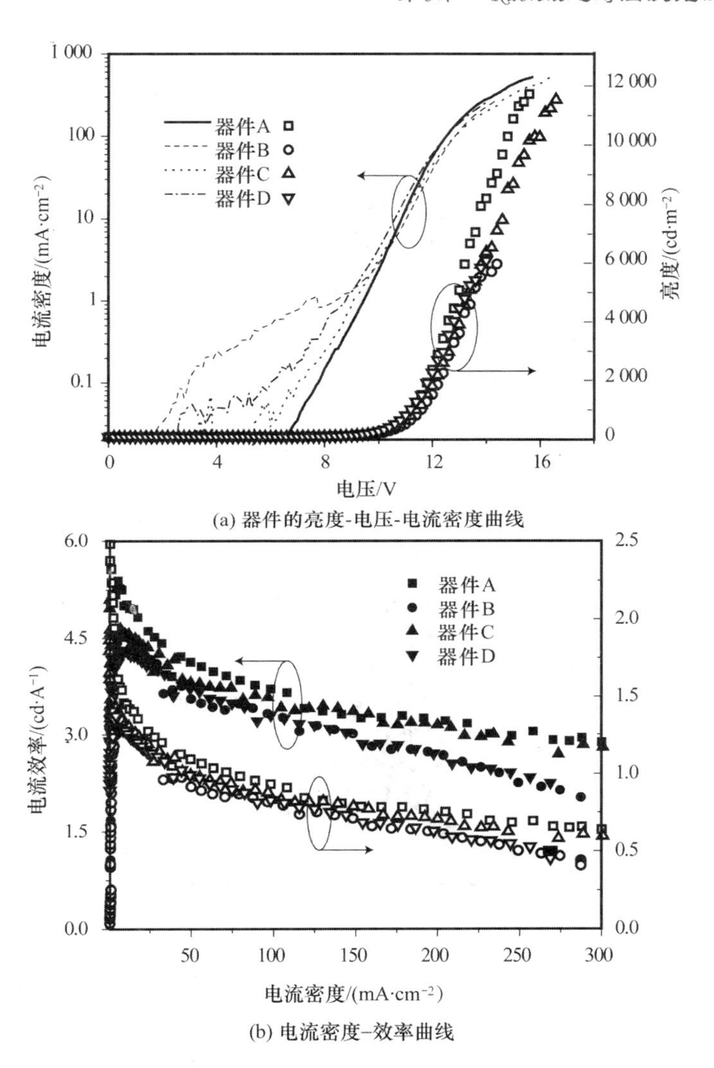

(a) 器件的亮度-电压-电流密度曲线

(b) 电流密度-效率曲线

图 5.15 器件的亮度-电压-电流密度曲线和电流密度-效率曲线

NPB不仅是一种常用的空穴传输材料，而且也是一种好的蓝光发光材料[13]。我们以NPB为空穴传输和发光材料，BCP为空穴阻挡材料制备了结构为器件1所示的器件。该器件在不同电压下归一化的电致发光光谱如图5.16(a)所示。从图中可以看出，器件的发光完全来自NPB，这说明激子的复合区域在NPB层中。由于BCP的HUMO能级比NPB的HUMO能级低，因此空穴要穿过NPB/BCP界面处的一个较高的势垒就需要更大的能量。这样由于BCP的阻挡，电子和空穴基

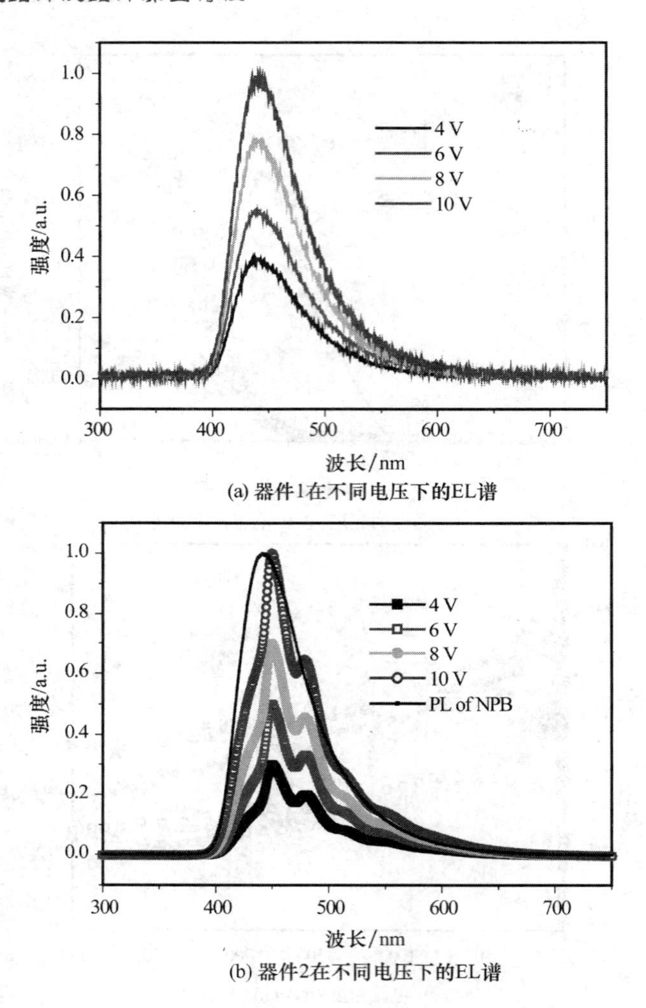

(a) 器件1在不同电压下的EL谱

(b) 器件2在不同电压下的EL谱

图 5.16 器件 1 和器件 2 在不同电压下的 EL 谱

本是在 NPB 中靠近 BCP 层的一侧复合[14]，在器件的电致发光光谱中只有 NPB 的发光。当我们制备如器件 2 所示的器件，即把一 0.05 nm 的 Rubrene 薄层蒸镀在 BCP 和 Alq_3 之间，该 Rubrene 的厚度通过晶振测得，在该厚度时 Rubrene 应该没有形成一连续的薄膜，此时 Rubrene 分子可以看成一些分散的量子点。该器件在不同电压下的发射光谱如图 5.16(b)所示，从器件的 EL 谱中可以看到有两个主要的发光峰，其分别位于 450 nm 和 479 nm。为了便于对比，我们把 NPB 的 PL 光谱放在图 5.16(b)中做出。可以看到，无论是从峰位还是光谱的形状来看，位于

450 nm和 479 nm 的两个发光峰既不是来自 NPB 的发光，也不是来自 BCP 的发光。这两个发光峰应来自新的发光物质或发光机制。在器件的 EL 光谱中还有两个小的肩峰，其分别位于 520 nm 和 555 nm 处，此发光峰位与 Alq_3 和 Rubre1ne 的发光峰接近，因此我们认为此发光应该分别来自 Alq_3 和 Rubrene 的发光。该器件具有较好的发光性能，其电压-亮度-电流特性如图 5.17 所示，器件的启亮电压（亮度达到1 cd/m^2时的电压）为 3.5 V，在 13.5 V 时其亮度达 2 750 cd/m^2。插图为器件的效率-电流密度曲线，其最大效率达到了 2.04 cd/A。

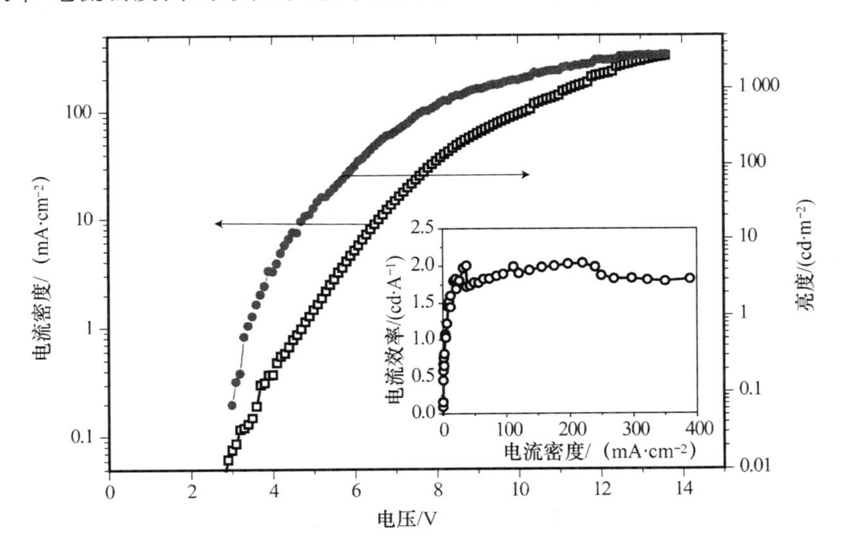

图 5.17 器件的电压-亮度-电流密度曲线（插图：器件的效率-电流密度曲线）

为了确定器件发光峰的来源，我们制备了不同结构的薄膜，并研究了薄膜的光致发光光谱（如图 5.18 所示）。两个薄膜样品分别为：

（A） NPB(45 nm)/BCP(10 nm)/Rubrene(0.2 nm)；

（B） BCP(45 nm)/Rubrene(0.2 nm)。

对样品（A），其激发波长为 352 nm，样品（B）的激发波长为 318 nm。从图 5.18中可以看到，样品（A）的发射光谱和图 5.16(a)中器件的电致发光光谱相似，在 450 nm 和 479 nm 处都有两个主要的发光峰，薄膜的光致发光光谱约在 435 nm 处也有来自 NPB 的发光。在样品（B）的光致发光光谱中，在 390 nm 左右有一发光峰，这应该是 BCP 薄膜的发光，而分别在 450 nm 和 479 nm 处都有两个发光峰，同时在图 5.18 中的两条谱线上都几乎看不到 Rubrene 的发光，这样可以确定 450 nm 和 479 nm 处的发光应该来自 BCP 和 Rubrene 所形成激基复合物的发光。

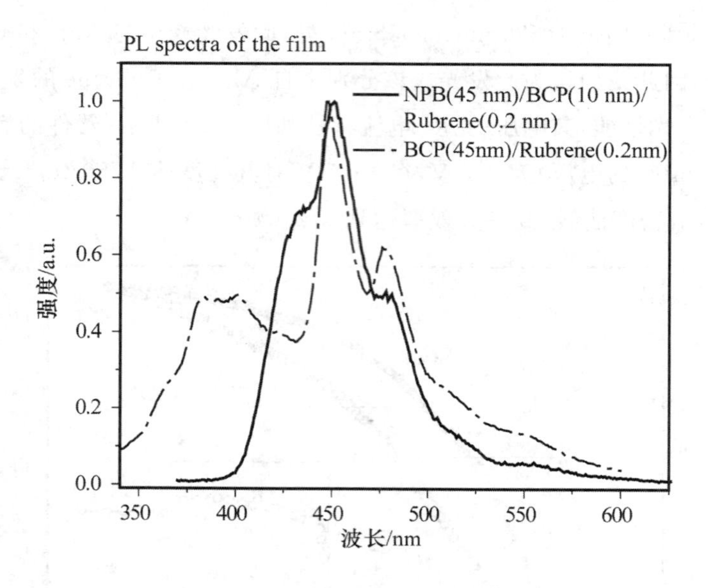

图 5.18　薄膜的光致发光光谱

我们还制备了结构为器件 3 的器件，其与器件 2 的不同之处在于另有一厚度为 0.05 nm 的 Rubrene 薄层蒸镀在 NPB/BCP 界面处。图 5.19(a)为器件 3 在不同电压下的 EL 谱，从图中可以看出，器件的发光主要来自 Rubrene 的发光，具体来说其应该是来自 NPB/Rubrene/BCP 界面处的发光，在界面处积累的电子和空穴可以首先在 NPB 分子上形成激子，然后通过能量传递过程把能量传给 Rubrene 分子，也可能有部分 Rubrene 分子能够直接俘获电子和空穴而发光。在光谱中也能够看到大约在 450 nm 和 479 nm 处都有两个发光峰，此发光应该是来自 BCP/Rubrene 界面处激基复合物的发光。图 5.19(b)为所用材料的能级结构示意图，从图中可以较直观地看到激子发光及激基复合物的发光过程。通过器件 2 和器件 3 的结构对比，可知在 NPB/BCP 界面处的 Rubrene 分子主要提供了它自身的发光，其能量可能来自 NPB 的能量传递或其直接俘获电子空穴而发光。而在 BCP/Rubrene 界面处的分子则提供了激基复合物的发光。

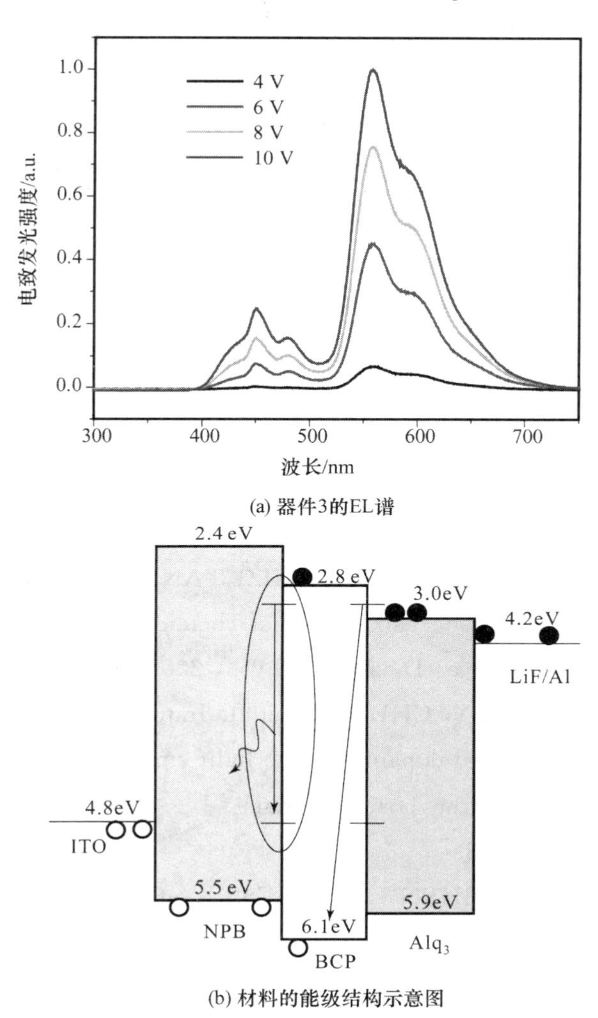

(a) 器件3的EL谱

(b) 材料的能级结构示意图

图 5.19　器件 3 的 EL 谱和材料的能级结构示意图

5.5　本章小结

我们利用 Rubrene 薄层为发光层，研究了其在器件中不同位置的发光，发现当薄层位置在靠近界面 4～5 nm 的范围内，器件的光谱才主要是 Rubrene 的发光(>80%)。

利用 Rubrene 薄层作为红光发光辅助层，制作了以 DCJTB 为红光发光层的器件，与仅有 DCJTB 为红光发光层的器件相比，不仅大大提高了器件的亮度和效率，而且提高了器件的色纯度。我们认为 Rubrene 薄层的加入可以提高载流子的束缚作用，同时还可能发生从 Rubrene 到 DCJTB 的能量传递。

在上述器件的基础上，引入空穴阻挡层(BCP 和 PBD)制作结构如 ITO/NPB (48nm)/Rubrene(0.05nm)/NPB(1nm)/DCJTB(0.1nm)/NPB(1nm)/Rubrene (0.05nm)/BCP 或 PBD(15nm)/Alq_3(40nm)/Al 的器件，这一空穴阻挡层可以把激子的复合区域限制在阻挡层靠近阳极的一侧。器件发光光谱中完全没有 Alq_3 的发光，而在蓝光处出现两个微小的发光峰，两个发光峰来自 Rubrene 和 BCP 或 BCP 所形成的激基复合物的发光。

参 考 文 献

[1] YAMASHITA K, MORI T, MIZUTANI T. Encapsulation of organic light-emiting diode using thermal chemical-vapour-deposition polymer film [J]. J. Phys. D: Appl. Phys., 2001, 34: 740-743.

[2] CHEN B, LIN X, CHENG L, et al. Improvement of eficiency and colour purity of red-dopant organic light-emiting diodes by energy levels matching with the host materials [J]. J. Phys. D: Appl. Phys., 2001, 34: 30-33.

[3] CHOONG V, SHEN J, CURLESS J, et al. Efficient and durable organic alloys for electroluminescent [J]. J. Phys. D: Appl. Phys., 2000, 33: 760-763.

[4] AZIZ H, POPOVIC Z. Study of organic light emiting devices with a 5, 6,11,12-tetraphenylnaphthacene (rubrene)-doped hole transport layer [J]. Appl. Phys. Lett, 2002, 80: 2180-2182.

[5] SAKAMOTO G, ADACHI C, KOYAMA T, et al. Significant improvement of device durability in organic light-emitting diodes by doping both hole transport and emitter layers with rubrene molecules [J]. Appl. Phys. Lett, 1999, 75: 766-768.

[6] BALDO M A, FORRESR S R. Transient analysis of organic electrophosphorescence: 1. Transient analysis of triplet energy transfer [J].

Phys. Rev. B, 2000, 62: 10958-10966.

[7] MATUSUMURA M, FURUKAWA T. Efficient electroluminescence from a rubrene sub-monolayer inserted between electron-and hole-transport layers [J]. Jpn. J. Appl. Phys., 2001, 40: 3211.

[8] MORI T, MIYACHI K, MIZUTANI T. A study of the electroluminescence process of an organic electroluminescence diode with an Alq33 emission layer using a dye-doping method, [J] J. Phys. D: Appl. Phys., 1995, 28: 1461-1467.

[9] HAO J, DENG Z, YANG S. Relationship between exciton recombination zone and applied voltage in organic light-emitting diodes[J]. Displays, 2006, 27(3): 108-111.

[10] TANG C W, VANSLYKE S A, CHEN C H. Electroluminescence of doped organic thin films [J]. J. Appl. Phys., 1989, 65(9): 3610-3612.

[11] BULOVIC V, SHOUSTIKOV A, BALDO MA. Bright, saturated, red-to-yellow organic light-emitting devices based on polarization-induced spectral shifts[J]. ChemPhysLett, 1998, 287: 455-460.

[12] LI F, LINJ L, FENG J, et al. Electrical and optical characteristics of red organic light-emitting diodes doped with two guest dyes, [J]Synt. Met., 2003, 139: 341-346.

[13] KIJIMA Y, ASAI N, TAMURA S. A blue organic light emitting diode [J]. Jpn. J. Appl. Phys. 1999, 38: 5274-5277.

[14] 王洪，于军胜，李璐，等. BCP 层对蓝光有机电致发光器件效率的影响 [J]. 光电子·激光, 2008, 19(11): 1429-1432.

第6章 界面特征与器件性能

6.1 OLED界面的电子结构

有机电致发光器件自从C. W. Tang制作出第一个高性能的发光器件以来，无论是在科研领域还是在商业领域都已经在成为人们非常感兴趣的研究热点。同时，为了提高器件的性能，人们迫切对器件内部物理化学过程进行了解。已经有很多工作开始了对金属/有机物界面、载流子注入及传输、载流子复合、能量传递、掺杂等过程的研究。由于有机电致发光是一个复杂的物理过程，且受到器件制备过程的影响，即使对器件某一特定物理过程的了解也不能脱离实验本身而详细预测器件的性能，但对器件特性的了解有助于指导人们进行器件的设计。

由于有机分子材料呈现的各种复杂性，例如，由大量中性分子构成的有机分子薄膜在工作时有大量载流子注入；当薄膜中存在过量电荷时，可引起材料内部中性分子的离子化，以及出现相应的分子极化与松弛；有机分子在外部能量的激励下可产生电子的激发态及振动激发态；有机材料内部激子的形成以及随之而来的相关效应；由结构变动与热涨落引起的分子排列的错乱与无序。有机材料与无机材料相比，有机分子内部电子和空穴都处于局域状态，它们的能级很窄；载流子在材料内部的运动是通过载流子的跳跃完成的。因此对有机分子来说，采用单电子近似和宽带离域那种无机体系使用的刚性能带模型是不合适的。有机分子是一种体积小，仅有少数电子的闭壳体系，它可以简单地通过引入或除去其中的荷电粒子（电子转移和电荷转移）而改变它们的能级，继而出现激发态的弛豫、极化以及构型变化等，并可导致形成极化子及其他的激发态结构。这些性质对于通过光电子能谱或其他技术测得的有关载流子传输材料表面和界面数据的解释增加了难度。另一个对分子薄膜的界面物理性质带来较大影响的是，由于分子间范德华力构成的有机固体材料可以与金属材料，或与之接触的其他材料间发生扩散，甚至化学反应。不同材料间互相渗入，且渗入深度远大于在无机材料中通常观察到的情况，例如，在金属/有机物界面上已经发现金属材料可以进入有机材料达 1～10 nm，并且能和有机分子间发生反应，形成一个被扩充了的界面区，在该区域内的能级结构是完全不同的，这种区域在有机-有机界面处也是存在的，该区域的性能会影响器件的行为和寿命。

在有机光电器件的研究中，存在一些需要明确的问题，例如，哪个电子的能级与载流子的注入相关联，或者载流子是通过局域与哪个能级的电子注入有机层内；必须对界面分子能级的排布机制有清晰的了解，这样才能进一步分析界面的能量分布。

1. 器件中的界面电子结构和能级分布

前面讨论载流子注入时，我们看出界面的能级结构和势垒大小与载流子注入有密切的关系。可以说，界面结构与器件物理基础理论以及高性能的器件结构设计和优化都具有重要的意义。近年来，有关界面的电子结构和能级排列问题，受到研究人员的广泛关注。研究发现，不同器件中不同的界面可起到控制器件性能的关键性作用，包括载流子的注入、器件的稳定性等。因此，对界面能级结构的认识、定义和相关参数的测定等，对设计高性能的器件来说是相当重要的。下面将分别讨论。

讨论界面电子能级结构前，我们首先对一些基本概念作一个简要的说明。有机固体分子的电子结构与其分子结构有联系，同时也区别。图 6.1 是以势能陷阱为代表的电子结构。从图中可以看出原子、单个分子与有机固体电子结构间的差异。图 6.1(a)为氢原子的电子结构，电子的势能陷阱是因原子核的存在形成的。在陷阱内存在不同的原子轨道，氢原子中的电子仅占据 1s 轨道。势阱上部水平部分为真空能级（VL）。当电子能量更高时，电子就脱离原子核的束缚变成自由电子。图 6.1(b)为多原子分子的电子结构，电子的有效势阱是原子核与电子的共同作用所形成的宽势阱。深层处的原子轨道处于原子势阱内即在靠近原子核的能级，上部的原子轨道形成离域的分子轨道（HOMO 和 LUMO），势阱外侧的水平部分为真空能级最高被占据轨道（HOMO）和最低未被占据轨道（LUMO）与真空能级的差为气相中分子的离化能 I_g 和分子的电子亲和势 A_g。大量分子聚集在一起形成有机固体时，由于分子间通过范德华力形成的电子结构如图 6.1(c)所示。其所形成的电子占据态(价带)的顶部和电子未占据态(导带)的底部，均处在每个分子之中，形成带宽很窄约小于 0.1 eV 量级的结构。这样有机固体的电子结构仍会保持分子的特征，而不能完全适用能带结构理论。在价带顶部和导带底部常用 HOMO 和 LUMO 表示。

在第 2 章中我们定义了有机材料中的 HOMO 和 LUMO 能级，分别为成键轨道中具有最高能量的 π 电子轨道和反键轨道中具有最低能量的 π^* 电子轨道。HOMO 和 LUMO 与真空能级之差分别为有机分子的离化能(Ionization Potential, IP)和电子亲和能(Electron Affinity, EA)。HOMO 能级可以通过紫外光电子能谱(Ultraviolet Photoelectron Spectroscopy, UPS)来测量[1,2]，UPS 不能给出 LUMO 能级和 EA 的值，但是可以用光物理方法(光学带隙 E_g^{opt})来估计，即

$$EA = IP - E_g^{opt} \tag{6.1}$$

$$LUMO = HOMO - E_g^{opt} \tag{6.2}$$

另外，还可以采用电化学工作站的循环伏安法(Cyclic Voltammetry, CV)来测量。薄膜在电解溶液中的起始氧化电位和起始还原电位是与材料的 HOMO 和 LUMO 相对应。循环伏安法给出的材料在溶液状态下氧化和还原电位不等于材料真实的离化能 (IP)和亲和势(EA)，这是因为，在溶液状态下材料分子的电子结构会受周围溶剂分子极性的影响。而且，在溶液中分子构象自由度的变化使分子中的电子比处于凝聚状态时更容易发生移动[3]。

图 6.1(c)还可以简化为图 6.1(d)和图 6.1(e)，在有机固体的离化能 I(或 IE)和电子亲和势 A(或 EA)仍与分子中定义的一样，同样为 HOMO 和 LUMO 能级与真空能级的差。有机固体的功函数可以定义为费米能级和真空能级的能量差。离化能可通过紫外光电子能谱(UPS)测定，分子的价电子结构可通过 UPS 及 X 射线光电子能谱(XPS)测定。EA 的值可以通过 IE 的值近似估计，由于 HOMO 和 LUMO 的能级间隙可通过光物理方法(光学带隙 E_g^{opt})加以确定。功函数是费米能级和真空能级之间的能量差，也可以用 UPS 或者四探针(Four Probe Method)、Kelvin 显微镜(Kelvin Force Microscopy)等方法来测量。通过功函数来确定费米能级在能级图中的位置。

作为真空能级(Vacuum Level, VL)，电子处于该能级是完全自由的，不受核的作用。常常把电子离开体系无穷远处所处的能级定义为真空能级。它是确定能级位置时所选的势能参考零点。过去，人们常将电子处于离开体系的无穷远处定义

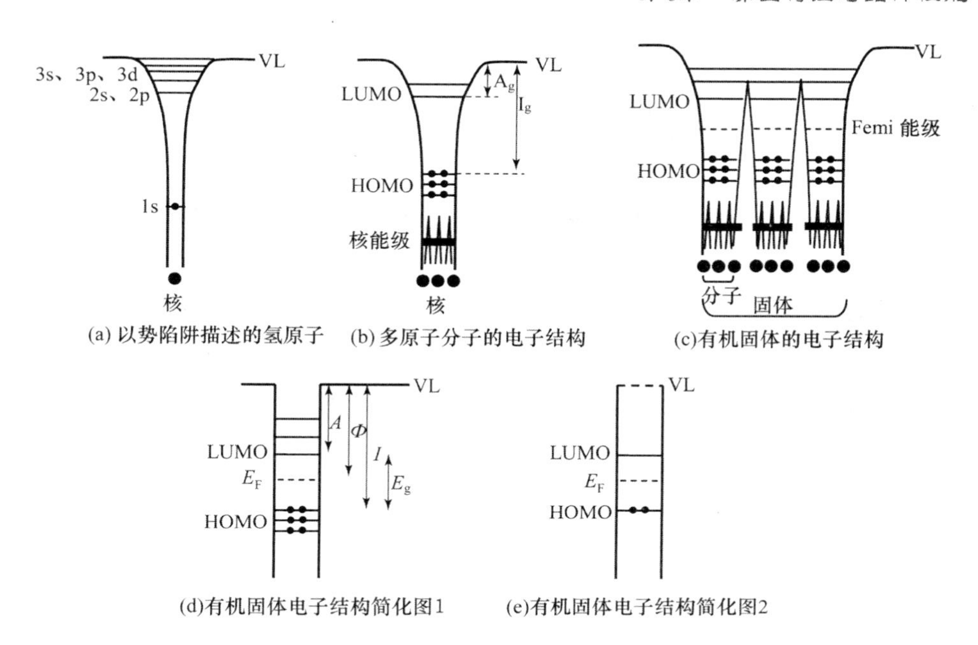

(a) 以势陷阱描述的氢原子　(b) 多原子分子的电子结构　(c)有机固体的电子结构

(d)有机固体电子结构简化图1　(e)有机固体电子结构简化图2

图 6.1　分子能级图

为 VL 态，并将它作为一个不变的能量参考坐标。因此，可以称之为无穷远处的真空能级，并以 VL(∞)。但是对于固体来说，其 VL 值与在测定固体的 IE、EA 及 E_f 值时，电子恰好离开固体表面所需的能量值有关。由于该能量与固体势能有关，因此也称为表面上的真空能级 VL(s)。

在有机器件中，真空能级并不是不变的参考能级，即不同的材料其真空能级不同。不同材料的界面上存在一定相互作用，可能导致偶极的生成，从而破坏原有的界面真空能级排布的规则，使真空能级发生位移变化。负偶极势垒使真空能级降低，正偶极势垒使真空能级抬高。通常，真空能级的位移变化数值上与偶极势垒大小相等。Seki 对此曾经有过详细的分析，认为金属表面溢出于真空处的电子云，可使真空的一边为负，而在表面内部即材料体内一侧为正，由此在金属表面形成了偶极层。当金属内的电子离开表面，与表面偶极层(厚度为 L)间的距离 x 逐步增大时，就可引起其间势能的变化。当 $L \gg x$，即电子刚脱离固体表面时的势能，显然与电子已经远离偶极层时($L \ll x$)的势能是不同的。由于偶极层引起的势能函数用 $V(x)$来表示，当 $L \gg x$ 时，偶极层厚度可看做延伸到无穷远，势能成为沿偶极长度的一个阶梯式的函数。而当 $L \ll x$ 时，电子离开偶极层，偶极层可以看做一个点偶极，势能随 x 的增加而降低。这样金属功函数与表面的依赖关系就可用不同表面电子云的区别加以说明。

2. 金属与有机材料界面的电子结构

金属-有机(Metal-Organic, M-O)界面直接关系到 OLED 中载流子的注入效率,因此研究金属-有机界面的电子结构非常重要。在早期关于界面研究的文献中,认为所有材料的真空能级是相同的,即界面两侧的真空能级是一致的,把它作为一个不变的参考能级。后来越来越多的实验结果和研究表明,几乎所有界面上都存在界面势垒,真空能级的一致化规则不再适用。界面上存在电荷转移和化学反应形成新的带隙电子态,电子态又引起费米能级固定(Pining),界面偶极(Dipole)的形成,从而导致原有的真空能级排布规则被破坏。目前对上述现象的解释有以下几种机制:界面缺陷或界面化学反应;诱导界面态模型(Induced Density of Interface State, IDIS);电荷中性层理论(Charge Neutrality Level, CNL)。即使在某些似乎不应有相互作用的金属与有机物间,往往都存在一些相互作用并形成偶极。对于具有强烈拉电子能力的有机材料,它们容易从金属那得到电子而形成负的偶极势垒。对给电子有机材料或弱电接受体则易于向金属提供电子,形成正的偶极势垒。图 6.2 是金属有机材料界面处的电子结构,可以看到在金属-有机材料界面处,由于形成了偶极子层导致能级的变化。

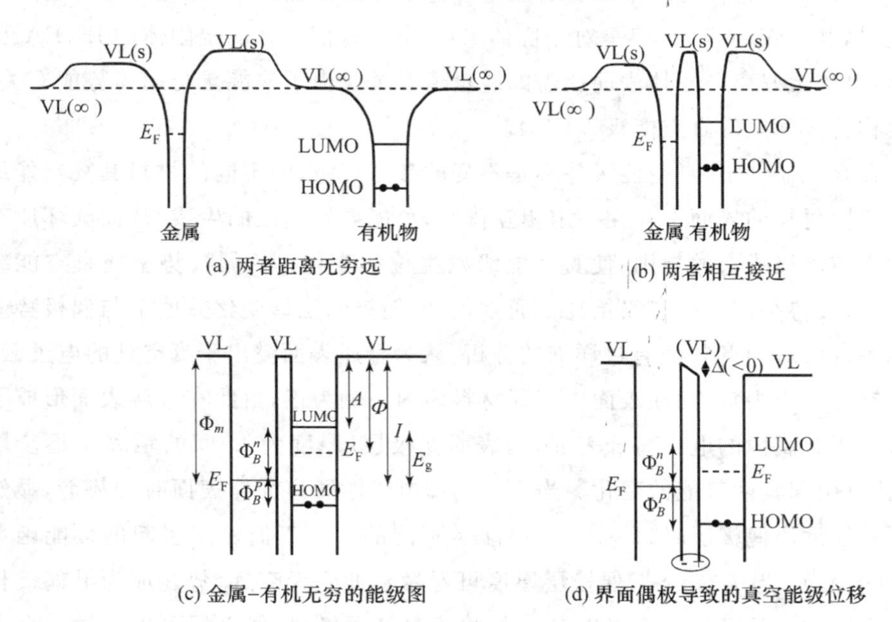

图 6.2 金属-有机界面的电子结构

普林斯顿大学的 Kahn 等[5-6]对金属/有机材料及有机/有机材料的界面电子结构及电子行为等有过系统的研究。他们发现在界面上的电子和空穴的势垒,并非简单地可由不同金属和有机固体的功函数之差来定义。界面费米能级的位置具有材料的依赖性,而且几乎在所有的界面上,都存在着偶极势垒。研究结果表面,在金属和有机固体间的界面上,原有的真空能级的排布规则已经被破坏了。在早期对金属/有机界面的研究中,都是以 Schottky-Mott 模型来研究界面,在该模型中假定不存在界面偶极,并且相对于金属费米能级的各种分子能级,均采用同一真空能级加以定义。图 6.3 为金属有机界面示意图。Φ_{Be}和Φ_{Bh}分别为电子和空穴的势垒,E_{vac}(O)和 E_{vac}(M)分别为有机材料及金属材料的真空能级。从图 6.3(a)中可以看到,金属与有机材料有相同的真空能级,它们之间的偶极势垒为 0。当金属与有机界面上存在相互作用时,就会导致偶极的生成,从而使原有的界面真空能级排布规则发生破坏,出现如图 6.3(b)所示的情况。在金属有机界面上,由于有机物与金属间的弱相互作用,界面处的势垒不再满足 Schottky-Mott 模型。电子和空穴的注入势垒(Φ_{Be}和Φ_{Bh})分别依赖于金属的费米能级和有机材料的 HOMO 和 LUMO能级。如果在界面处,真空能级一致,则空穴的注入势垒Φ_{Bh}应为有机材料的离化能(IE)与金属功函数之差;电子的注入势垒Φ_{Be}应为金属功函数与有机材料电子亲和势(EA)之差。即存在如下关系:

$$\Phi_{Bh}=\mathrm{IE}-\Phi_{M}$$

$$\Phi_{Be}=\Phi_{M}-\mathrm{EA}=E_{g}-\Phi_{Bh}$$

如果存在界面偶极势垒(Δ),即真空能级并不一致的情况下〔如图 6.3(b)所示〕,界面势垒的计算形式会有变化,其中 E_g 为 HOMO 和 LUMO 间的带隙。

$$\Phi_{Bh}=IE-\Phi_{M}-\Delta$$

$$\Phi_{Be}=\Phi_{M}-EA+\Delta=E_{g}-\Phi_{Bh}$$

从以上式子中可以看到,注入势垒和金属的功函数相关。由于界面的存在,导致金属和有机材料的真空能级不再一致,即由于界面偶极的作用,使真空能级的一致性被破坏。但是,注入势垒和金属的功函数之间仍然存在必然联系,这种相互联系可通过一个与界面相关的参数来描述,即 S_B 的值[7]。有 $\Phi_B \propto S_B\Phi_M$。如果真空排列的一致性得以保持,则界面参数 S_B 的值满足 $|S_B|=1$。实验发现 MEH-PPV[7]、porphyrins[9]和 ZnTPP[10]在金属界面上时表现出近似 Schottky-Mott 模型的行为,即近似有 $|S_B|=1$。而其他有机材料在不同的金属表面表现出不同的行为。Kahn 等[7]研究了 4 种材料,分别是:八羟基喹啉铝 Alq_3、空穴传输材料 3,4,9,

10-苝四羧酸二酐(PTCDA)、N,N′-二苯基-N,N′-双-1-萘基-1,1′-联苯-4-二胺(α-NPD)和4,4′-N,N′-二咔唑联苯(CBP)等。得到结果如图6.4所示。

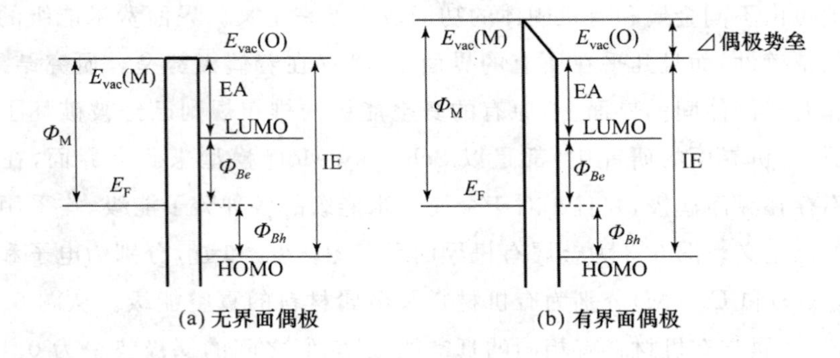

图 6.3 金属有机界面

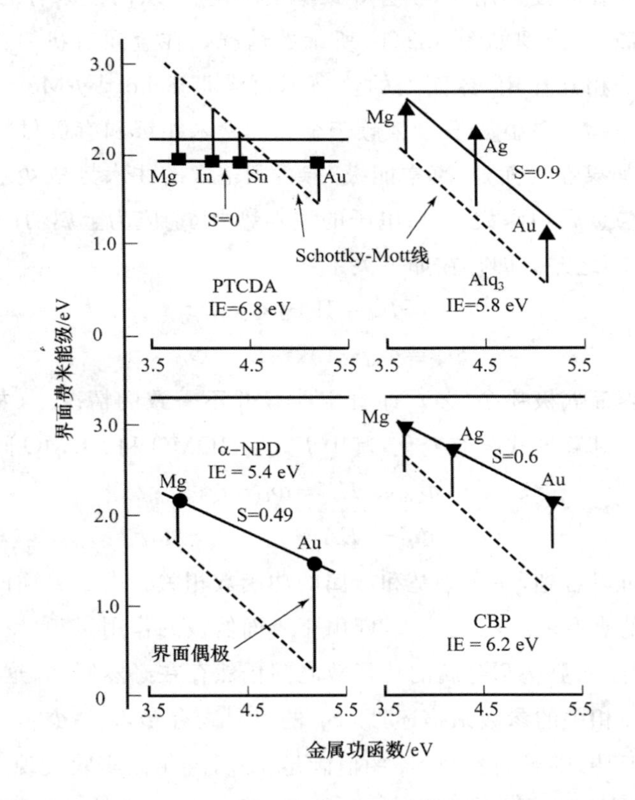

图 6.4 4种材料PTCDA、Alq_3、CBP及NPD的界面注入势垒与Schottky-Mott模型的结果对比

图6.4为4种材料PTCDA、Alq_3、CBP及α-NPD的界面注入势垒与Schottky-Mott模型的结果对比。竖直线表示界面偶极势垒的大小。从图中可以看出,4

种材料与 Schottky-Mott 模型都有偏离。其中 PTCDA 不论与何种金属接触，其形成的界面都具有相同的功函数 E_F，即有相同的载流子注入势垒。而其他 3 种化合物，$|S_B|$ 的值也各不相同，如 α-NPD，$|S_B|=0.49$；CBP，$|S_B|=0.6$；Alq_3，$|S_B|=0.9$，因此对于所研究的材料，界面处偶极普遍存在。Schottky-Mott 模型所规定的真空能级一致的情况在金属有机界面处一般不在成立。从图 6.3(b)中可知，实验测得界面离化能(IE)的值与不考虑偶极理论计算的 IE 值之差即为偶极势垒。因此，在实验中可以测量每种金属有机界面的偶极势垒，并与金属功函数对比。其结果如图 6.5 所示，4 种金属分别为 Mg 3.66ev；In 4.12eV；Sn 4.42ev；Au 5.1ev，不同金属-有机界面所形成的势垒不同。PTCDA 为一种很强的缺电子化合物，其与 4 种金属接触时，可从金属表面获得电子，活泼金属 Mg 最容易失去电子，因此 Mg 与 PTCDA 的接触界面具有最大的负偶极能量。相反，如 CBP 和 α-NPD 作为空穴传输材料，是富电子型的化合物，其更容易与较高功函数的金属间产生正偶极。如图 6.5 中最下面的数据描述的即为 4 种不同金属与 PTCDA 接触时，其界面偶极势垒的变化。

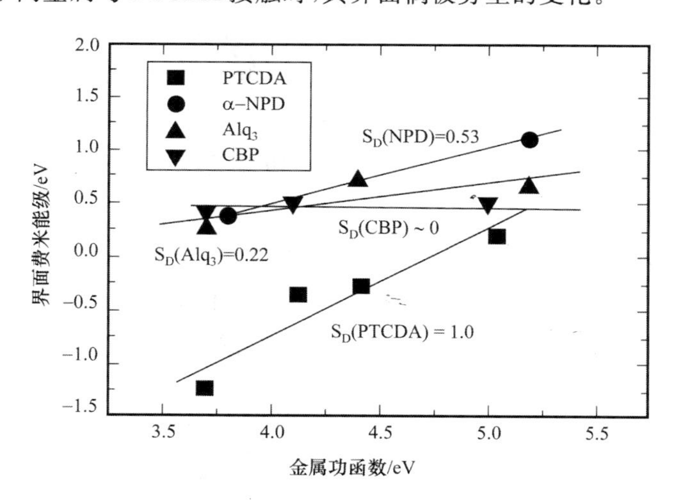

图 6.5　4 种材料 PTCDA、Alq_3、CBP 及 NPD 的界面注入势垒与金属功函数之间的关系

从该结果可以看到，由于在金属-有机界面处界面偶极的存在，对于有些材料如，PTCDA 与金属的界面，费米能级可被钉入某些界面上，导致原有真空能级的排布规则不能应用。

界面偶极的形成，与界面的形成过程密切联系。一种为有机物沉积到金属表面，这样容易形成陡峭的界面；另一种为金属沉积到有机物表面，这里形成的一般是扩散的界面。当金属材料的功函数小于有机固体的电子亲和势(EA)时，如 PTCDA 处于 Mg，In 或 Sn 表面时，简单的真空能级排列将会使界面的费米能级接近或高于有机材料的 LUMO 轨道。但在界面上，如金属与有机固体间发生了基态下的电子转移，可导致诸如电荷转移络合物(CTC)的产生，同时提高有机分子的势能，最终停止这种电子的流动。当达到平衡时，界面上的费米能级应该是稳定地处于低于有机材料分子 LUMO 能级位置处。从金属到有机分子的电荷转移就可以在界面处形成一个负的偶极，并在有机半导体的能隙中占据了一个态。并且可以认为在非反应性金属-有机界面处都存在偶极。对于具有较强拉电子能力的有机化合物，如 PTCDA 和 PTCBI 等，由于它们易于从金属得到电子，从而形成负的偶极势垒。对于具有给电子能力的有机化合物(NPD 等)，或弱的电子受体(Alq_3)，易于向金属提供电子，形成正的偶极势垒。

3. 有机-有机界面的电子结构

有机-有机(Organic-Organic, O-O)界面作为一种异质结，在有机电子器件中是相当重要的。有机-有机界面与金属-有机界面(M-O)有较大的差别。在有些 O-O 界面，由于组成这些界面的有机材料具有闭壳性质，在 M-O 界面常常出现的电荷交换、化学诱导缺陷等现象不能在 O-O 界面出现，因此在实验误差范围(±0.1 eV)内，分子能级的排布遵循真空能级一致化规则。而在另一些 O-O 界面，材料间离化能之差或电子亲和能之差较大，可以构成类似电子给体-受体界面，从而存在较大的界面势垒。

在 OLED 中，O-O 界面与载流子在器件内的迁移以及激子在 O-O 界面的复合等问题相关。例如，在典型的 OLED 器件中(ITO/NPB/Alq_3/LiF/Al)，NPB 和 Alq_3 之间就构成了 O-O 界面，界面势垒高达 0.25 eV。不同的有机材料之间形成的 O-O 界面所产生界面偶极层、真空能级的位移变化不尽相同[11,12]。O-O 界面上也可能存在多种界面作用：电子转移、相互扩散、掺杂等，因此有关 O-O 界面的研究相对较复杂。

图 6.6 为 12 种有机/有机异质结界面的能级排布图[12]，可以看到在实验误差范围内，多数情况下分子能级的排布方式遵循真空排布规则。由于组成异质结的有机分子具有闭壳性质，使一些在金属/有机物界面处出现的诸如电荷交换等过程不会在有机/有机界面上出现，因为它们和金属/有机界面不完全相同。在多层的 OLED 器件中，有机/有机界面非常重要。在典型的器件结构 ITO/TPD/Alq_3/Al 中，沉积于 TPD 表面上的 Alq_3 就可与 TPD 构成有机/有机界面。沉积于 TPD 表面上的 Alq_3 只有很小的 VL 位移。而，当把 TPD 沉积于 Alq_3 表面上的时候，也只有很小的⊿偶极势垒(⊿=-0.05 eV)。当强的电子给体如 TTN 和电子受体 TCNQ 结合时，在这两种材料组成的界面上，存在着极性的变化，可能与两者之间的电子转移或基态下电荷转移络合物(CTC)的生成有关。

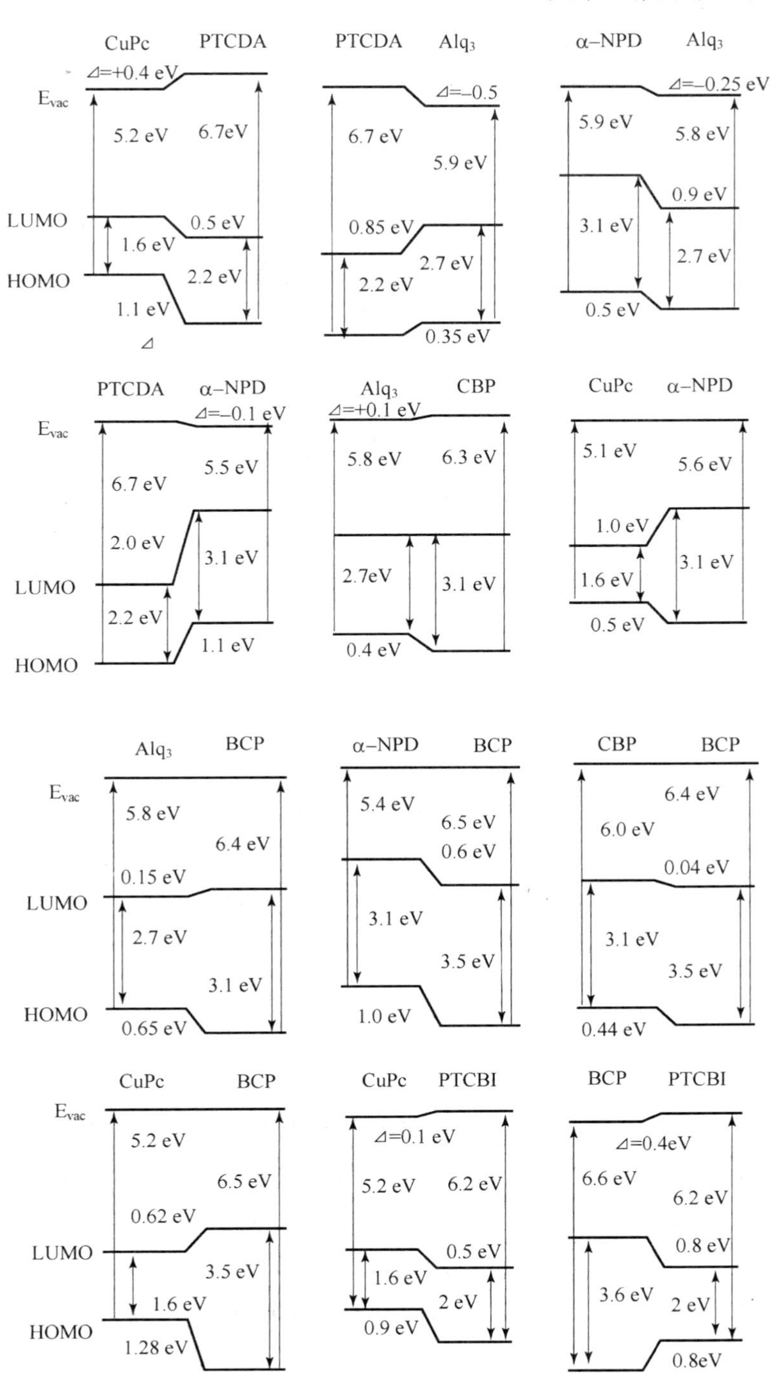

图 6.6 12 种有机/有机界面的能级排布图

有机/有机界面，在 OLED 器件中影响器件的载流子传输及载流子在界面处的复合效率在有机太阳能电池中起到激子的分离和防止电荷和空穴的重新复合。因此对于有机/有机界面的研究对于有机光电器件而言是非常重要的课题。

4. XPS 及 UPS 简介

XPS 和 UPS 分别是 X 射线光电子能谱(X-ray Photoelectron Spectroscopy)和紫外光电子能谱(Ultraviolet Photoelectron Spectroscopy)的简称。其基本原理都是爱因斯坦的光电效应。XPS 是以 X 射线(能量范围:200～2 000 eV)为激发光源，用来检测材料的内层电子能级，而 UPS 的激发光源是真空紫外光(能量范围：10～45 eV)，主要用于检测材料的价电子能级。

XPS 的基本原理，我们可以用下面的公式表示：

$$E_b = h\nu - E_k - \phi_{sp}$$

式中，E_b、$h\nu$、E_k 和 ϕ_{sp} 分别表示原子轨道的结合能、激发光源的光子能量、谱仪检测到的电子能量和谱仪的功函数。由 E_b 可以得知物质的种类及其所处的轨道能量状态。

XPS 主要用来分析表面化学元素的组成、化学态及其分布，特别是原子的价态、表面原子的电子密度、能级结构还有固体物理、材料的表面和表面表征。

UPS 的基本原理，我们则用下面的公式表示：

$$E = h\nu - I$$

式中，E、$h\nu$ 和 I 分别表示发射的光电子能量、激发光源光子能量和材料的电离电位。

UPS 主要用于测量固体表面的价电子和价电子分布、能级结构。在研究原子、分子、固体以及表面/界面的电子结构方面有独特的功能。UPS 得到的数据，经过谱图的理论分析，可以直接和分子轨道的能级、类型以及态密度等对照。

6.2 电极特性及界面修饰

在 OLED 器件中，在正负电极接触都是欧姆接触的情况下，单位时间内注入半导体材料的电子和空穴的数目相等。根据注入势垒的不同特征及所加载电压的大小，电子和空穴的通过欧姆接触界面向 OLED 器件中注入的途径主要包括克服势垒的热电子注入和量子力学隧穿两种方式。如图 6.7 所示，空穴注入势垒可视为阳极的费米能级与相邻空穴传输层的 HOMO 能级之差，电子注入势垒为阴极费米能级与相邻电子传输层的 LUMO 之差。然而由于多种因素导致的电荷重新分布，如界面电荷转移、电子云重新分布、界面化学反应等。电极与有机薄膜材料之间总是存在偶极层，它将影响电荷注入势垒的大小，如图 6.7(b)所示，界面偶极的存在改变了势能场，使电极费米能级与有机薄膜材料的 HOMO/LUMO 的相对位置移动了⊿，即偶极势垒的大小。如果有机层的情况为负电荷在电极的一侧，而正电荷在有机薄膜的一侧，分别为 $\Phi_{Bh}=IP-\Phi_M+\varDelta$ $\Phi_{Be}=\Phi_M-EA-\varDelta$。

降低注入势垒有利于电荷的注入，可以降低器件的启亮电压。OLED 器件中获得较低注入势垒的方法是选取与有机材料匹配的电极材料，如高功函数的阳极材料和低功函数的阴极材料。

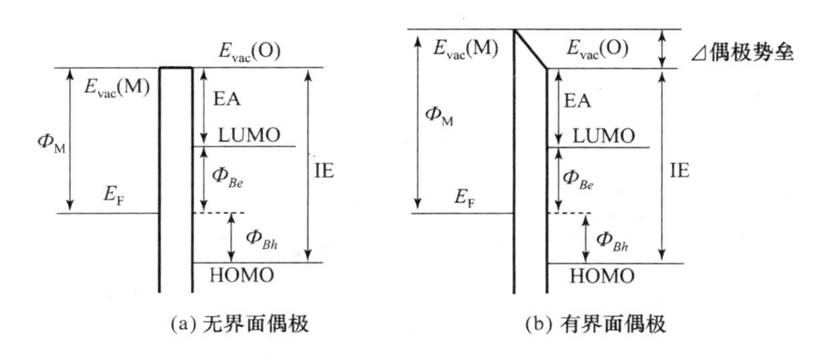

图 6.7　金属有机界面处的能级结构

1. 阳极材料

为了有利于空穴的注入，要求阳极的真空能级和空穴传输材料的 HOMO 相匹配。用做空穴注入的阳极材料需要满足以下条件：高电导率；优良的化学及形态稳定性；高功函数；作为透光一侧时，应具有在可见光范围内较好的透光性。一些常见的金属（金、银、铝、镍等）和金属氧化物（如 Indium Tin Oxide，ITO）和导电聚合物都可以用做阳极材料。ITO 是最常用的阳极材料，其功函数为 4.0～4.5 eV。ITO 由于其材料稳定，透光性能好（在可见光范围内的透过率超过 90%）、电阻率低等特点，使其成为最常用的阳极材料。

2. 阳极修饰及阳极表面处理

在 OLED 器件中，为了提高空穴的注入，通常在 ITO 表面通过界面修饰来提高其功函数，以降低空穴的注入势垒。ITO 的界面处理的形式多样，主要有氧等离子处理、CF_x 等离子表面处理、PEDOT：PSS、化学掺杂空穴注入层、空穴缓冲层的引入等。

氧等离子处理不仅可以清洁 ITO 表面，而且可以提高 ITO 的功函数，减小空穴从 ITO 到有机薄膜的注入势垒，还可以提高 ITO 表面的浸润性能，改善有机物在 ITO 表面的成膜特性。其处理方法是在一个密闭腔体中，形成氧气的低真空状态，通过电感耦合或者电容耦合产生的射频能量场作用使氧气电离产生等离子体。Wu 等人[13]通过不同的方式来处理 ITO sccm，25 W，3 min；O2 等离子处理；150 mTorr，25 sccm，25 W or 150 W，4 min；clean as-grown ITO。实验发现氧等离子体处理可以有效地提高 ITO 表面的功函数。原因是由于氧等离子体处理可以提高表面氧离子的含量如图 6.8 所示，同时降低 ITO 表面锡/铟原子的比例，这样可使 ITO 表面的电子减少，功函数增大[13]。由于氧等离子处理仅对 ITO 表面有效，因此由于表面电子减小导致的功函数增加不会影响 ITO 内部的载流子的浓度，其导电性不变。

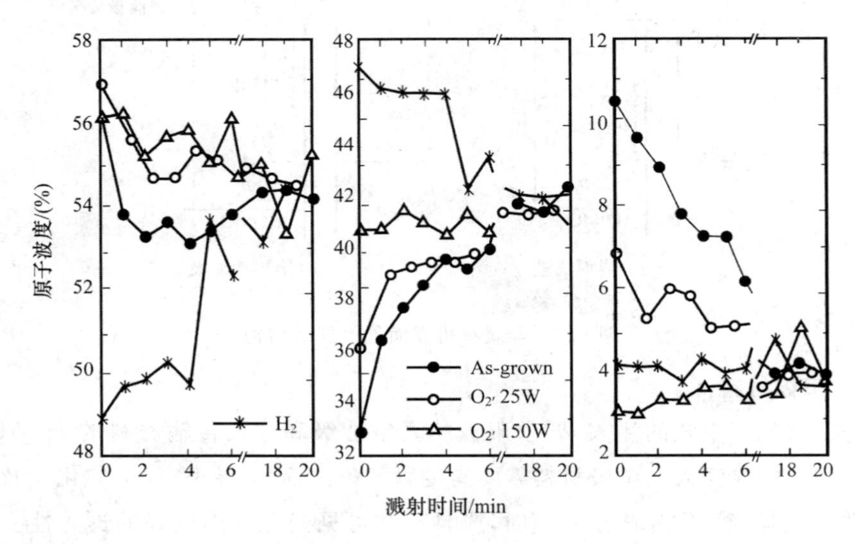

图 6.8　不同 ITO 处理的条件对原子浓度的影响

与氧等离子处理方法类似，将三氟甲烷 CF_xH 气体进入低频能量场中产生等离子，可以在 ITO 表面产生聚合反应，形成氟取代的碳聚合物薄膜 CF_x。该薄膜具有高解离能、低电阻率的特性，可以有效地提高 ITO 的功函数。经 CF_xH 低频等离子处理的 ITO 制备的 OLED 器件具有较低的驱动电压和较长的器件寿命[14]。L. S. Hung 认为 CF_xH 等离子体处理 ITO，氟原子与 ITO 表面结合形成 CF_x 缓冲层，一方面阻止 ITO 中的铟原子向有机层扩散，另一方面还可以对 ITO 表面进行修饰，提高空穴的注入效率，防止 ITO 表面退化。CF_x 薄膜在 ITO 作为表面修饰能够提高器件的效率，除了上述解释还有人认为 CF_x 薄膜可以降低空穴的注入效率，使注入器件中的电子和空穴更加平衡。C. C. Hsiao 等人[15]将 CF_x 薄膜引入到 OLED 器件中，也得到了发光效率大大提高的结果。器件结构为 ITO/CF_x/

poly [2-methoxy-5- (2-ethylhexyloxy)-1,4- phenylene vinylene] (MEH-PPV) / Ca/Al,器件在亮度为 24 000 cd/m² 时,效率达到 5.1 cd/A。他们认为这是由于在 CF_x/MEH-PPV 界面处形成的偶极层,使电子的能量升高,ITO 的功函数减小,使空穴的注入势垒增大导致空穴的注入效率降低。空穴注入的减小使电子和空穴的注入更加平衡,使器件的效率提高。他们通过光电子能谱测试发现空穴的注入势垒对于有 CF_x 薄层和没有 CF_x 薄层的器件分别为 0.6 eV 和 0.19 eV。

ITO 表面的酸碱吸附可以很大程度地改变功函数,酸处理 ITO 表面可以增大功函数,碱处理可以减小功函数[16,17]。从图 6.9 中可以看到,经过不同材料处理过的 ITO 电极,其 UPS 能谱测量显示 ITO 表面的功函数的变化范围最大达到了 0.7 eV。磷酸(H_3PO_4)及四丁基氢氧化铵($N(C_4H_9)_4OH$)分别是效果最显著的酸和碱。图 6.10 为 ITO 表面经酸碱处理后的作用机制。当 ITO 表面吸附酸时,表面被质子化,同时阴离子将被吸附在质子上,由此形成了远离 ITO 的偶极层,使电子的势能减小,ITO 的功函数增大;当 ITO 表面吸附碱时,将形成指向 ITO 的偶极层,电子势能增大,功函数减小。在 OLED 器件中,该方法可以通过改变功函数的方法提高器件的效率,但是该方法的稳定性较差。

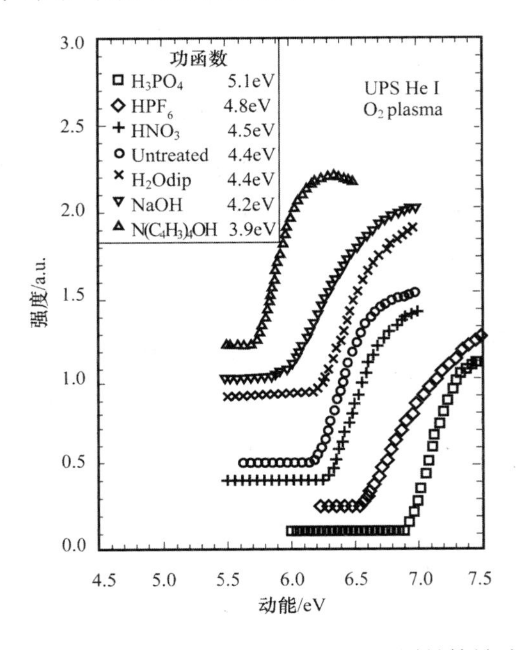

图 6.9　不同方式处理过的 ITO 的 UPS 测量结果对比

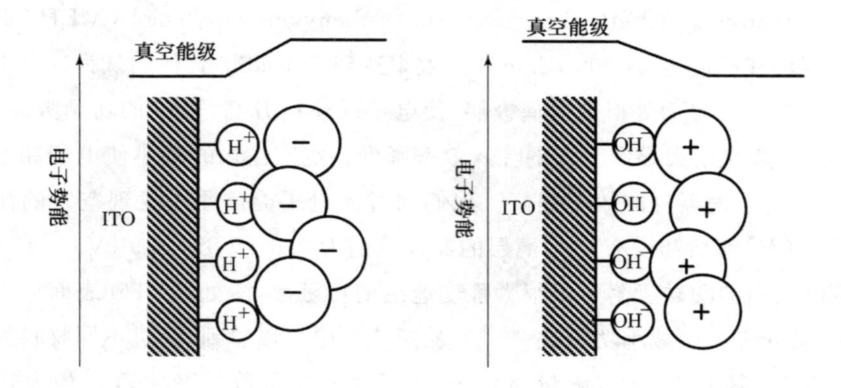

图 6.10　ITO 表面的酸碱吸附导致的电子势能的变化

除了酸碱吸附，ITO 表面的功函数还可以通过自组装分子层所形成的偶极层来改变。如在 ITO 表面自组装氯化硅烷，可以通过硅原子与 ITO 中氧原子形成共价键，形成远离表面的偶极层，可以在提高功函数的同时，增加器件的稳定性和寿命。自助装单分子层虽然可以有效地修饰阳极，提高器件的性能。但是由于 ITO 表面的粗糙度较高，在其表面形成长程有序的单分子层比较困难。

在 ITO 和空穴传输层之间加入一个缓冲层是一种有效的方法。缓冲层的作用有不同类型。空穴在 ITO 阳极和空穴传输层之间的注入势垒约为 0.5 eV，在两者之间嵌入一个能级适中的空穴注入层，可以形成一个阶梯型势垒，这样，空穴可以通过降低的势垒分步注入空穴传输层中，提高空穴的注入效率。这类材料常见的有：PEDOT：PSS（ploy（3，4-ethylenedioxythiophene））、2-TNATA（4，4′，4″-tris [2-naphthyl-（phenyl）amino] triphenylamine）和 m-MTDATA（4，4′，4″-tris（m-methyldiphenylamino）triphenylamine）等。PEDOT：PSS 常用于聚合物器件的制备，其可以起到平整 ITO 表面、增加空穴注入的作用，还可以减少器件的短路概率，延长器件的寿命，降低驱动电压。m-MTDATA 和 2-TNATA 主要用于小分子 OLED 器件，它们起到提高注入效率、增强有机材料与阳极表面的附着力、形成平整电极形貌的作用。

在 ITO 表面加入一层绝缘材料作为空穴缓冲层，也可以提高器件的效率。这些材料（如聚四氟乙烯（teflon）[18]、氟化锂、二氧化硅等）均可调节空穴的注入，提高器件的效率。此类材料的厚度有一个最佳值，如果过厚则会提高器件的工作电压。关于绝缘层修饰的作用，有人认为是绝缘层本身产生一个偶极层，导致空穴的注入势垒降低，而随着绝缘层厚度的增加，偶极层形成的静电势也增大，使空穴从

ITO注入到绝缘层的势垒增大，隧穿变得更困难。因此绝缘层有一个最佳厚度，以使器件达到最佳工作状态。

为了增强空穴的注入，有人在ITO和空穴传输层之间嵌入一层P型掺杂的空穴注入材料，可以增强空穴的注入。其作用机理是通过掺杂使主体材料的电子转移到客体分子上，因而在主体材料中产生自由的空穴，增加了阳极与有机薄膜的欧姆接触特性[19]。此外P型掺杂形成的空穴聚集界面使P型掺杂区域的能带向下弯曲，ITO处的空穴通过隧穿注入到有机薄膜的概率增大。选择使用P型化学掺杂体系来修饰ITO表面时，需要注意两点。一是使主体材料的HOMO和掺杂客体材料的LUMO能级匹配。由于产生P型掺杂的作用是使主体HOMO能级上的电子转移到客体LUMO能级上，因此要求二者相匹配。大多空穴传输材料的HOMO能级在5.0～6.0 eV的范围内，这样要求P型掺杂材料的LUMO必须在这个范围内。对于LUMO能级较低的P型掺杂材料，与之匹配的空穴传输材料的范围较宽。二是注意防止掺杂材料产生的发光猝灭。其机理主要是两个方面，小尺度掺杂物的扩散和挥发性掺杂物在器件制备时产生的污染。小尺寸掺杂物，如Li、I_2和F_4TCNQ等，容易扩散。Li在CuPc和Alq_3中的扩散长度可以达到(70±10) nm和(30±10) nm[20]，其扩散到发光层容易导致发光猝灭。此外，高挥发性的客体材料，如F_4TCNQ等，容易污染镀膜腔体，引起发光层的猝灭，同时还导致器件的热稳定性和可重复性的降低。Gao等人制备了F_2HCNQ掺杂和F_4TCNQ掺杂的NPB薄膜，然后在形成的薄膜上面沉积相同厚度的Alq_3薄膜，并把实验结果与没有掺杂任何材料的NPB薄膜作对比(薄膜结构NPB(80 nm)/Alq_3(60 nm)；NPB：F_2HCNQ(2%，60 nm)/NPB(20 nm)/Alq_3(60 nm)；NPB：F_4TCNQ(2%，60 nm)/NPB(20 nm)/Alq_3(60 nm))。实验发现在相同条件下制备的Alq_3薄膜的发光情况不同，掺杂F_2HCNQ的薄膜与未掺杂的NPB薄膜上的Alq_3发光光强基本一致，这说明F_2HCNQ的掺杂对Alq_3的发光几乎没有影响。而F_4TCNQ掺杂的薄膜，Alq_3薄膜的发光显著降低，其由于F_4TCNQ的挥发性及NPB：F_4TCNQ掺杂体系不容易发生反应，导致蒸镀的F_4TCNQ在腔体中的残留，在随后蒸镀Alq_3薄膜时，F_4TCNQ也随之一起蒸镀，导致Alq_3的发光猝灭。因此，在制备器件时要避免使高挥发性的物质造成交叉污染。

另一常用的阳极修饰材料是酞菁铜(Copper Phthalocyanine，CuPc)，其也是最早使用的阳极修饰材料之一，它的HOMO能级约4.8 eV。使用CuPc修饰ITO阳极的器件不仅效率得到提高，而且寿命也增加。CuPc的使用一方面可以增加空穴的注入势垒，使空穴的注入效率降低，如图 6.11 所示，从而使器件内部的电子和空穴的注入更加平衡，提高器件的效率[21]。如图 6-12 所示，表示了 CuPc 的 HOMO 与空穴传输层材料的 HOMO 之间的关系，当引入 CuPc 后，导致空穴的注入势垒增加，使器件内部的电子和空穴注入更加平衡。

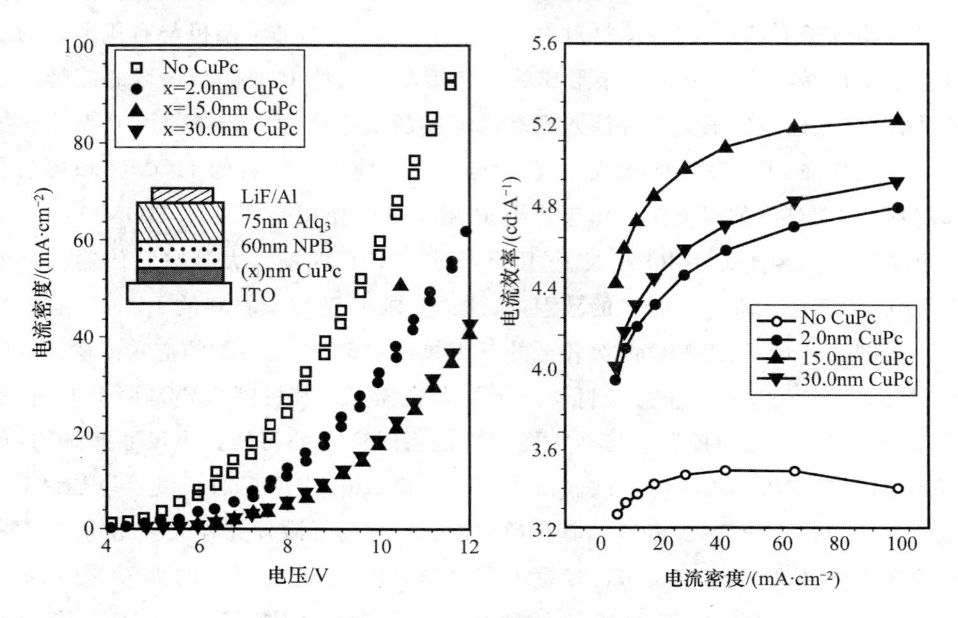

图 6.11 ITO 表面 CuPc 厚度对器件电流效率的影响，器件结构为 ITO/CuPc (x nm)/NPB (60.0 nm)/Alq_3(75.0 nm)/LiF (0.5 nm)/Al

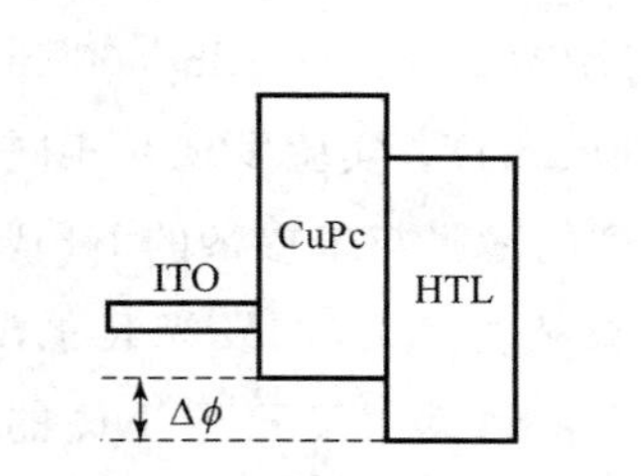

(a) CuPc 的 HOMO 在 ITO 费米能级的下方，ITO 的注入势垒 $\Delta\phi$ 降低，

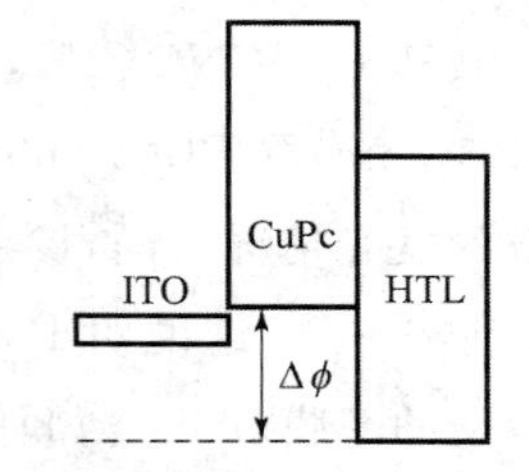

(b) CuPc 的 HOMO 在 ITO 费米能级上方，空穴注入势垒 $\Delta\phi$ 增大

图 6.12 CuPc 对空穴注入势垒的影响

另一方面，当把 CuPc 放到 ITO 和 TPD 之间时，发现空穴注入得到增强。一种解释为由于不同的表面处理方法和环境，使 CuPc 的 HOMO 能级可能位于 ITO

上方，也可能位于 ITO 的下方，这样使空穴的注入能力得到不同方向的改变。后者可以增强注入，前者降低注入，如图 6.12 所示。

3. 阴极材料

为了提高 OLED 的性能，需要提高电子的有效注入，而电子的注入与阴极的费米能级和有机材料的 LUMO 能级密切相关。简单来讲，如果阴极的费米能级与有机材料的 LUMO 能级接近，则电子的注入势垒更低，因为阴极的费米能级与有机材料的 LUMO 能级差是电子注入势垒的主要来源，其他注入偶极层等作用也会影响电子的注入。电子的注入势垒越高，电子注入效率越低，器件的驱动电压越高，功率效率越低。为了提高电子的注入，人们一般选用低功函数的金属或合金作为 OLED 的阴极。低功函数的金属有碱金属、碱土金属，如锂、镁、钡、铝等。但是功函数较小的金属由于其化学性质过于活泼，在制备器件的过程中很难控制，并且制备的器件其阴极容易氧化并且易于发生水蒸气等反应，影响电极及器件的稳定性。

为了解决活泼金属阴极的稳定性问题，人们采用活泼金属与惰性金属合金形式，以得到较低的功函数和较小的材料活性。一种常用的阴极材料即镁银合金，体积比为 10∶1。其中，镁的功函数较低，仅有 3.7 eV，用来提供电子由阴极到电子传输层的电子注入。银的功函数较大，约 4.3 eV，其在合金中的作用主要有两个：第一，提高阴极的稳定性，使阴极不容易被氧化；第二，提高金属电极与电子传输层之间的附着力，改善界面特性。当单独在有机材料上沉积镁电极时，颜色呈黑色，并且附着力差，而当以 10∶1 的比例沉积镁银合金时，得到银的金属光泽，并且不易擦掉及剥离。锂同样具有较低的功函数，约 2.9 eV，但是由于其极易被氧化，并且 Li 原子向 Alq_3 中扩散，导致荧光猝灭，降低器件的发光效率，因此其不太适合作 OLED 的阴极。Hung 等人[22]采用 Li，Al 掺杂的方法（Li 的比例为 1%），同时在蒸镀 Li:Al 合金前，先蒸镀一层 CuPc 作为保护层，这样一方面可以使有机层免受蒸镀电极时的高温影响，另一方面还可以阻值 Li 原子向有机层内部扩散。实验发现以 CuPc/Li:Al 方法制备的阴极表现出与 Mg:Ag 合金电极相同的器件性能。

4. 阴极修饰及表面处理

金属铝 Al 是比较理想的阴极材料，即使被氧化也是在表面形成致密的氧化铝薄膜，可以防止内层的铝进一步被氧化。而 Al 由于其较高的功函数 4.3 eV，使电子从阴极注入电子传输层需要克服较大的势垒，为了降低电子的注入势垒，人们采用多种方法改善界面特性。

氟化锂 LiF 是最常见的铝电极修饰材料，也是目前最优秀应用最广泛的 OLED 阴极，其有 L. S. Hung[23] 提出并实现。图 6.13 中可以看到，不同阴极结构的对比，图 6.13(a)，在电流密度为 100 mA/cm² 下，LiF/Al、Mg:Ag 和 Al 电极所需的驱动电压分别为 10 V、13 V 和 17 V。这说明 LiF 的加入对 Al 电极的电子注入能力有显著提高。图 6.13(b)为器件的电流密度-发光强度曲线，图中可以看到在相同电流密度下 Al/LiF 电极具有更高的电致发光强度，由此可以得到该器件具有更高的功率效率。

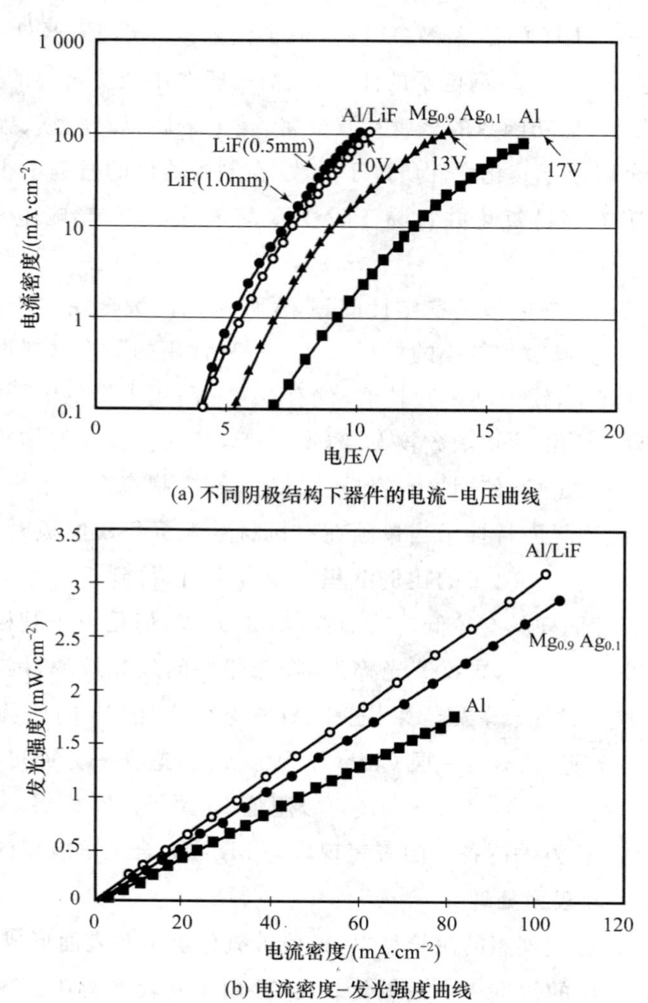

(a) 不同阴极结构下器件的电流-电压曲线

(b) 电流密度-发光强度曲线

图 6.13　不同阴极结构下器件的电流-电压曲线和电流密度-发光强度曲线[22]

继 Hung 等采用绝缘的 LiF 或者 MgO 之后，器件的起亮电压大为降低，并且其效率也得到了明显改善。CsF[24]、CaF_2[25] 等一批卤化物也被发现具有与 LiF 类似的作用。侯晓远课题组[26,27]在有机电子传输层与金属阴极之间插入一层有机双亲分子硬脂酸钠后，极大增强了电子的注入，有机发光器件呈现很高的抗热冲击的能力。为了解释绝缘缓冲层对金属/有机界面特性的影响，研究者们提出了许多模型，典型的有能带弯曲、隧穿注入、化学反应（或金属扩散到有机物）、界面偶极层等，下面我们重点介绍一下主要的几个模型。

(1) 隧穿效应。当电子传输层上制备 LiF 后，蒸镀 Al 电极，由于电子可以透过 LiF 经 Al 的费米能级与电子传输层的 LUMO 形成隧穿效应，从而提高了电子注入，降低了器件驱动电压。而 LiF 薄层可以避免 Al 与电子传输材料的直接接触，这样就消除了在 Al 与有机物之间形成界面偶极层的可能。然而，此种解释却与另外的实验不能符合，即使用 LiF/Al 电极和 LiF 掺杂 Al 所形成的电极，因为在后一种电极结构中，Al 可以直接接触有机物，而此时器件的性能仍然可以得到显著提高并与前一种阴极结构具有相同的器件性能[28]，因此隧穿不能解释这种现象。

(2) 界面偶极根据 Yokoyama[29]及其合作者的研究结果表明，Alq_3/LiF/Al 界面能级排列在插入不同厚度 LiF 薄层后，会导致 Al/LiF，LiF/Alq_3 界面真空能级发生显著变化。Alq_3 的真空能级比没有 LiF 的真空能级向下移动了约 0.3 eV，Alq_3 的 HOMO 相应降低，金属功函数也降低，电子从金属的费米能级注入有机层时所面临的势垒高度减小，因此，电子的注入能力大为增强。Mori[30]曾发现了类似的界面偶极层导致能级重新排列的现象。有机层 HOMO 降低的原因，可能是由于 LiF 本身是一种极性比较强的离子化合物，它很有可能在界面上有序排列而形成一层界面偶极层从而导致上述现象。

(3) 水分子的存在，降低了铝的功函数。紫外光电子谱(UPS)研究表明[30]，在未沉积金属 Al 前，在 Alq_3 上沉积薄膜层会产生 HOMO 能级的移动。当 Al 沉积在 LiF/Alq_3 时，带隙态形成，N 1s 芯能级低结合能侧出现肩峰。这些电子结构特征的出现，表明发生了从金属到 Alq_3 的电子转移物理过程。带隙态的形成被认为是 OLED 器件性能改善的主要因素。Heil 等人[31]用二次离子质谱(SIMS)和开尔文探针测量按 Alq_3/LiF/Al 顺序制备的结构，其电子注入能力高于按 Al/LiF/Alq_3 顺序制备的结构。SIMS 分析表明当 Al 沉积在 LiF 时，可能由于 Al 与 LiF 的化学反应导致 Li 和 F 的空间分离。质谱分析显示制备器件时蒸发腔内存在一定量的水分，水分子的出现将引起如下的反应：$3Al(s) + 6LiF(s) + 3H_2O(l) \rightarrow$

$Al_2O_3(s) + Li_3AlF_6(s) + 3Li(s) + 3H_2(g)_3Al(s) + 3LiF(s) + 3H_2O(l) \rightarrow Al_2O_3(s) + AlF_3(s) + 3Li(s) + 3H_2(g)$，其中 s、l 和 g 分别表示固态、液态和气态。简单的热力学分析表明这两个反应的吉布斯自由焓均为负值（$\Delta G \approx -720$ J/mol），因而反应是可能的。由此出现水份时，当 Al 沉积在 LiF 时释放出 Li，Li 作为掺杂剂进入 Alq_3 层。这个结果与 Kido 用 Li 直接掺杂 Alq_3 层作为电子注入层的效果是一致的[32]。

在 LiF/Al 的基础上，类似的阴极修饰材料有氧化物 Al_2O_3/Al[33,34]、Al_2O_3/Mg:Ag[35,36]、Li_2O/Al 和 Cs_2O/Al[37]，碱金属和碱土金属氟化物 LiF/Mg[38]、LiF/Ca/Al[39]、NaF/Al[40]、CsF/Al[41,42]、CsF/Yb/Ag[43]、MgF_2/Al[44,45]、CaF_2/Al[46]、SrF_2/Al[46]、BaF_2/Al[46]，氯化物 NaCl[47]、KCl/Al 和 RbCl[37]，其他盐类 $LiBO_2$/Al 和 K_2SiO_3/Al[37] 和混合电极 Al:CsF，Al:LiF[48]。其中复合电极中采用更低功函数的金属或合金代替 Al 与绝缘层组成复合电极，可以使该复合电极中的绝缘层最佳厚度发生变化。Jabbour 的研究[38]表明 Alq_3/LiF/Al 体系中 LiF 最佳厚度为大于 0.8 nm，而 Alq_3/LiF/Mg 体系中 LiF 最佳厚度为 0.4 nm，而且 LiF/Al 器件的性能优于对应的 LiF/Mg 器件的性能，反映了 LiF/Mg 与 LiF/Al 电极的不同作用机理。用混合电极 Al：CsF、Al：LiF[48] 作阴极修饰时，器件的性能优于 LiF/Al 电极的器件。这些复合电极除 Al_2O_3 采用 Al 在空气中氧化生成外，其余材料都可直接采用真空热蒸发方法制备，使整个器件制备可在不暴露于空气的条件下连续制备而成，工艺简单，同时确保器件不受空气中 H_2O 和 O_2 的影响。

6.3 阳极表面处理与器件性能

人们已经认识到器件特性和载流子注入和传输过程密切相关，载流子从电极到有机层的注入要经过一注入势垒，根据势垒高度不同人们建立了不同的注入模型。

势垒高度的变化也会影响器件内部注入电荷的分布，根据泊松公式，电荷的分布也会直接影响电场的分布[49,50]。因此对器件的载流子注入和内部电场分布的研究可以更好地了解器件的发光机理，同时对器件的设计给予指导。人们采用很多实验方法对有机电致发光器件的载流子注入及传输进行研究，并建立了相关的理论模型[51-53]。然而对阳极处理过器件的载流子注入及电场分布研究的工作较少。在本工作中，我们采用通常使用的器件结构，即以 NPB/Alq_3 分别作为空穴传输和电子传输/发光层，ITO 和 Al 分别作为阳极和阴极的器件。研究了分别用臭氧和氧离子处理过的 ITO 作阳极制备的器件的电场分布及注入特性。

研究的器件是以 NPB/Alq_3 为异质结的器件，分别采用 ITO 和 Al 作为阳极和阴极，并利用氧等离子体和臭氧对阳极进行处理。我们制备的器件结构如下。

- 器件 A：ITO/NPB/Alq_3/Al。
- 器件 B：ITO(O_2 plasma treatment)/NPB/Alq_3/Al。
- 器件 C：ITO(O_3 treatment)/NPB/Alq_3/Al。

为了研究不同方法处理过的阳极对器件的载流子注入及电场分布的影响，在实验中，对器件 A、器件 B 和器件 C，通过固定 Alq_3 层的厚度不变(60 nm)，依次改变 NPB 的厚度(20 nm，40 nm，60 nm，80 nm)，制备 4 种器件。器件有机薄膜的蒸镀是同时完成的，NPB 厚度的改变是通过每个片子的小的挡板来控制。有机层蒸镀完后在不破坏真空的条件下把基片转移到另一金属镀膜腔中蒸镀金属电极。有机层和电极的厚度和蒸发速率通过膜厚速率控制仪来控制，在蒸镀过程中真空腔体的真空度为 5×10^{-4} Pa，并控制 NPB 和 Alq_3 的蒸发速率为 0.1～0.2 nm/s，Al 的蒸发速率为 3 nm/s。制备的器件发光面积为 3 mm×3 mm。

器件的电流-电压特性是用计算机控制的 Keithley 2410 电源测得的，器件所有的测试都是在没有封装的情况下，且在室温和大气下进行测量的。

通过臭氧和氧等离子体处理后的 ITO 能够有效地提高空穴从阳极的注入[54,55]，从而使器件在较低的电压下得到较大的电流，我们实验的实验结果也得到了相同的结论。在实验中，对 3 种不同结构器件(器件 A、器件 B 和器件 C)，通过采用不同厚度的 NPB (20 nm，40 nm，60 nm，80 nm)，各制备 4 种器件。图 6.14 是器件 A、器件 B 和器件 C 在不同厚度 NPB 下的电流密度-电压曲线图。

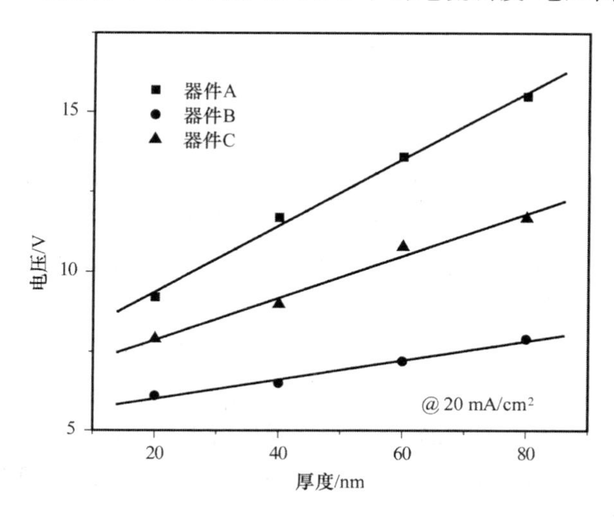

图 6.14 器件 A、器件 B 和器件 C 在不同厚度 NPB 下的电流密度-电压曲线

为了更清晰地对比器件电流与厚度的依赖关系，我们把3种器件的电压-电流关系分开画到不同的图上（如图6.15所示）。从图6.15上看到在相同的电压下，器件B和器件C的器件的电流密度比器件A的要大，与器件A相比器件B的电流提高较大，并且当NPB的厚度变化时，4种器件的电流差别相对更小。

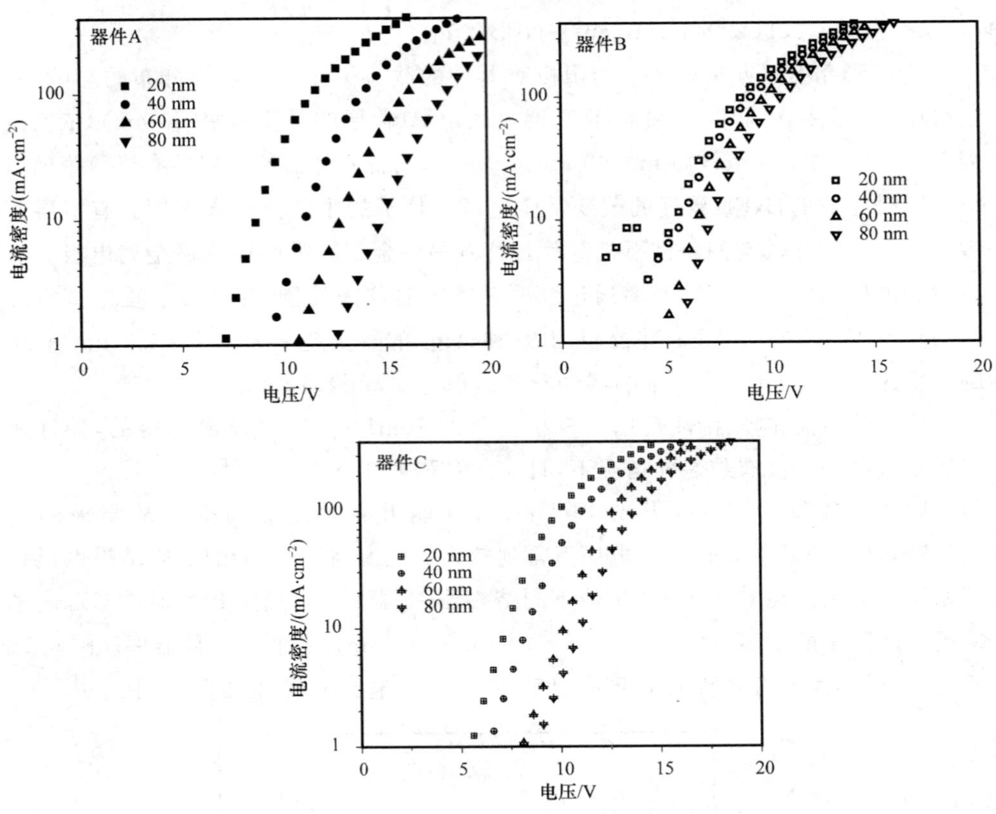

图6.15　器件A、器件B和器件C在不同NPB厚度下的电流密度-电压曲线

对不同器件在特定的电流下对应不同的电压，这些电压可以从图6.14中得到。如在电流密度为20 mA/cm^2 时，对于器件A、器件B和器件C当NPB厚度不同时，器件对应不同电压，为直观显示，我们可以在图中给出电压对器件厚度的依赖关系（如图6.16所示）。电流密度为20 mA/cm^2 时器件电压与NPB厚度的关系如图6.16所示，图中直线的斜率对应NPB薄层内的平均电场强度。

从图6.16中可以看到不同器件在一定电流下的电压与NPB的厚度成近似线性的关系，即随器件厚度的增加（或减小），器件所需要的电压是单调增加（或减小）的，因此，在一定电压范围内器件的电流不受空间电荷的影响，只是与器件的厚度有关。器件电压与厚度关系可用下式表示：

$$V = V_{NPB} + V_{Alq_3} = E_{NPB}L_{NPB} + E_{Alq_3}L_{Alq_3} \tag{6.3}$$

式中，E_{NPB}和 E_{Alq_3} 分别为 NPB 和 Alq_3 层中的平均电场强度；L_{NPB}和 L_{Alq_3} 分别为 NPB 和 Alq_3 层的厚度。从式(6.3)中可以看到，当固定 Alq_3 层的厚度不变，改变 NPB 层的厚度时，在一定电流下近似是一直线，且由直线的斜率可以得到在某一电流下 NPB 的平均电场强度 E_{NPB}。当我们选取不同的电流值，并由此电流下对应的不同电压间的关系，可以得到在不同电流时器件 NPB 层中的平均电场强度 E_{NPB}。

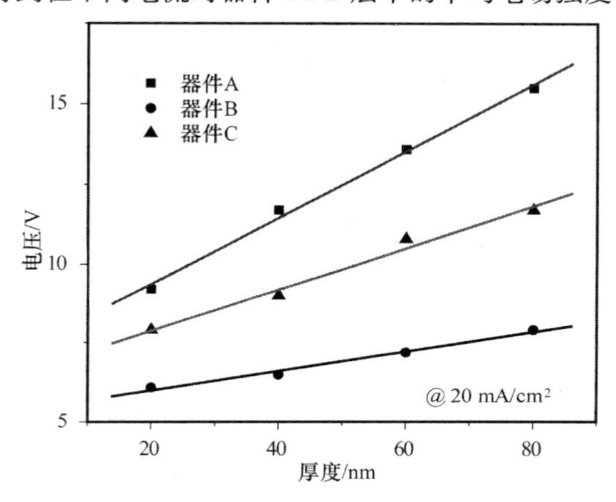

图 6.16　电压对器件厚度的依赖关系

同样当我们固定 NPB 的厚度为 60 nm 不变，改变 Alq_3 的厚度其取值分别为 20 nm，40 nm，60 nm 和 80 nm。这样对经过不同处理方式的 ITO 阳极可以制备 12 种器件。

- 器件 A′：ITO/NPB/Alq_3/Al。
- 器件 B′：ITO(O_2 plasma treatment)/NPB/Alq_3/Al。
- 器件 C′：ITO(O_3 treatment)/NPB/Alq_3/Al。

这样我们也可以得到器件不同的电压电流关系，图 6.17 为这些器件的电压-电流密度曲线图。

为更加清晰地对比器件电流与厚度的依赖关系，我们把 3 种器件的电流关系分开画到不同的图上(如图 6.18 所示)。从图上看到在相同的电压下，器件 B′和器件 C′的器件的电流密度比器件 A′的要大，与器件 A′相比器件 B′的电流提高大。

对不同器件在特定的电流下对应不同的电压，这些电压可以从图 6.17 中得到。如在电流密度为 20 mA/cm^2 时，对于不同厚度的器件 A′、器件 B′和器件 C′对应不同电压，我们可以得到电压对器件厚度的线性依赖关系(此处未给出具体图)。即器件 A′、器件 B′和器件 C′在一定电压范围内器件的电流不受空间电荷的影响，只是与器件的厚度或者说 Alq_3 的厚度有关。

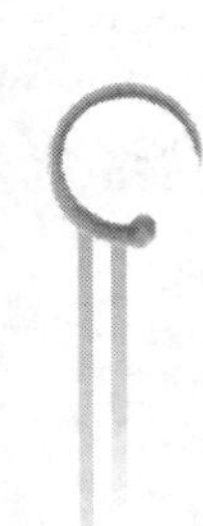

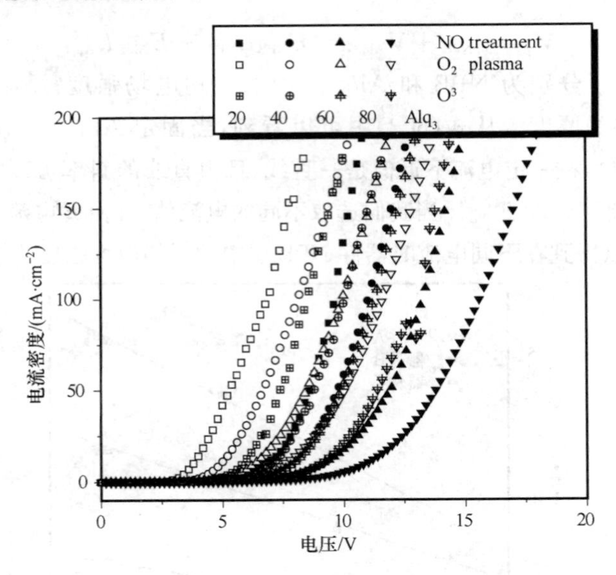

图 6.17　器件 A、器件 B 和器件 C 在不同厚度 NPB 下的电流密度-电压曲线

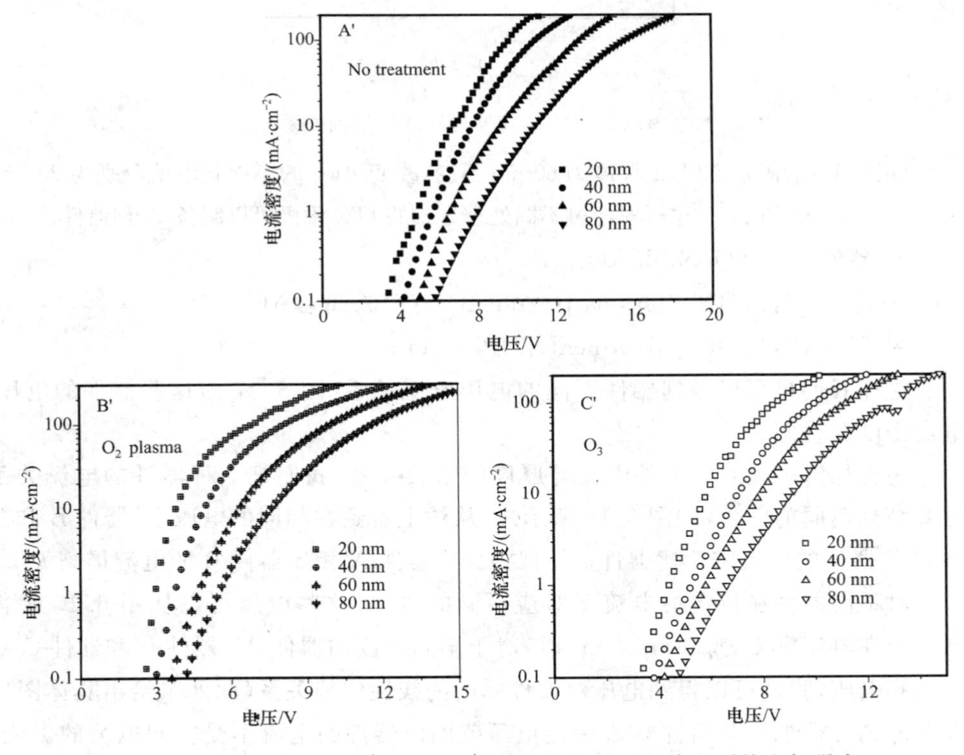

图 6.18　器件 A′、器件 B′和器件 C′在 NPB 和 Alq_3 层中的平均电场强度

从式(6.3)中可以看到，当固定 NPB 层的厚度不变，改变 Alq_3 层的厚度时，在一定电流下近似是一直线，且由直线的斜率可以得到在某一电流下 Alq_3 的平均电场强度 E_{Alq_3}。当我们选取不同的电流值，并由此电流下对应的不同电压间的关系，可以得到在不同电流时器件 Alq_3 层中的平均电场强度 E_{Alq_3}。

我们把上文得到的不同器件在 NPB 层中的平均电场强度 E_{NPB} 及 Alq_3 层中的平均电场强度 E_{Alq_3} 作于同一图中。图 6.19 为器件在不同电流密度时 NPB 层中的平均电场强度 E_{NPB} 及 Alq_3 层中的平均电场强度 E_{Alq_3}。可以看到在 3 种器件中，Alq_3 层中的平均电场强度 E_{Alq_3} 都要大于 NPB 层中的平均电场强度 E_{NPB}。

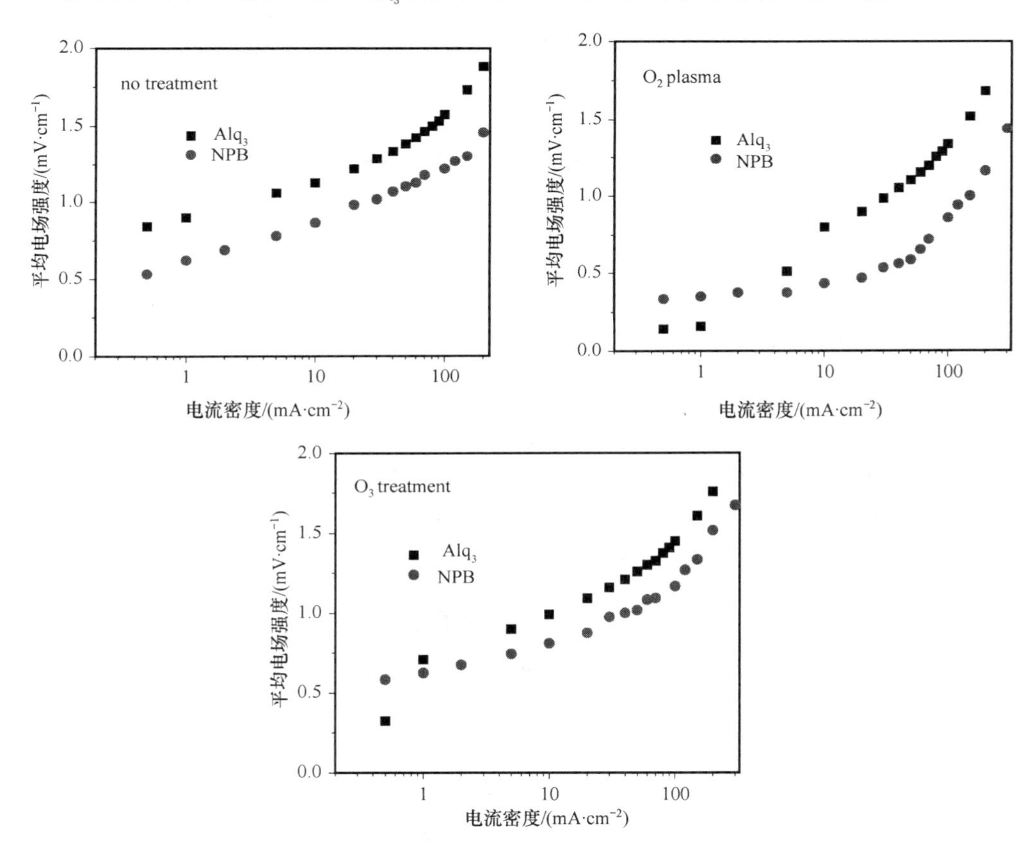

图 6.19 器件在 NPB 层中的平均电场强度 E_{NPB} 及 Alq_3 层中的平均电场强度 E_{Alq}

非常有趣的是，当我们分别把器件 A、器件 B 和器件 C 在 NPB 和 Alq_3 的平均电场强度以隧穿和热发射模型处理后，发现器件 A 和器件 C 中 NPB 的平均电场强度 $\log J/F^2-F_{av,NPB}^{-1}$ 是线性关系，器件 B 则不是太明显，而器件 A、器件 B 和器件

C 在 Alq_3 的平均电场强度和电流密度经变化后，它们之间满足 $\log J - F^{1/2}_{av,Alq_3}$ 的线性关系，如图 6.20 所示。这说明从阴极到 Alq_3 的电子注入近似满足 RS 热发射模型，当电压较高时则偏离线性可能是由于较高电压时器件中空间电荷的影响。

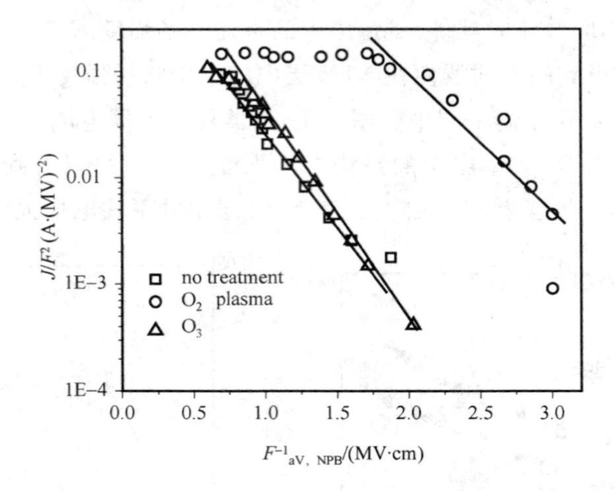

图 6.20　NPB 中平均场强和电流密度的依赖关系，以 FN 模型来表示

通过器件的电流-电压特性研究了不同处理方式的 ITO 阳极对结构为 ITO/NPB/Alq_3/Al 的器件的载流子注入及内部电场分布的影响。Alq_3 层中的平均电场强度要大于 NPB 中的平均电场强度，同时发现空穴从 ITO 到 NPB 的注入符合 Fowler-Nordheim (FN) 隧穿模型，而电子从 Al 到 Alq_3 的注入则符合 Richardson-Schottky (RS) 热发射模型，如图 6.21 所示。

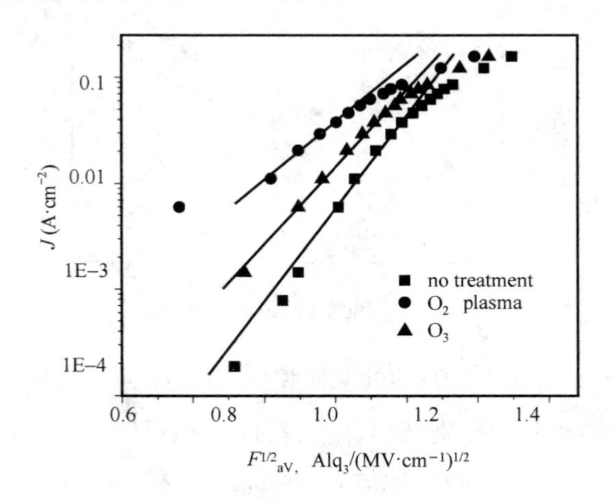

图 6.21　Alq_3 中平均场强和电流密度的依赖关系，以 RS 模型来表示

因此可以从界面工程的角度在阳极及阴极采用不同的方法来促进空穴及电子的注入。应该指出界面处电子状态不仅与电极有关，与邻近的有机材料的性质也密切相关，这就需要根据不同的材料特点用不同的方法来处理。

6.4 PMMA界面修饰层的研究

自从A. J. Heeger等发现有机导电聚合物，尤其是C. W. Tang发现高效有机小分子发光材料Alq_3以来，有机电致发光器件由于其本身的诸多优点和其在新型平板显示器中巨大的应用价值，使其成为当前一个非常热门的研究课题。OLED的发光原理是在外电场作用下，载流子从电极注入发光层中复合发光。对阳极材料要求具有高的功函数和良好的透光度，以利于光从器件中出射。阳极材料常采用ITO，其特性取决于具体的成分比和制备工艺条件，ITO的功函数一般为4.67 eV，且与表面状态有关。同时，ITO应具有较低的方块电阻和平整的表面，以增加OLED的光输出和降低器件工作电压。高的ITO表面的粗糙性会影响ITO和有机层的有效接触和空穴的有效注入，降低器件效率，同时会增加器件的短路可能性和反向漏电流，加速器件的失效。为此，有必要对ITO表面进行修饰，使ITO表面更加平整，改善ITO与有机层之间的接触，并减少缺陷引起的电学短路，改善器件热稳定性。另外，这种界面修饰还可以提高器件的效率和亮度。在器件制备前对经过严格清洗的ITO衬底用氧等离子体处理，可以有效地增加ITO表面的功函数，还可以增加器件的稳定性，是一种处理ITO表面的常用物理方法。根据修饰材料特性和机理的不同，阳极界面修饰材料主要分为如下几种：(1) 可蒸发的有机小分子材料；(2)导电聚合物；(3) 极性分子或离子性双层；(4) 绝缘层；(5) 高功函数金属或无机薄膜；(6) 界面掺杂剂[56]。

其中利用绝缘层对有机发光器件的界面进行修饰是提高有机发光效率和亮度的一个有效途径，SiO_2[57]，Si_3N_4[58]，Al_2O_3[59]，NaSt[60]，Teflon[61]等都被用于器件中阳极的界面修饰，并提高了器件的性能。氧等离子体处理的ITO表面势垒是不稳定的。而在ITO和空穴传输层之间插入薄的绝缘层可获得稳定的界面，UPS分析表明SiO_2在0.3～2.5 nm范围内，势垒高度随SiO_2增加而单调下降，SiO_2层有效地降低空穴注入势垒，这是器件性能改善的根本原因。但SiO_2层厚度增加时会阻碍空穴注入，在厚度为1nm时器件性能最优[57]。薄膜绝缘层对空穴注入势垒的影响要用图6.22中的能级模型来解释[62]。图6.22(a)为没有绝缘层时，空穴注入势

垒为 E_{bi}；(b)在 ITO 上沉积绝缘层但未施加电压时的能级关系，E_V 为绝缘层的价带顶；(c)为施加电压时的能级关系，由于产生自发偶子层或外加偏压作用，空穴注入势垒 E_b 明显减小。用这个模型可以很好地说明实验现象。Qiu 等在 ITO 上沉积 1 nm 的金属氧化物层，如 Pr_2O_3，Y_2O_3，Tb_4O_7，TiO_2，ZnO，Nb_2O_5，Ga_2O_3，SnO_2，实验中发现具有自发偶极矩的高阻绝缘层，如 Pr_2O_3，Y_2O_3，可以较好地改善器件性能，比没有修饰层的器件功率效率性能改善约 2 倍。而 TiO_2，Ga_2O_3，SnO_2 是具有半导体性质的材料，电阻不够高不足以降低势垒，也没有合适的功函数以帮助空穴注入，因而，它们对空穴有阻挡作用。

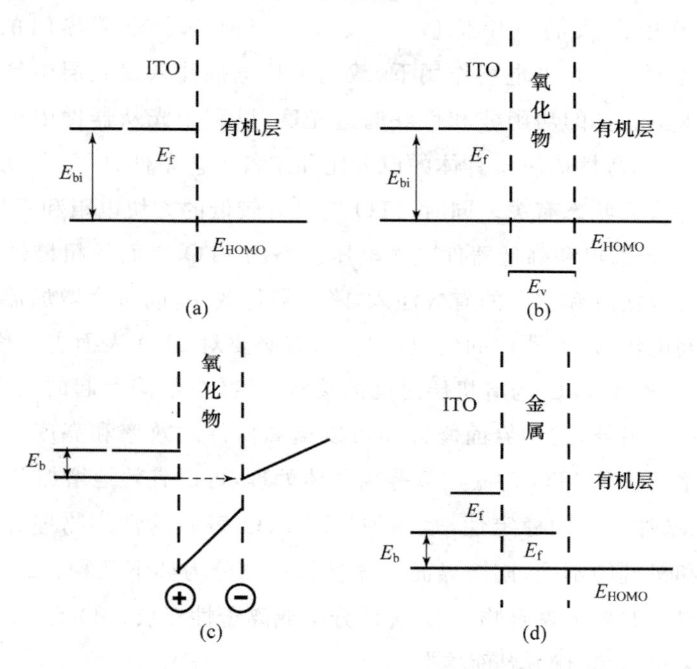

图 6.22　薄绝缘层或高功函数金属对空穴注入势垒的影响

在器件的阴极，人们普遍采用 LiF 作为阴极修饰层，显著地降低了器件工作电压，提高了发光效率。LiF/Al 电极性能优于 Mg:Ag 电极，由于 LiF 的可蒸发性，可使器件在不间断真空条件下连续制备而成，具有工艺连续，膜厚可准确控制的特性，在有机小分子器件中得到广泛应用并取得良好效果。LiF/Al 在 OLED 中改善了器件效率，对于薄绝缘层能增强电子注入的机理未能完全清楚，存在几种解释：(1)发生隧穿；(2)能带弯曲，减少了电子注入的势垒高度；(3)LiF 溶解，随后与有机层发生化学反应，形成低势垒接触；(4)在电极表面形成偶极层，导致有机层与

Al间的能级偏移;(5)在蒸发过程中防止热的Al原子进入有机层,防止金属电极的界面反应;(6) 增加的电子注入导致发射移向有机/有机界面处,增加了电子-空穴在此界面的复合几率,提高了器件的效率。紫外光电子谱(UPS)研究表明,在未沉积金属Al前,在Alq_3上沉积薄膜层会产生HOMO能级的移动。当Al沉积在LiF/ Alq_3时,带隙态形成,N 1s能级低结合能侧出现肩峰。这些电子结构特征的出现,表明发生了从金属到Alq_3的电子转移物理过程。带隙态的形成被认为是OLED器件性能改善的主要因素。

除了在阴极和阳极与有机层接触界面进行修饰外,人们还采用有机及无机薄层对有机/有机界面进行修饰,如C_{60}[63]、TFB和PFO[64]等,都显著提高了器件的性能,在本章中我们研究用PMMA薄层修饰器件的PEDOT:PSS的界面,从而研究了其对有机发光器件性能的影响。

在本实验中我们用PEDOT:PSS作为空穴注入层,PMMA作为界面修饰层用旋涂的方法沉积在PEDOT:PSS的表面,MEH-PPV为发光层,LiF/Al为阴极制备了聚合物发光器件,器件结构:ITO/PEDOT:PSS (50 nm)/PMMA (x nm)/MEH-PPV (60 nm)/LiF (0.3 nm)/Al (150 nm)通过改变PMMA层的厚度,研究其对器件发光的影响。为了作对比,我们同时制备了一没有PEDOT:PSS注入层的参考器件,其结构为:ITO/MEH-PPV (60 nm)/LiF (0.3 nm)/Al (150 nm)。

在制备器件时首先把ITO玻璃衬底在酒精和丙酮等溶液中进行超声清洗,然后用臭氧进行处理以提高ITO的功函数。用旋涂的方法在ITO表面沉积一层PEDOT:PSS,并在120℃下干燥处理1小时。在PEDOT:PSS的表面依次旋涂PMMA溶液和MEH-PPV溶液,为了避免旋涂时后面旋涂的溶液对前面旋涂薄膜的影响,我们把PMMA和MEH-PPV分别溶解在乙腈和甲苯溶液中,并通过旋涂速率改变PMMA的厚度。我们用LiF作为电子注入层,Al为阴极,在蒸镀时LiF和Al的蒸镀速率分别控制在0.02 nm/s和3 nm/s。制备的器件结构如图6.23所示。

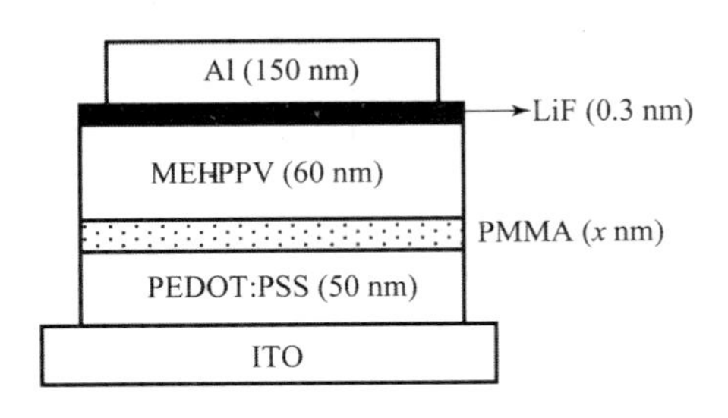

图6.23 器件结构图

图6.24是器件的电流密度-电压曲线,从图中可以看到没有PEDOT:PSS和PMMA层的器件具有最大的电流密度,当器件加PEDOT:PSS层后,器件的电流

会降低，当在 PEDOT:PSS 层上依次增加 PMMA 层的厚度，器件的电流会进一步降低。器件的电流的变化和两个因素有关，分别是器件的注入和传输[64]。我们认为在 PEDOT:PSS 和 MEH-PPV 的界面处所形成的 PMMA 层形成一阻挡空穴注入的势垒，使器件电流随 PMMA 层厚度的增加而降低。

图 6.25 是器件的亮度-电压曲线，从图中看到有界面修饰层的器件的最大亮度比没有的器件高，厚度为 3 nm PMMA 的器件，其最大亮度 4 689 cd/m²，而没有 PMMA 层的器件和对比器件的最大亮度则分别是 2 995 cd/m² 和 1 907 cd/m²。

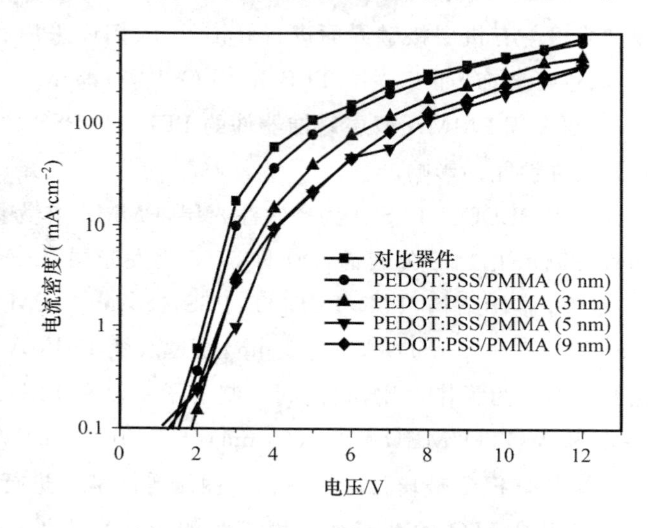

图 6.24 器件的电流密度-电压曲线

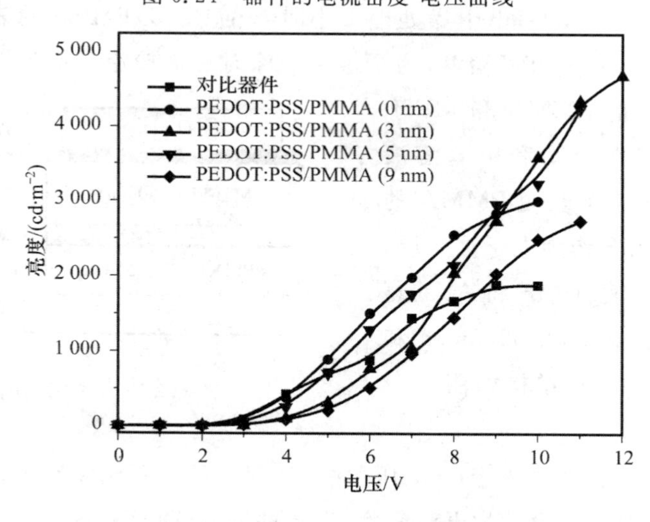

图 6.25 器件的亮度-电压曲线

图 6.26 是器件的电流效率和功率效率图，同图中可以看到对比器件(ITO/MEH-PPV/LiF/Al)的最大效率为 0.42 lm/W (0.66 cd/A)，而只有 PEDOT:PSS 层的器件其最大功率效率为 0.78 lm/W (1.21 cd/A)，PMMA 厚度 3 nm 和 5 nm 的器件有最大的电流效率，而厚度为 5 nm 时，器件最大效率达到 1.15 lm/W (1.83 cd/A)。

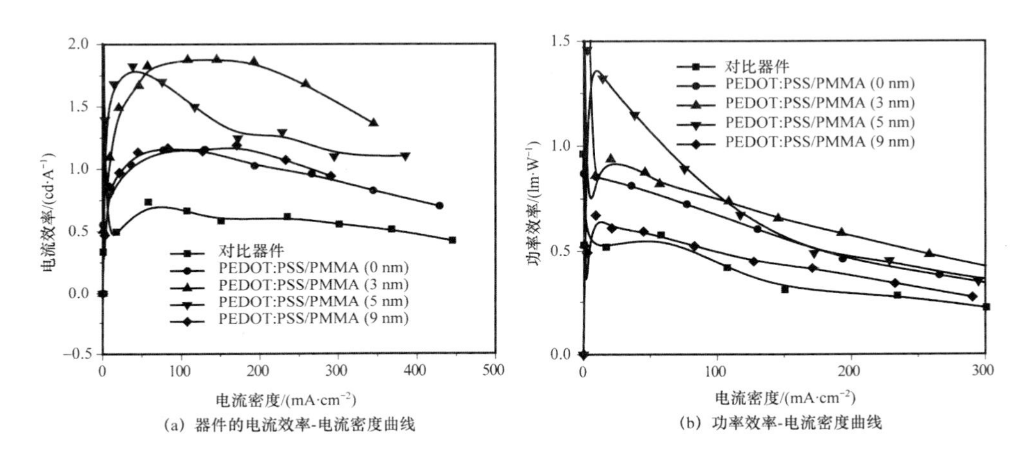

(a) 器件的电流效率-电流密度曲线　　(b) 功率效率-电流密度曲线

图 6.26　器件的电流效率-电流密度曲线和功率效率-电流密度曲线

对于没有任何注入层的器件(ITO/MEH-PPV/LiF/Al)其效率低主要是因为器件内部电子空穴注入不平衡，同时漏电流较大所致。图 6.27 为器件的能级示意图，图中可以看到加上注入层 PMMA 后 PMMA 层在器件中形成一空穴阻挡层，可以阻止过多的空穴注入发光层中，提高发光层中电子和空穴的注入平衡，同时还能起到减小漏电流的作用，这样就会提高器件的发光效率。随 PMMA 层厚度的增加器件的效率有一最佳值，当厚度到 9 nm 时，器件效率反而会降低，这是因为厚度较大时会影响器件内部载流子的传输，从而降低器件的效率。

同时在 PEDOT:PSS 和 PMMA 界面处积累的空穴在器件内部形成一内建电场，电场方向与外加电场的方向相反，因此会降低器件的电流(如图 6.24 所示)。在界面处积累的空穴由于库仑作用使更多的电子注入 MEF-PPV 中，这样也会提高载流子的注入平衡，同时使激子的复合区域远离阴极，也会减少激子在电极附近的猝灭，提高复合发光的效率[65]。同时在 PEDOT:PSS/MEH-PPV 界面的超薄层能够减少由于 PEDOT:PSS 所带来的非辐射失活引起的发光猝灭[66]，这样也会提高器件的发光效率。

通过采用 PMMA 作为界面修饰层，用旋涂的方式沉积到 PEDOT:PSS 表面，

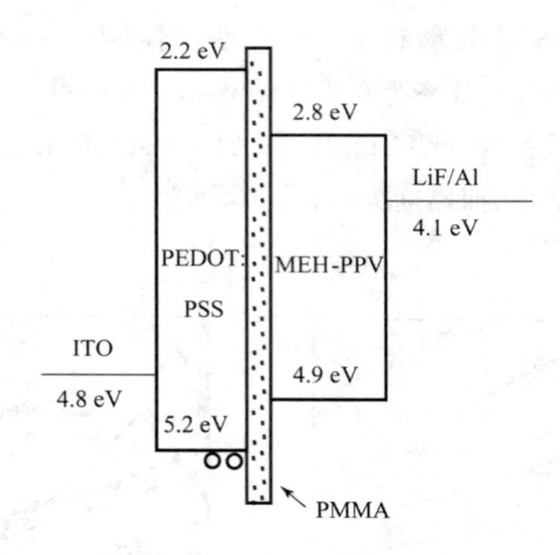

图 6.27 器件的能级示意图

制备了以 MEH-PPV 为发光层的聚合物发光器件。PMMA 层厚度为 3 nm 时，器件有最大的发光效率和亮度。亮度和效率的提高我们认为是由于 PMMA 层的加入一方面阻挡空穴注入，使发光层中的电子空穴数目更加平衡，另一方面可以减小 PEDOT 表面的激子猝灭。

参考文献

[1] SCHMIDT A, ANDERSON M L, ARMSTRONG N R. Electronic states of vapor deposited electron and hole transport agents and luminescent materials for light-emitting diodes[J]. J. Appl. Phys., 1995, 78(9): 5619-5625.

[2] ANDERSON J, MCDONALD E, LEE P, et al. Electrochemistry and electrogeneratedchemiluminescence processes of the components of aluminum quinolate/triarylamine, and related organic light-emitting diodes[J]. J. Am. Chem. Soc., 1998, 120(37): 9646-9655.

[3] CONWELL E M. Definition of exciton binding energy for conducting polymers[J]. Sythn. Met., 1996, 83(2): 101-102.

[4] HILL I G, RAJAGOPAL A, KAHN A, et al. Distinguishing between interface dipoles and band bending at metal/tris-(8-hydroxyquinoline)

aluminum interfaces[J]. Appl. Phys. Lett., 1998, 73: 662-664.

[5] HILL I G, KAHN A, SOOS Z G, et al. Charge separation energy in films of p -conjugated organic molecules[J]. Chem. Phys. Lett., 2000, 327: 181-188.

[6] TSIPER E V, SOOS Z G, GAO R W, et al. Electronic polarization at surfaces and thin films of organic molecular crystals: PTCDA[J]. Chem. Phys. Lett., 2002, 360: 47-52.

[7] HILL I G, RAJAGOPAL A, KAHN A. Molecular level alignment at organic semiconductor-metal interfaces [J]. Appl. Phys. Lett., 1998, 73: 662-664.

[8] PARKER I D. Carrier tunneling and device characteristics in polymer light-emitting diodes [J]. J. Appl. Phys, 1994, 75:1656-1666.

[9] HARIMA Y, OKAZAKI H, KUNUGI Y, et al. Formation of Schottky barriers at interfaces between metals and molecular semiconductors of p- and n-type conductances [J]. Appl. Phys. Lett., 1996, 69: 1059-1061.

[10] YOSHIMURA D, ISHII H, NARIOKA S, et al. [J]. J. Electron Spectrosc. Relat. Phenom. 1996, 78, 359.

[11] HILL I G, KAHN A. Energy level alignment at interfaces of organic semiconductor heterostructures [J]. J. Appl. Phys., 1998, 84(10): 5583-5586.

[12] HILL I G, MILLIRON D, SCHWARTZ J, et al. Organic semiconductor interfaces: electronic structure and transport properties[J]. Appl. Surf. Sci., 2000, 166(1-4): 354-362.

[13] WU C C, WU C I, STURM J C, et al. Surface modification of indium tin oxide by plasma treatment: An effective method to improve the efficiency, brightness, and reliability of organic light emitting devices [J]. Appl. Phys. Lett., 1990, 70: 1348-1350.

[14] HUNG L S, CHEN C H. Recent progress of molecular organic electroluminescent materials and devices [J]. Materials Science and Engineering R, 2002, 39: 143-222.

[15] HSIAO C C, CHANGC H, JEN T H, et al. High-efficiency polymer light-emitting diodes based on poly[2-methoxy-5-(2-ethylhexyloxy)-1,4-phenylene vinylene]with plasma-polymerized CHF3-modified indium tin oxide as an anode. [J]. Appl. Phys. Lett., 2006, 88: 33512(1-3).

[16] NUESCH F, ROTHBERGL J, FORSYTHE E W. A photoelectron spectroscopy study on the indium tin oxide treatment by acids and bases, [J]. Appl. Phys. Lett., 1999, 74: 880-882.

[17] LE Q T, NÜESCH F, ROTHBERG L J. Photoemission study of the interface between phenyl diamine and treated indium - tin - oxide, [J]. Appl. Phys. Lett., 1999, 75: 1357-1359.

[18] WU Z X, WANG L D, WANG H F, et al. Charge tunneling injection through a thin teflon film between the electrodes and organic semiconductor layer: Relation to morphology of the teflon film [J]. Phys. Rev. B, 2006, 74: 165307(1-7).

[19] GAO Z Q, XIA P F, LO P K, et al. p-Doped p-phenylenediamine-substituted fluorenes for organic electroluminescent devices [J]. Organic Electronics, 2009, 10(4): 666 - 673.

[20] PARTHASARATHY G, SHEN C, KAHN A, et al. Lithium doping of semiconducting organic charge transport materials [J]. J. Appl. Phys. 2001, 89: 4986 (1-7).

[21] FORSYTHE E W, ABKOWITZ M A, GAO Y. Tuning the Carrier Injection Efficiency for Organic Light-Emitting Diodes [J]. J. Appl. Chem. B, 2000, 104:3948-3952.

[22] HUNGL S, LIAOL S, LEEC S, et al. Sputter deposition of cathodes in organic light emitting diodes [J]. J. Appl. Phys., 1999, 86: 4607-4612.

[23] HUNG L S, TANG C W, MASON M G. Enhanced electron injection in organic electroluminescence devices using an Al/LiF electrode [J]. Appl. Phys. Lett. 1997, 70: 152-154.

[24] CHAN M Y, LAI S L, FUNG M K, et al. Impact of the metal cath-

ode and CsF buffer layer on the performance of organic light-emitting devices [J]. J. Appl. Phys., 2004, 95: 5397-6402.

[25] LEE J, PARK Y, LEE S K, et al. Tris-(8-hydroxyquinoline) aluminum-based organic light-emitting devices with Al/CaF2 cathode: Performance enhancement and interface electronic structures [J]. Appl. Phys. Lett., 2002, 80: 3123-3125.

[26] ZHAN Y Q, XIONG Z H, SHI H Z, et al. Sodium stearate, an effective amphiphilic molecule buffer material between organic and metal layers in organic light-emitting devices[J]. Appl. Phys. Lett., 2003, 83: 1656-1658.

[27] ZHAO J M, ZHAN Y Q, ZHANG S T, et al, Mechanisms of injection enhancement in organic light-emitting diodes through insulating buffer [J]. Appl. Phys. Lett., 2004, 84: 5377-5379.

[28] HUNG L S, ZHANG R Q, HE P, et al. Contact formation of LiF/Al cathodes in Alq_3-based organic light-emitting diodes [J]. J. Phys. D: Appl. Phys., 2002, 35: 103-107.

[29] YOKOYAMA T, YOSHIMURA D, ITO E, et al. Energy Level Alignment at Alq_3/LiF/Al Interfaces Studied by Electron Spectroscopies: Island Growth of LiFand Size-Dependence of the Electronic Structures [J]. Jpn. J. Appl. Phys., 2003, 42: 3666-3675.

[30] MORI T, FUJIKAWA H, TOKITO S, et al. Electronic structure of 8-hydroxyquinoline aluminum/LiF/Al interface for organic electroluminescent device studied by ultraviolet photoelectron spectroscopy [J]. Appl. Phys. Lett. 1998, 73: 2763-2765.

[31] HEIL H, STEIGER J, KARG S, et al. Mechanisms of injection enhancement in organic light-emitting diodes through an Al/LiF electrode [J]. J ApplPhys, 2001, 89(1): 420-424.

[32] KIDO J, MATSSSUMOTO T. Bright organic electroluminescent devices having a metal-doped electron-injecting layer [J]. Appl. Phys. Lett., 1998, 73(20): 2866-2868.

[33] LI F, TANG H, ANDEREGG J, et al. Fabrication and electrolumi-

nescence of double-layered organic light-emitting diodes with the Al2O3/Al cathode [J]. Appl. Phys. Lett., 1997, 70 (10): 1233-1235.

[34] TANG H, LI F, SHINAR J. Bright high efficiency blue organic light-emitting diodes with Al_2O_3/Al cathodes [J]. ApplPhysLett, 1997, 71(18): 2560-2562.

[35] KUROSAKA Y, TADA N, OHMORI Y, et al. Improvement of metal-organic interface by insertion of mono-layer size insulating layer in organic EL device [J]. Synth Met, 1999, 102(1-3): 1101-1102.

[36] KUROSAKA Y, TADA N, OHMORI Y, et al. Improvement of Electrode/Organic Layer Interfaces by the Insertion of Monolayer-like Aluminum Oxide Film [J]. Jpn J ApplPhys, 1998, 37 (7B): L872-L875.

[37] WAKIMOTO T, FUKUDA Y, NAGAYAMA K, et al. The development of chelate metal complexes as an organic electroluminescent material [J]. IEEE Trans. Electron Devices, 1997, 44(8): 1245-1248.

[38] JABBOUR G E, KAWABE Y, SHAHEEN S E, et al. Highly efficient and bright organic electroluminescent devices with an aluminum cathode [J]. ApplPhysLett, 1997, 71(13): 1762-1764.

[39] BRABEC C J, SHAHEEN S E, WINDER C, et al. Effect of LiF/metal electrodes on the performance of plastic solar cells [J]. ApplPhysLett, 2002, 80(7): 1288-1290.

[40] LEE J, PARK Y, KIM D Y, et al. High efficiency organic light-emitting devices with Al/NaF cathode [J]. Appl. Phys. Lett., 2003, 82 (2): 173-175.

[41] YANG X, MO Y, YANG W, et al. Efficient polymer light emitting diodes with metal fluoride/Al cathodes[J]. Appl. PhysLett., 2001, 79(5): 563-565.

[42] PIROMREUN P, OH H, SHEN Y, et al. Role of CsF on electron injection into a conjugated polymer[J]. Appl. Phys. Lett., 2000, 77 (15): 2403-2405.

[43] CHAN M Y, LAI S L, FUNG M K, et al. Efficient CsF/Yb/Ag cathodes for organic light-emitting devices [J]. Appl. Phys. Lett., 2003, 82(11): 1784-1786.

[44] PARK Y, LEE J, LEE S K, et al. Photoelectron spectroscopy study of the electronic structures of Al/MgF_2/tris-(8-hydroxyquinoline) aluminum interfaces [J]. ApplPhysLett, 2001, 79(1): 105-107.

[45] FUJIKAWA H, MORI T, NODA K, et al. Organic Electroluminescent Devices Using Alkaline-Earth Fluorides as an Electron Injection Layer [J]. J. Lumin., 2000, 87-89: 1177-1179.

[46] LEE J, PARK Y, LEE S K, et al. Tris-(8-hydroxyquinoline) aluminum-based organic light-emitting devices with Al/CaF2 cathode: Performance enhancement and interface electronic structures [J]. ApplPhysLett, 2002, 80(17): 3123-3125.

[47] KANG S J, PARK D S, KIM S Y, et al. Enhancing the electroluminescent properties of organic light-emitting devices using a thin NaCl layer [J]. Appl. Phys. Lett., 2002, 81(14): 2581-2583.

[48] JABBOUR G E, KIPPELEN B, AMSTRONG N R, et al. Aluminum based cathode structure for enhanced electron injection in electroluminescent organic devices [J]. Appl. Phys. Lett., 1998, 73(9): 1185-1187.

[49] KOEHLERM, DA LUZM G E, HUMMELGENI A. Bipolar tunnelling injection into single-layer organic light emitting devices: analytical solution using the regional approximation [J]. J. Phys. D: Applied Physics, 2000, 33: 2096-2107.

[50] MALLIARAS G G, SCOTT J C. The role of injection and mobility in organic light emitting diodes [J]. J. ApplPhys, 1998, 83(10): 5399-5403.

[51] MARTINS J, VERSCHOORG L B, WEBSTERM A, WALKERA B. The internal electric field distribution in bilayer organic light emitting diodes [J]. Org. Electron., 2002, 3: 129-141.

[52] TUTIS E, BERNER D, ZUPPIROLI L. Internal electric field and

charge distribution in multilayer organic light-emitting diodes [J]. J. Appl. Phys. 2003, 93(8): 4594-4602.

[53] OGAWA T, CHO D, KANEKO K, et al. Numerical analysis of the carrier behavior of organic light-emitting diode: comparing a hopping conduction model with a SCLC model [J]. Thin Solid Films, 2003, 438-439: 171-176.

[54] Lee S N, Hsu S F, Hwang S W, et al. Effects of substrate treatment on the electroluminescence performance of flexible OLEDs, [J]Current Applied Physics, 2004, 4: 651-654.

[55] LU D, WU Y, GUO J, et al. Surface treatment of indium tin oxide by oxygen-plasma for organic light-emitting diodes [J]. Mat. Sci. & Eng. B, 2003, 97: 141-144.

[56] ZHU W, JIANG X, ZHANG Z, et al. Characteristics and types of interfacial modification of anodes in organic electroluminescent devices [J]. Journal of Functional Materials Contents, 2004, 35(z1): 276-279, 282.

[57] DENG Z B, DING X M, LEE S T, et al. Enhanced Brightness and Efficiency in Organic Electro-luminescent Devices Using SiO_2 Buffer Layers [J]. Appl. Phys. Lett., 1999, 74: 2227-2229.

[58] JIANG H, ZHOU Y, OOI B S, et al. Improvement of organic light-emitting diodes performance by the insertion of a Si_3N_4 layer [J]. Thin Solid Films, 2000, 363: 25-28.

[59] KUROSAKA Y, TADA N, OHMORI Y, et al. Improvement of electrode/organic layer interfaces by the insertion of monolayer-like aluminum oxide film [J]. Jpn. J. Appl. Phys., 1998, 37: L872-L875.

[60] ZHAN Y Q, XIONG Z H, SHI H Z, et al. Sodium stearate, an effective amphiphilic molecule buffer material between organic and metal layers in organic light-emitting devices [J]. Appl. Phys. Lett., 2003, 83: 1656-1658.

[61] QIU Y, GAO Y, WANG L, et al. Efficient light emitting diodes with Teflon buffer layer [J]. Synth. Met. 2002, 130: 235-237.

[62] QIU C, XIE Z, CHEN H, et al. Comparative study of metal or oxide capped indium - tin oxide anodes for organic light-emitting diodes [J]. J ApplPhys, 2003, 93(6):3253-3258.

[63] KATO K, TAKAHASHI K, SUZUKI K, et al. Organic light emitting diodes with nanostructured ultrathin layers at the interface between electron- and hole-transport layers, Current Applied Physics, 2005, 5 (4): 321-326.

[64] CHOULIS S A, CHOONG V, MATHAI M E, et al. The effect of interfacial layer on the performance of organic light-emitting diodes [J]. Appl. Phys. Lett., 2005, 87: 113503.

[65] HSIAO C C, CHANG C H, HUNG M C, et al. High-efficiency polymer light-emitting diodes based on poly[2-methoxy-5-(2-ethylhexyloxy)-1,4-phenylene vinylene] with plasma-polymerized CHF_3-modified indium tin oxide as an anode [J]. Appl. Phys. Lett., 2006, 88: 033512.

[66] Kim J S, Friend R H, Grizzi I, et al. Spin-cast thin semiconducting polymer interlayer for improving device efficiency of polymer light-emitting diodes [J]. Appl. Phys. Lett., 2005, 87: 023506.

第7章 基于液体基质材料的有机电致发光器件研究

7.1 研究液体材料电致发光的必要性

有机电致发光器件(OLEDs)由于具有发光效率高、驱动电压低、制备工艺简单、成本低、超薄以及可全色显示等特点,已经成为光电子器件和平板显示领域中最有前景的技术之一[1-5]。在过去的20多年的时间里,有机电致发光器件的研究无论是在器件结构还是材料方面都取得长足进展。目前,基于有机电致发光的显示及照明器件正逐步走向市场。有机半导体材料由于其在分子结构设计上的灵活性,使其在新型光电器件应用上具有很大的潜力。有机电致发光器件所用的小分子和聚合物材料基本都是固体材料,而对于液体材料的有机电致发光特性的研究还没有被详细探讨过。由于液体材料的特点,当器件大角度弯曲的时候在两个电极之间的液体材料也不会与电极剥离,因此液体有机电致发光器件使得真正的柔性发光器件的实现成为可能。我们制备了一基于液体发光层的有机电致发光器件,该类型器件的实现对于新型柔性有机电致发光显示器件的研究是一个重要的尝试[6]。

7.2 基于EHCz的OLED制备

我们采用一种常温下为液体的有机半导体材料9-(2-ethylhexyl) carbazole

(EHCz)，该材料的玻璃化温度很低。Ribierre 等人[7]用飞行时间(Time of Flight，TOF)法，通过设计一特殊的器件结构测得其在电场强度 2.5×10^5 V/cm 时空穴迁移率为 4×10^{-6} cm^2/Vs，该迁移率的值与一般空穴传输材料相当，且远大于同样电场强度下 poly(N-vinylcarbazole) (PVK)的空穴迁移率。激光染料 5，6，11，12-tetraphenylnapthacene (Rubrene)分子具有非常高的量子效率，在稀溶液中其量子效率几乎可达到 100%[8]，并且其有一定的电子传输能力[5]。因此，我们考虑把 EHCz 用做空穴传输材料和基质材料，并掺杂 Rubrene 制备发光层，还分别采用 poly(3，4-ethylenedioxythiophene)：poly(styrenesulphonate) (PEDOT：PSS)和 Cs_2CO_3 作为空穴注入和电子注入材料[9,10]，制备了结构为 ITO/PEDOT：PSS/EHCz：Rubrene/Cs_2CO_3/ITO 的器件，研究了器件的电致发光特性。利用液体基质材料 9-(2-ethylhexyl)carbazole (EHCz)掺杂有机染料分子 5，6，11，12-tetraphenylnaphthacene (Rubrene)制备了具有液体发光层的有机电致发光器件，其结构为：ITO/PEDOT：PSS/EHCz：Rubrene/Cs_2CO_3/ITO，PEDOT：PSS 和 Cs_2CO_3 分别作为空穴注入和电子注入材料。该器件在正向偏压时，得到了液体薄层 EHCz：Rubrene 的电致发光，通过分析器件的发光光谱，可以确认器件的发光来自电子-空穴在 Rubrene 分子上复合而形成的激子发光。该器件的最大外量子效率和亮度分别达到了 0.03%和 0.35 cd/m^2，还进一步探讨了液体发光层的光致发光及荧光量子效率等特征。

图 7.1 为所用材料 PEDOT：PSS，EHCz 和 Rubrene 的分子结构式。器件结构图和制备过程如图 7.2 所示，首先用光刻的方法把 ITO 衬底(方块电阻为 25 Ω)制备成条形电极，然后把光刻后的 ITO 衬底依次用洗液、去离子水、丙酮和异丙醇超声处理各一次。把经异丙醇超声过的 ITO 玻璃衬底取出，用 N_2 吹干，放入臭氧处理的腔内进行臭氧处理。然后在 ITO 衬底上用旋涂的方法制备 PEDOT：PSS 作为空穴注入层，并且热处理 30 min 以去除 PEDOT：PSS 薄膜内部的水分，热处理温度控制在 120℃。把热处理后覆有 PEDOT：PSS 层的 ITO 衬底放到真空室，当真空度达到 10^{-4} Pa 时，开始蒸镀空间间隔层材料 Ag，其不仅可以用来作为空间间隔层还可以用做电极接触。发光层由 EHCz 掺杂质量比为 1%的 rubrene 分子构成，该发光层是用细针取一滴掺杂后的液体材料滴在衬底上制备而成。阴极材料不能直接通过加掩模的方法制备在发光层上，因此我们考虑先在玻璃衬底上制备阴极，然后再压到发光层上以实现发光层与阴极和阳极均匀接触的效果。尝试了不同材料的阴极，如 Mg：Ag，Al 和 LiF/Al 等，由于在真空环境中蒸镀的活泼金属一旦脱离真空条件便容易被氧化，而器件阴极和阳极的叠加是在手套箱中完成

的，因此在真空室中蒸镀的电极，其表面由于氧化造成其与有机材料的接触势垒的增加，无法得到较好的载流子注入效果。

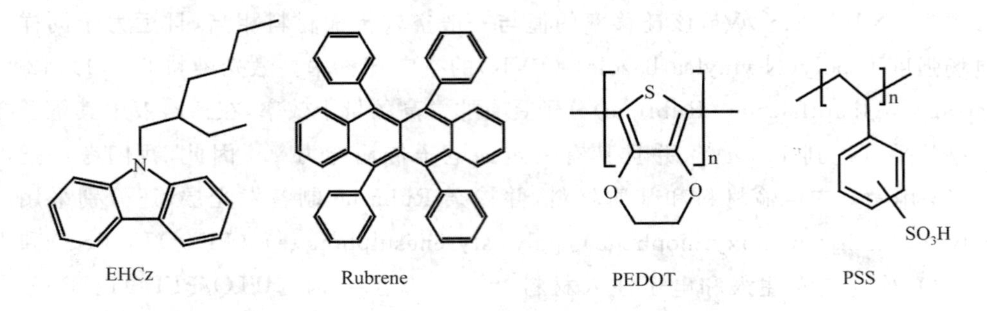

图 7.1　材料的分子式

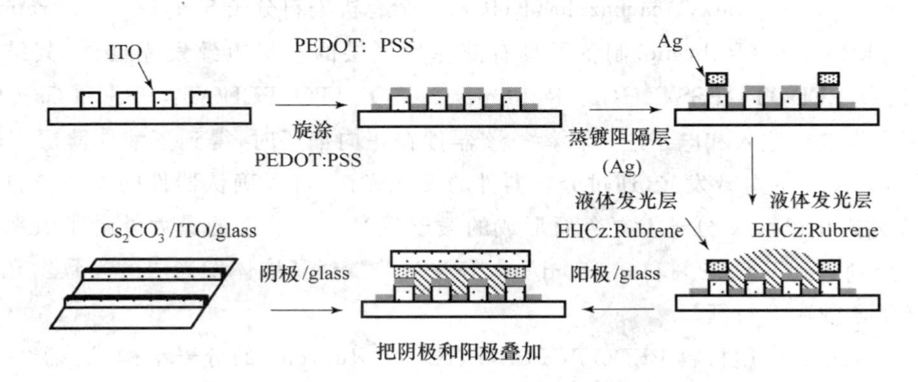

图 7.2　器件结构及制备过程示意图

为此我们选用了 Cs_2CO_3 作为电子注入层，由于 Cs_2CO_3 的电子注入性能不太容易受到阴极材料的影响[9-11]，且可以通过旋涂的方式制备。Yang Y. 等人发现把 Cs_2CO_3 薄层覆盖在 ITO 表面，然后经过退火处理，可以把 ITO 的功函数从 3.45 eV 降到 3.06 eV[10]。我们尝试用同样的方法制备电子注入层 Cs_2CO_3 和阴极。首先配制 1mg/ml 的 Cs_2CO_3 甲醇溶液，然后用旋涂的方法在 ITO 上制备 Cs_2CO_3 薄层，并把该薄层放在手套箱中经过加热退火处理，其温度控制在 150 ℃，从而形成阴极。把制备的阴极与滴有液体发光材料的阳极相叠加，制成了如图 7.1 所示的电致发光器件。虽然我们目的是要把发光层的厚度控制在 80～100 nm，然而这在制备过程中是难以精确控制的，我们制备的发光层厚度约(200～300)±50 nm。

材料的光致发光(PL)光谱和吸收光谱分别通过一荧光光谱仪和 UV-VIS-NIR 吸收光谱仪测得。器件的电流-电压-亮度(*J-V-L*)特性则是通过一半导体参数分析仪(B1500A，Agilent Technology Co.)和一光功率计(1930-C，Newport Co.)同时测得。器件的电致发光光谱是用多通道分析仪(PMA-11，Hamamatsu Photonics Co.)测得。器件的外量子效率则通过器件的发光功率计算获得，并假定该发光器件为一朗伯发射体。器件电致发光(EL)特性的测量都是在真空环境(3×10^{-3} Pa)下完成的。

7.3　发光性能研究

图7.3(a)是EHCz和EHCz：Rubrene (1 wt%)液体薄膜的光致发光光谱和Rubrene在二氯甲烷中的吸收光谱及EHCz在氯仿溶液中的吸收光谱，溶液的浓度小于10^{-4}M。在测量EHCz：Rubrene(1 wt%)液体薄膜光致发光光谱时，激发波长分别位于340 nm和360 nm。激发波长为340 nm时，EHCz和Rubrene都能被激发，设定激发波长为360 nm则可以尽量避免直接激发Rubrene分子。从图7.3(a)中可以看到由于EHCz的发射光谱与Rubrene的吸收光谱间有较大重叠，两者之间可能存在不完全的能量传递过程。从EHCz：Rubrene (1 wt%)液体薄膜的光致发光光谱中可以看到存在Rubrene的特征发射，且当激发波长为340 nm时，在发射光谱中Rubrene强度的比例更大，这是由于Rubrene直接激发而发光的比例增加。而EHCz与Rubrene之间的能量传递过程也可通过测量EHCz薄膜和EHCz：Rubrene(1 wt%)液体薄膜的光致发光量子效率来判断。图7.3(b)是薄膜光致发光量子效率测量结果，材料的激发是通过一个氮分子激光器完成的，激发波长为337 nm。通过在积分球中对比有无发光材料时的发射光谱，得到EHCz薄膜和EHCz：Rubrene(1 wt%)液体薄膜的量子效率分别为34.8%和47.2%。从图7.3(b)中可以看到Rubrene的发光，在相同的激发条件下，EHCz的发光减弱，说明Rubrene的发光对光致发光量子效率的增加有贡献，这也说明EHCz与Rubrene之间存在能量传递。

图7.4是器件的电流-电压-亮度曲线和外量子效率-电流密度曲线。从图中可以看到在电压15 V左右时，器件的亮度约为0.01 cd/m^2，当器件的工作电压大于15 V时，器件的亮度有比较明显的增加。器件在电流密度为0.26 mA/cm^2时亮度为0.35 cd/m^2，外量子效率约为0.03%。而在15 V左右，器件的电流没有太大变化，这是由于器件的电流主要是空穴电流，而当器件发光时，是在空穴电流的基础上有电子注入与空穴复合而发光，电子注入困难也是造成器件的亮度较低的一个原因。而器件的亮度和效率可以通过控制发光层厚度、发光层中掺杂电子传输

材料及降低电子的注入势垒等方式来进一步提高。

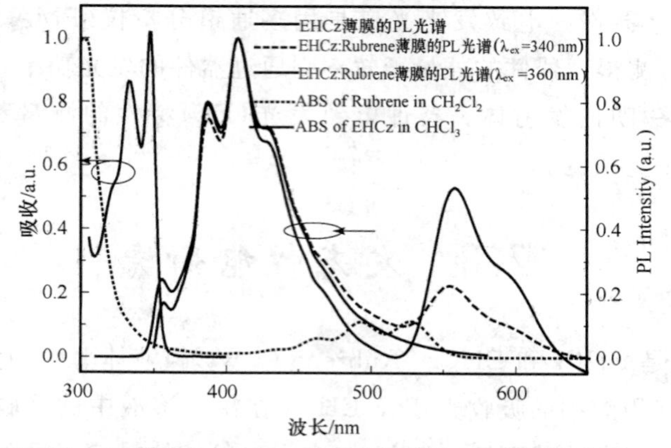

(a) EHCz，EHCz: Rubrene (1 wt%) 液体薄膜的光致发光光谱和Rubrene及EHCz的吸收光谱

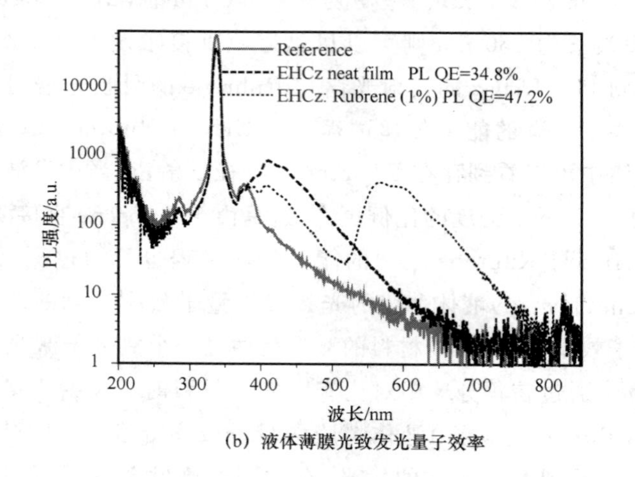

(b) 液体薄膜光致发光量子效率

图 7.3 材料的吸收及发射光谱

图 7.5(a)是器件在不同电压下的电致发光光谱，从图中可以看到器件的发光几乎全部来自 Rubrene 的发光，其发光主峰位于约 555 nm。对比器件的光致发光和电致发光光谱可以知道在两个过程中发光机理完全不同。在光致发光中，能量来自外部光线的激发，该部分能量被基质材料吸收，然后通过能量传递的方式使 Rubrene 分子发光，同时在 PL 光谱中可以看到基质材料的发光。图 7.5(b)为器件的能级结构图，由于 EHCz 的最低空轨道(LUMO)和最高满轨道(HUMO)能级较大，使电子和空穴不容易注入到 HUMO 和 LUMO 能级上。而掺杂的 Rubrene 能级较低，在发光层中作为电子和空穴的陷阱存在，使电子和空穴能够同时被

Rubrene分子俘获，从而复合发光。因此，要进一步提高器件的发光亮度和效率，可以从提高电子的注入及传输效率，优化染料掺杂比例，精确控制发光层厚度等方面着手。

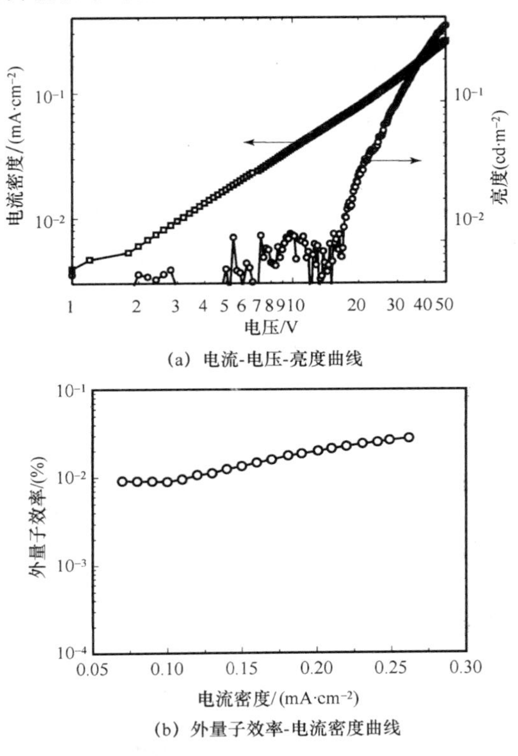

(a) 电流-电压-亮度曲线

(b) 外量子效率-电流密度曲线

图 7.4　电流-电压-亮度曲线和外量子效率-电流密度曲线

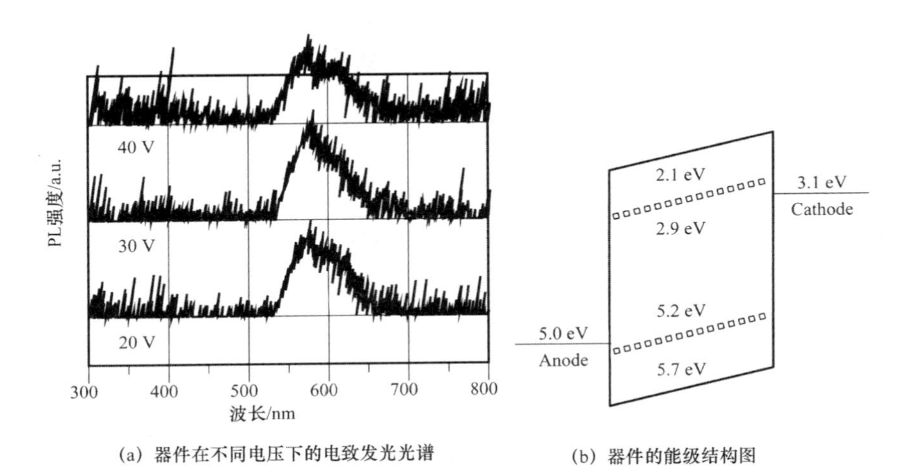

(a) 器件在不同电压下的电致发光光谱　　(b) 器件的能级结构图

图 7.5　器件在不同电压下的电致发光光谱和器件的能级结构图

7.4 相关研究进展

Hirata 等人[12]采用相同的办法制作了一电致发光器件，同时在实验中还观察到液体发光层材料在虹吸作用下移动的情况。通过对比光致发光(PL)和电致发光(EL)图像随时间的变化，可以清楚地发现当发光层位于两个电极重合处所导致的发光(如图 7.6 所示)。器件采用 EHCz 作为液体基质材料，BAPTNCE 和 TBAHFP 分别用做客体发光材料和电解质材料掺杂到液体基质材料 EHCz 中。器件结构为 ITO/ PEDOT：PSS (40 nm)/0.1 wt% TBAHFP，16.7 wt% BAPTNCE，EHCz (1100±100 nm)/TiO_2(X nm)/ITO，所用材料的分子式如图 7.7 所示。

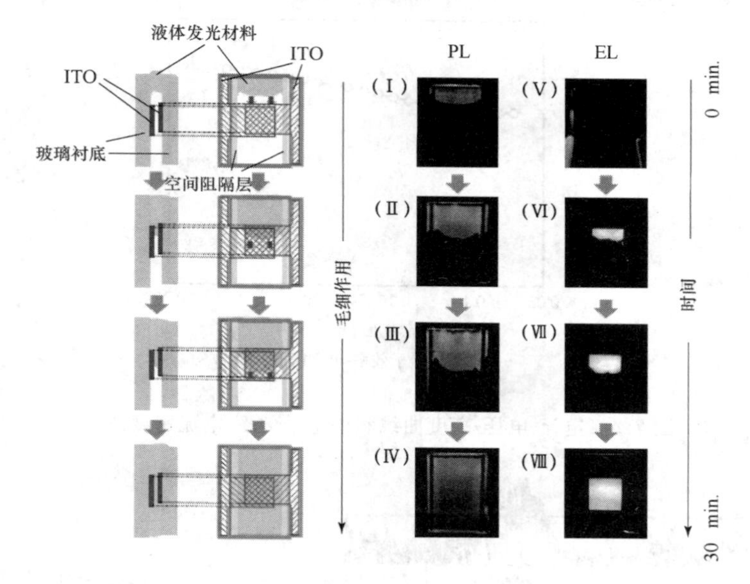

图 7.6　在虹吸作用下器件的发光随时间的变化示意图，(i)～(iv)是发光层在紫外光照射的图片，(v)～(viii)是器件在 170 V 电压下工作图片

图 7.8 为材料的吸收和光致发光光谱(实心和空心图标分别表示吸收和发射光谱)，插图为材料的能级示意图。在图中圆圈表示 0.1 wt% TBAHFP，16.7 wt% BAPTNCE 和 EHCz 混合物的光谱，方块表示 EHCz 薄膜的光谱，三角表示 TiO_2 薄膜的光谱。0.1 wt% TBAHFP，16.7 wt% BAPTNCE 和 83.2 wt% EHCz 混合发光层发射峰值波长为 511 nm 的绿光，其光致发光量子效率达到 55%。无论是吸收光谱、发射光谱和量子效率都没有因为加入 0.1 wt% TBAHFP

而变化，这是因为能量传递没有通过 EHCz 或 BAPTNCE 传递到 TBAHFP 上，同时 TBAHFP 在 300～800 nm 的范围内没有吸收。

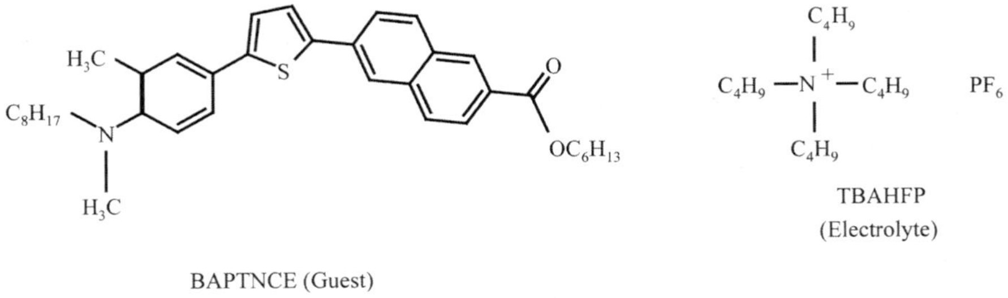

BAPTNCE (Guest)

TBAHFP
(Electrolyte)

图 7.7　所用材料的分子式

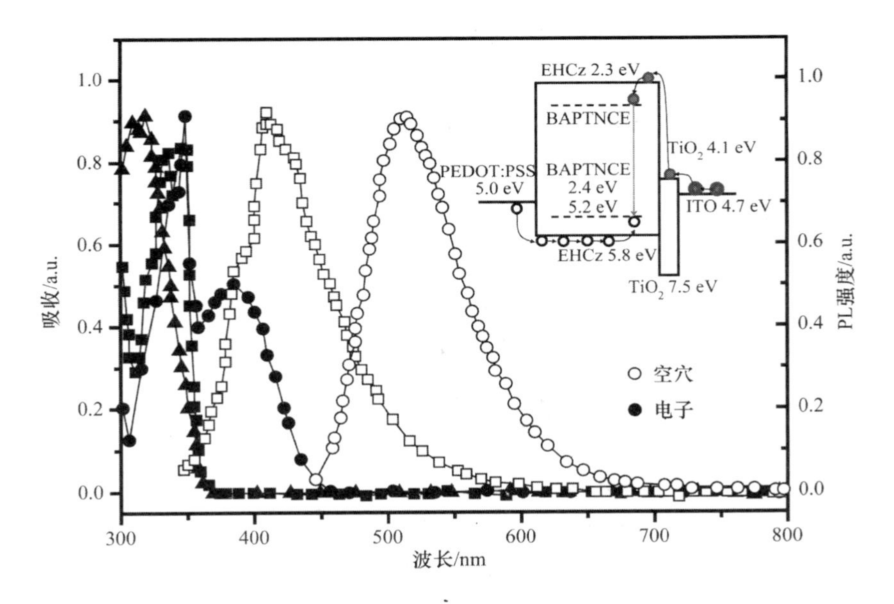

图 7.8　材料的光谱性质

为进一步提高器件的性能，采用 0.1 wt% TBAHFP，16.7 wt% BAPTNCE 和 EHCz 混合发光层和不同厚度的空穴阻挡层 TiO_2 制备了两类器件，并通过改变空穴阻挡层的厚度，研究了器件的外量子效率和 TiO_2 厚度之间的关系。图 7.9(a)为两类器件的性能对比，此时 TiO_2 厚度为 10nm。器件的结构为 ITO/PEDOT：PSS（40 nm)/0.1 wt% TBAHFP，16.7 wt% BAPTNCE，EHCz (1 100±100 nm)/TiO_2(X nm)/ITO，通过器件的 *J-V-L* 图可以发现，当工作电压低于20 V时器件的电极接触为欧姆接触($J \propto V$)，当工作电压大于 30 V 时，其变为

$J \propto V^2$，这表明当电压大于 30 V 时，载流子开始注入，这时的电流应该为空间电荷限制电流(SCLC)。实验中还发现，当未加电解质材料 TBAHFP 时，器件即使达到空间电荷限制电流，也没有发光出现。这是因为此时的电流主要是空穴为主要载流子的空间电荷限制电流，而要观察到发光现象，则需要进一步降低电子的注入势垒。当在发光层和 ITO 之间加上一层 10nm 的 TiO_2 空穴阻挡层，在器件工作电压为 15V 即能够看到器件的发光，同时在相同电流密度下，其亮度和外量子效率都比没有加 TiO_2 空穴阻挡层的器件要高，如图 7.9(a)所示。虽然电解质的加入可以提高载流子的复合效率，然而其影响仍不能达到载流子的平衡。这是因为 EHCz 的 LUMO 能级(2.3 eV)和 ITO 的功函数(4.7 eV)之间的势垒高度比相应的 EHCz 的 HOMO 能级(5.8 eV)与 PEDOT:PSS 功函数(5.0 eV)之间的势垒要高得多，这样由于空穴到阴极漏电流的影响，使得电子-空穴的复合效率降低。当 TiO_2 空穴阻挡层插入到 EHCz 和 ITO 之间时，由于 TiO_2 的价带能级(7.5 eV)，可以抑制阴极处的空穴漏电流。虽然，EHCz 的 LUMO 能级(2.3 eV)和 TiO_2 的导带(4.1 eV)之间的势垒高度较大，当在发光层和 TiO_2 之间由于电解质的加入有可能形成一偶极层，从而可以提高电子的注入。

图 7.9(b)为器件的外量子效率随 TiO_2 层厚度的变化，图中可以看到器件的效率随 TiO_2 厚度的增加迅速升高，当 TiO_2 厚度达到 10nm 时，达到饱和。由于 ITO 表面的突起，且 TiO_2 沉积时首先形成岛状，而不是连续的薄膜，这样当厚度小于 10nm 时，器件中仍然存在漏电流。当 TiO_2 厚度达到 10nm 时，ITO 表面形成一均匀的 TiO_2 薄膜；而当 TiO_2 厚度继续增加时，这时器件效率达到饱和，原因可能来自 TiO_2 对空穴的阻挡作用。

在该类器件中，其效率不能随 TiO_2 厚度继续增加而增加的原因可能来自 TiO_2 对发光的猝灭。通过一个独立实验可以做一个验证。实验中，Alq_3 被分别沉积到 SiO_2 和 TiO_2 表面以验证 TiO_2 层对激子猝灭的影响。当改变 SiO_2 和 TiO_2 表面上的 Alq_3 的厚度时，其发光强度也有变化也不一样。说明 TiO_2 表面对 Alq_3 单重态激子的产生了猝灭，如图 7.10(a)所示。同样，还测量了在 TiO_2 表面上的 Alq_3 的厚度时的荧光寿命，如图 7.10(b)所示。当 Alq_3 的厚度为 5 nm 时，其荧光发光被明显地抑制，发生猝灭。这也说明在靠近 TiO_2 表面的 5nm 的区域内，激子非常容易被猝灭。有报道指出[13]，单重态激子被 TiO_2 表面猝灭的原因是 TiO_2 的导带(4.1 eV)比许多荧光染料的 LUMO 能级低。因此，通过空穴阻挡层降低界面处激子的猝灭应该可以提高器件的外量子效率。

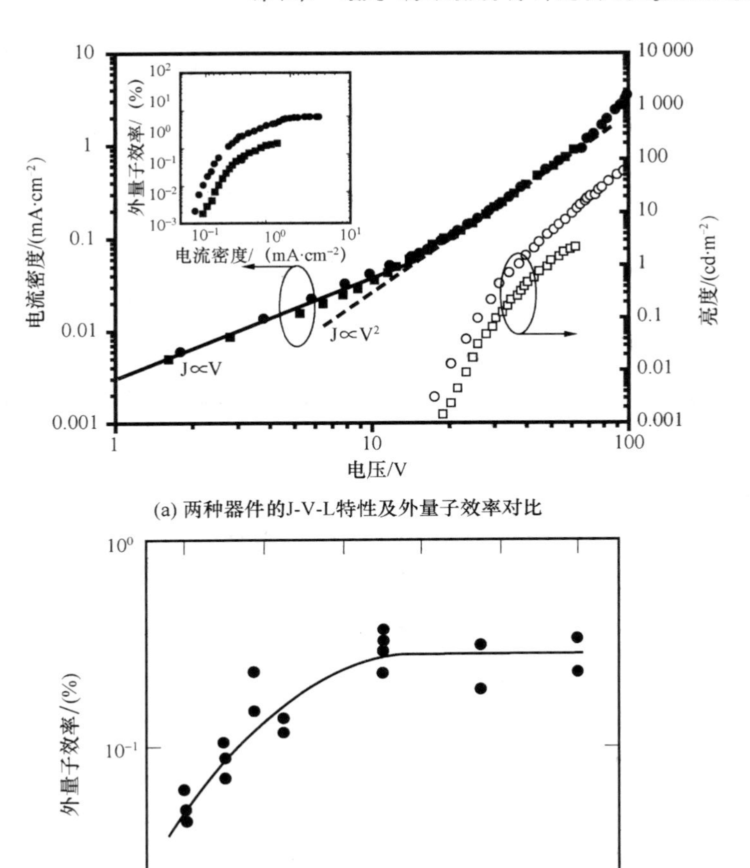

(a) 两种器件的J-V-L特性及外量子效率对比

(b) 器件的外量子效率和TiO_2厚度之间的关系

图 7.9　两种器件的 *J-V-L* 特性及外量子效率对比和器件的外量子效率和 TiO_2 厚度之间的关系

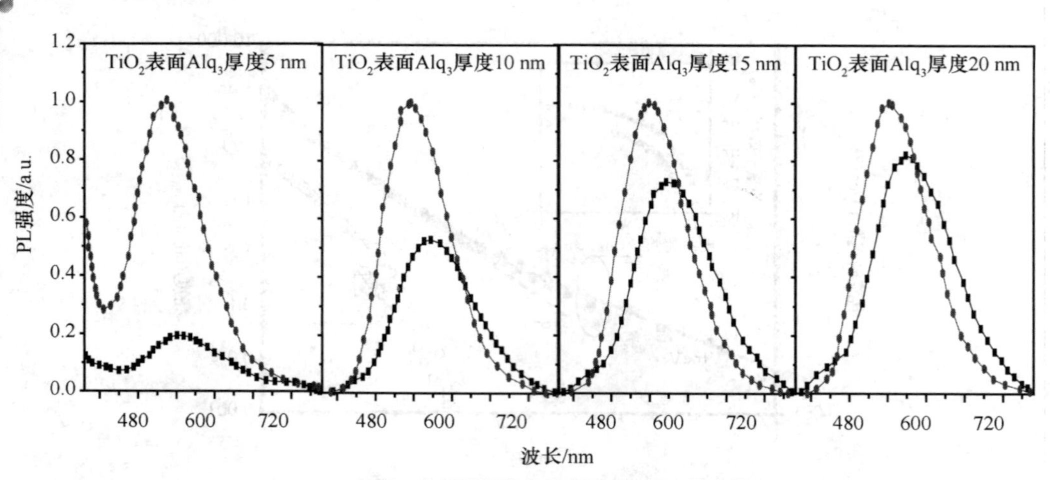

(a)归一化的光致发光强度随Alq3厚度的变化，

衬底分别是SiO_2 (100nm)/Si (空心圆圈)和TiO_2 (20nm)/Si (空心方块)

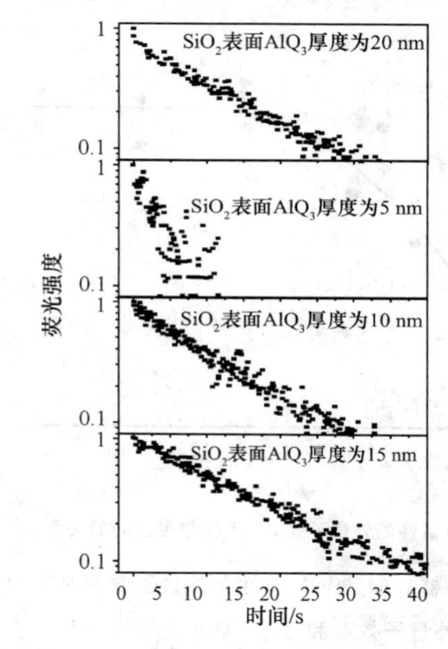

(b) SiO_2 (100nm)/Si和TiO_2 (20nm)/Si衬底上荧光寿命的变化

图 7.10　光谱及发光寿命测试

7.5　结果与展望

利用液体基质材料 EHCz 掺杂有机染料分子 Rubrene 制备了具有液体发光层结构的有机电致发光器件，其结构为：ITO（阳极）/ PEDOT：PSS/EHCz：Rubrene/ Cs_2CO_3/ITO（阴极），并研究了该器件的电致发光光谱及发光性能。器件的发光主要来自 Rubrene。在电流密度为 0.26 mA/cm^2 时，该器件的最大外量子效率和亮度分别达到了 0.03%和 0.35 cd/m^2，此外还进一步探讨了该发光层的光致发光及荧光量子效率等特征。液体有机电致发光器件的实现是一种全新的尝试，其对有机光电器件及材料开发提供借鉴，特别是对柔性电致发光器件的研究具有一定指导意义。由于液体材料的流动性，可以使器件中参与发光的分子不断得到更新，该理念可以尝试被用来降低具有液体发光层的光电器件的老化速度，提高器件的寿命。

参考文献

[1]　TANG C W，VAN SLYKE S A. Organic electroluminescent diodes [J]. Appl. Phys. Let.，1987，51(12)：913-915.

[2]　THOMSCHKE M，NITSCHE R，FURNO M，et al. Optimized efficiency and angular emission characteristics of white top-emitting organic electroluminescent diodes [J]. Appl. Phys. Lett.，2009，94：083303(1-3).

[3]　MATUSUMURA M，FURUKAWA T. Efficient Electroluminescence from a Rubrene Sub-Monolayer Inserted between Electron- and Hole-Transport Layers[J]. Jpn. J. Appl. Phys.，2001，40：3211-3214.

[4]　张志强，郝玉英，孟维欣，等. 一种具有交互穿插界面结构的有机电致发光器件[J]. 光谱学与光谱分析，2009，29(12)：3232-3235.

[5]　侯庆传，吴晓明，华玉林，等. 色彩转换膜对白色有机电致发光光谱的影响[J]. 光谱学与光谱分析，2010，30(6)：1460-1463.

[6]　XU D，ADACHI C. Organic light-emitting diode with liquid emitting layer[J]. Appl. Phys. Lett.，2009，95：053304(1-3).

[7] RIBIERRE J C, AOYAMA T, MUTO T, IMASE Y, WADA T. Charge transport properties in liquid carbazole[J]. Org. Elec., 2008, 9(3): 396-400.

[8] MATTOUSSI H, MURATA H, MERRITT C D, et al. Photoluminescence quantum yield of pure and molecularly doped organic solid films[J]. J. Appl. Phys., 1999, 86:2642-2650.

[9] LI G, CHU C W, SHROTRIYA V, et al. Efficient inverted polymer solar cells[J]. Appl. Phys. Lett., 2006, 88: 253503(1-3).

[10] HUANG J, XU Z, YANG Y. Low-Work-Function Surface Formed by Solution-Processed and Thermally Deposited Nanoscale Layers of Cesium Carbonate[J]. Adv. Funct. Mater., 2007, 17(12): 1966-1973.

[11] LIAO H H, CHEN L M, XU Z, et al. Highly efficient inverted polymer solar cell by low temperature annealing of Cs_2CO_3 interlayer, [J]. Appl. Phys. Lett., 2008, 92: 173303(1-3).

[12] HIRATA S, KUBOTA K, JUNG H H, et al. Improvement of Electroluminescence Performance of Organic Light-Emitting Diodes with a Liquid-Emitting Layer by Introduction of Electrolyte and a Hole-Blocking Layer, [J]. Advanced Materials, 2011, 23(7): 889-893.

[13] TOKMOLDIN N, GRIFFI THS N, BRADLEY D C, et al. [J]. Adv. Mater. 2009, 21(34): 3475-3478.